高等职业教育扩招系列教材

动物临床诊疗技术

陆江宁　主编

中国农业大学出版社
·北京·

内容简介

本教材系统、全面地介绍了动物临床诊断技术、治疗技术和兽医临床外产科基本操作技术，内容包括动物保定技术、临床检查技术、实验室检查技术、仪器检查技术、建立诊断、注射技术、免疫接种方法、内服给药方法、穿刺技术、冲洗技术、其他治疗技术、兽医临床外科基本操作技术、兽医临床产科基本操作技术的基本知识、操作要点和注意事项。

本教材取材丰富、资料新颖、图文并茂、内容通俗易懂、注重实践、方法先进、措施实用，着眼于一线生产实际，集应用性、实用性、综合性和先进性于一体，充分体现了最新动物临床诊断和治疗技术的发展水平。

本书既可以作为高等职业教育畜牧兽医、动物医学、动物防疫与检疫及相关专业的教材，也可以供各级畜牧兽医工作者和相关人员参考使用。

图书在版编目（CIP）数据

动物临床诊疗技术/陆江宁主编．—北京：中国农业大学出版社，2021.11
ISBN 978-7-5655-2500-1

Ⅰ.①动…　Ⅱ.①陆…　Ⅲ.①动物疾病-诊疗-高等职业教育-教材　Ⅳ.①S85

中国版本图书馆 CIP 数据核字（2020）第 272014 号

书　名　动物临床诊疗技术
作　者　陆江宁　主编

策划编辑　康昊婷　　责任编辑　刘耀华　翟海汝
封面设计　郑　川
出版发行　中国农业大学出版社
社　址　北京市海淀区圆明园西路 2 号　　邮政编码　100193
电　话　发行部 010-62733489，1190　　读者服务部 010-62732336
　　　　编辑部 010-62732617，2618　　出　版　部 010-62733440
网　址　http://www.caupress.cn　　E-mail cbsszs@cau.edu.cn
经　销　新华书店
印　刷　北京溢漾印刷有限公司
版　次　2021 年 11 月第 1 版　　2021 年 11 月第 1 次印刷
规　格　787×1 092　16 开本　15.75 印张　390 千字
定　价　47.00 元

编审人员

主　　编　陆江宁（黑龙江农业职业技术学院）

副 主 编　鲁兆宁（黑龙江农业职业技术学院）

王瑛琪（黑龙江农业职业技术学院）

李兰东（黑龙江农业职业技术学院）

参　　编　刘洪杰（黑龙江农业职业技术学院）

刘　云（黑龙江农业职业技术学院）

刘　红（黑龙江农业职业技术学院）

车有权（黑龙江农业职业技术学院）

杨名赫（黑龙江农业职业技术学院）

张佳轫（黑龙江农业职业技术学院）

王　浩（黑龙江农业职业技术学院）

倪士明（黑龙江农业职业技术学院）

解志峰（黑龙江农业职业技术学院）

葛婧昕（黑龙江农业职业技术学院）

李凤刚（黑龙江农业职业技术学院）

陈腾山（黑龙江农业职业技术学院）

岳增华（黑龙江农业职业技术学院）

孙凡花（黑龙江农业职业技术学院）

许贵新（黑龙江省嫩江县九三局红五月工贸公司）

主　　审　于　波（黑龙江农业职业技术学院）

总 序

黑龙江是农业大省。黑龙江农业职业技术学院是三江平原上唯一一所农业类高职院校，也是与区域社会经济发展联系非常紧密的农业类高职院校，具有服务国家“乡村振兴”战略的地缘优势。在过去70多年的办学历史中，涉农专业办学历史悠久，培养了大批工作在农业战线上的优秀人才。在长期培养实用人才、服务区域经济的实践中，学院形成了“大力发展农业职业教育不动摇、根植三江沃土不动摇和为‘三农’服务不动摇”的办学理念。20世纪90年代初，学院在农业职业教育领域率先实施模块式教学，在全国农业职业教育教学改革中走在前列。学院不断深化改革，努力服务经济社会发展；不断创新办学模式，努力提升人才培养质量。近年来学院先后晋升为省级骨干院校、省级现代学徒制试点院校，在服务区域经济社会方面成效显著。

学院涉农专业是省级重点专业，拥有国家财政重点支持的实训基地；有黑龙江三江农牧职教集团，校企合作办学成效显著；有实践经验丰富的“双师”队伍；有省级领军人才梯队，师资力量雄厚。

2019年，学院深入贯彻落实《教育部等六部门关于印发〈高职扩招专项工作实施方案〉的通知》、教育部办公厅《关于做好扩招后高职教育教学管理工作的指导意见》和国务院关于印发《国家职业教育改革实施方案》等文件精神，创新性地完成高职扩招任务，招生人数位居全省首位。学院针对扩招学生的实际情况和特点，实施弹性学制，采用灵活多样的教学模式，积极推进“三教”改革。依靠农学分院和动物科技分院的专业优势，根据区域经济发展的特点，针对高职扩招生源的特点，出版了种植类和畜牧类高职扩招系列特色教材。

种植类专业核心课程系列教材包括《植物生长与环境》《配方施肥技术》《作物生产与管理》《经济作物生产与管理》《作物病虫草害防治》《作物病害防治》《农业害虫防治》《农田杂草及防除》共计8种，教材在内容方面，本着深浅适宜、实用够用的原则，突出科学性、实践性和针对性；在内容组织形式方面，以图文并茂为基础，附加实物照片等相应的信息化教学资源，突出教材的直观性、真实性、多样性和时代性，以激发学生的学习兴趣。

畜牧类专业教材包括《动物病理》《动物药理》《动物微生物与免疫》《畜禽环境控制技术》《畜牧场经营与管理》《动物营养与饲料》《动物繁育技术》《动物临床诊疗技术》《畜禽疾病防治技术》《养禽与禽病防治》《养猪与猪病防治》《牛羊生产与疾病防治》《中兽医》《宠物内科》《宠物传染病与公共卫生》《宠物外科与产科》共计16种。教材注重还原畜禽生产实际，坚持以够用、实用及适用为原则，着力反映现代畜禽生产及疾病防控前沿的新技术和新技能，突出解决寒地畜禽生产中的关键问题。

本系列教材内容紧贴企业生产实际，紧跟行业变化，理论联系实际，突出实用性、前沿性。教材语言阐述通俗易懂，理论适度由浅入深，技能训练注重实用，教材均由具有丰富实践经验的教师和企业一线工作人员编写。

本系列教材将素质教育、技能培养和创新实践有机地融为一体。希望通过它的出版不仅能很好地满足我院及兄弟院校相关专业的高职扩招教学需要，而且能对北方种植业和畜牧业生产，以及专业建设、课程建设与改革，提高教学质量等起到积极推动作用。

院长：[signature]

前言

在国家大力发展职业教育，实施百万扩招工程，培养一大批既不离开本乡本土，又具备良好专业技术的农村实用技术人才的前提下，为进一步深化高等职业院校人才培养模式改革，提高培育高技能人才的水平，推进高等职业教育教学发展，根据高等职业教育百万扩招学生的特点，结合“动物临床诊疗技术”课程教学实际需要而开发编写本教材。

“动物临床诊疗技术”是高等职业教育畜牧兽医类专业的核心课程，是一门应用性、操作性很强的实践课程。编写本书时，我们力争充分体现高等职业教育的应用性、实用性、综合性和先进性的原则，做到“教、学、做”相结合，理论与实践一体化，激发学生的兴趣与思维，使学生在解决实际问题的过程中享受成功的喜悦，增强自信心。通过学习，学生可具备动物临床诊断分析能力及疾病预防、控制和治疗能力。

在本书的编写过程中，编者查阅了国内外大量资料，吸收了一些适合我国国情，可以提高动物疾病诊断和治疗水平的新技术和新方法。本教材不仅可以作为高职高专百万扩招学生的教材，还可以作为畜牧兽医生产一线技术人员进行动物疾病临床诊疗的参考用书。

本教材的编写分工如下：陆江宁编写了项目一中的任务一至任务三，鲁兆宁编写了项目一中的任务四和任务五，王瑛琪编写了项目二中的任务六，李兰东编写了项目二中的任务七，刘洪杰编写了项目二中的任务八中的技能一和技能二，刘云编写了项目二中的任务八中的技能三和技能四，刘红编写了项目二中的任务九中的技能一和技能二，车有权编写了项目二中的任务九中的技能三和技能四，杨名赫编写了项目二中的任务九中的技能五和技能六，张佳韧编写了项目二中的任务九中的技能七，王浩编写了项目二中的任务九中的技能八，倪士明编写了项目二中的任务十，解志峰编写了项目二中的任务十一中的技能一，葛婧昕编写了项目二中的任务十一中的技能二，李凤刚编写了项目二中的任务十一中的技能三，陈腾山编写了项目二中的任务十一中的技能四，岳增华编写了项目二中的任务十一中的技能五，孙凡花编写了项目三中的任务十二，许贵新编写了项目三中的任务十三。陆江宁负责确定本教材的编写提纲，并负责全书统稿。于波担任本教材的主审。

在本教材的编写过程中，编者参阅了大量国内外有关资料，对所涉及的作者表示衷心的感谢！同时本教材的编写和出版工作得到了中国农业大学出版社的支持和参编单位的热心帮助，在此一并表示诚挚的谢意。

由于编者水平有限，加之时间紧迫，书中难免存在不妥之处，恳请读者批评指正。

编　者

2021年1月

目 录

项目一

临床诊断技术

- 任务一　动物保定技术
- 任务二　临床检查技术
- 任务三　实验室检查技术
- 任务四　仪器检查技术
- 任务五　建立诊断

任务一

动物保定技术

【任务描述】

本任务主要介绍动物保定方面的知识，以及常见的动物保定技术与方法。

【技能目标】

通过对本任务的学习，学生会使用各种动物保定器械，能对常见动物进行保定。

技能一　牛的保定技术

一、徒手握鼻保定法

一只手握住牛角根，另一只手顺着牛嘴迅速转手握住其鼻中隔以保定之(图 1-1)。此法可用于对牛进行一般的临床检查、灌药、肌内注射及静脉注射时的保定。

二、鼻钳保定法

牛鼻钳是特制的专用于保定牛的金属保定器械。鼻钳保定法是将鼻钳插入牛的鼻孔，迅速夹紧鼻中隔，用一只手或双手握持，同时牵住鼻钳，也可用锁链将钳柄固定(图 1-2、图 1-3)，对牛进行保定。此法应用较广。

图 1-1　牛徒手握鼻保定法

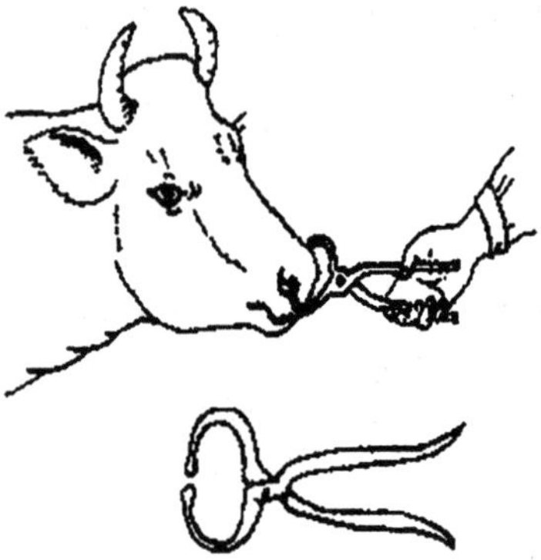

图 1-2　牛鼻钳保定法

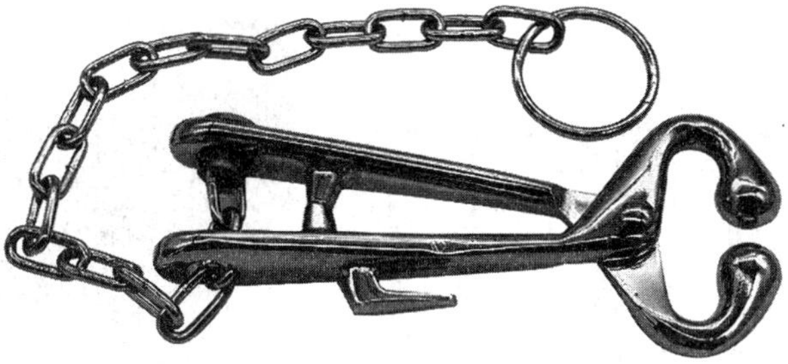

图 1-3 新型带锁链的牛鼻钳

三、角根保定法

将绳子沿牛的两角的根部缠紧，其一端固定在柱栏上，即可将牛的头部固定(图 1-4)。如同时使用鼻钳，则保定效果更佳。此法常用于对牛进行一般的临床检查时的保定。

四、头部保定法

将牛的两角及笼头绳分别拴在柱栏上，使其头部紧顶在柱上即可将其保定(图 1-5)。

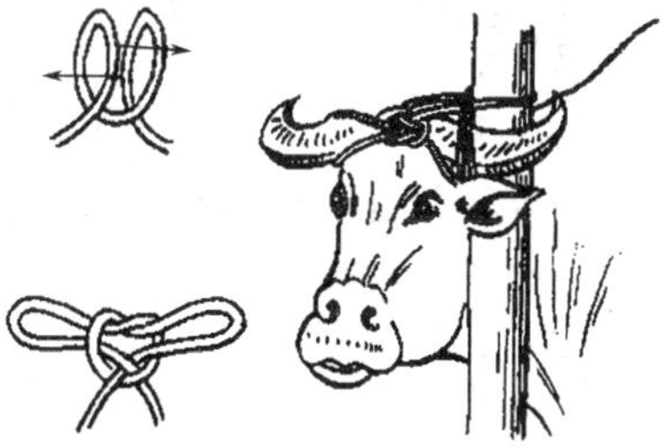

图 1-4 牛角根保定法

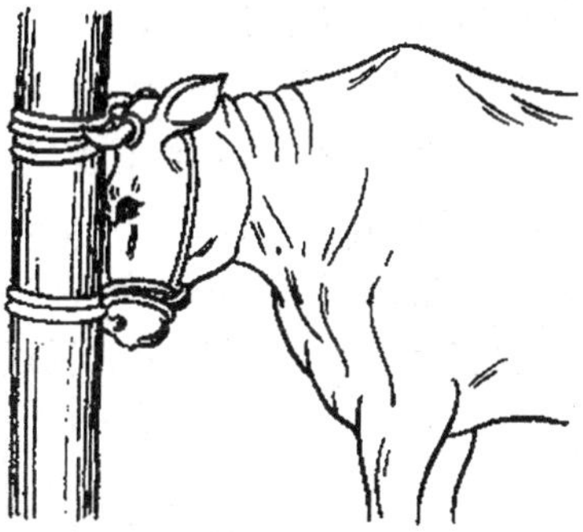

图 1-5 牛头部保定法

五、保定架保定法

此法(图 1-6)在临床上的应用较广，也是最为确实可靠的保定方法。此法可用于对牛进行临床检查、各种注射及颈、腹、蹄等部位的疾病治疗时的保定。

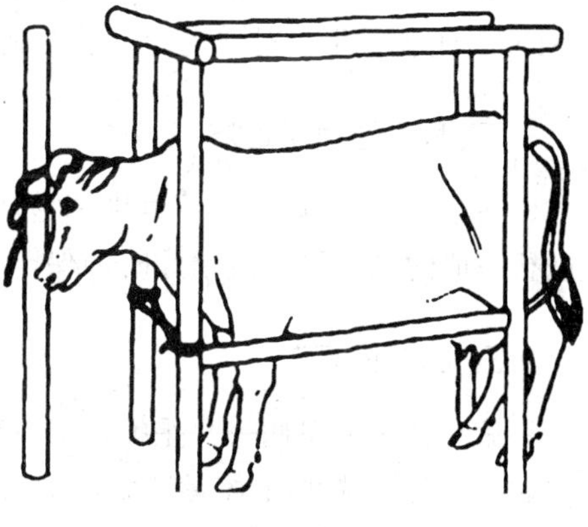

图 1-6 牛保定架保定法

六、颈枷保定法

牛颈枷(图 1-7)是规模化奶牛场使用的一种保定设备，安装于奶牛生活区与饲喂通道之间。当奶牛采食时，牛颈枷就会通过自锁装置固定住奶牛，保证奶牛独立采食饲料，防止奶牛抢食，还可以固定奶牛(图 1-8)，便于兽医人员和工作人员对奶牛进行常规体检、免疫注射、人工授精、妊娠检查、疾病治疗等操作。

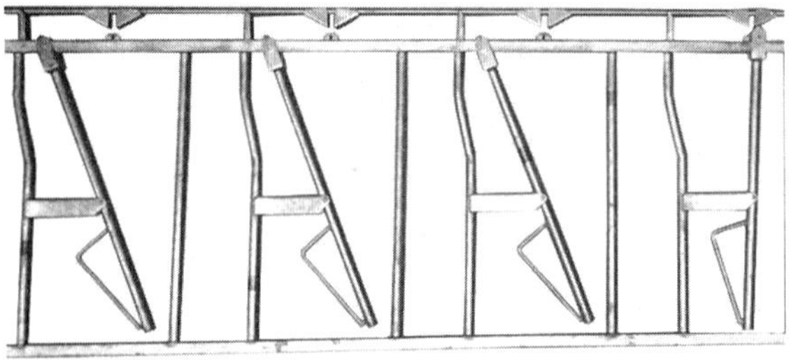

图 1-7　牛颈枷

图 1-8　牛颈枷保定法

七、倒卧保定法

用一条 12～15 m 长的圆绳，一端拴在牛颈部，或套在两个角的根部，将绳子沿非卧侧的颈部外面和躯干上部向后牵引，在肩胛骨后角处环胸一周做成第一绳套；继而向后引至肷部，环腹一周做成第二绳套；再引绳向后，两环套的绳子交叉点均在倒卧对侧（图 1-9）。随后，由两人慢慢向后拉绳子的游离端，由另一人把持牛角，使牛头向下倾斜，牛即可蜷腿而慢慢倒下。牛倒卧后，要固定好头部，且不能放松绳端，否则牛易站起。一般情况下，不需要捆绑四肢，必要时再进行固定即可。此法适用于牛的外科手术等。

图 1-9　牛倒卧保定法

技能二　羊的保定技术

一、握角骑跨夹持保定法

用手握住羊的两角或两耳固定，骑跨羊身，以大腿内侧夹持羊两侧胸壁即可将其保定（图 1-10）。此法可用于对羊进行一般的临床检查或治疗时的保定。

二、两手围抱保定法

在羊身的一侧，用两手分别围抱其前胸或股后部位加以保定（图 1-11）。此法可用于对羊进行一般的临床检查或治疗时的保定。

三、倒卧保定法

俯身从羊的对侧一只手抓住羊的两前肢系部或抓住羊的一前肢臂部，另一只手抓住羊的腹肋部膝襞处，扳倒羊体，然后改抓两后肢系部，前后一起按住即可（图 1-12）。此法可用于对羊进行治疗或简单手术时的保定。

图 1-10　羊握角骑跨夹持保定法

图 1-11　羊两手围抱保定法

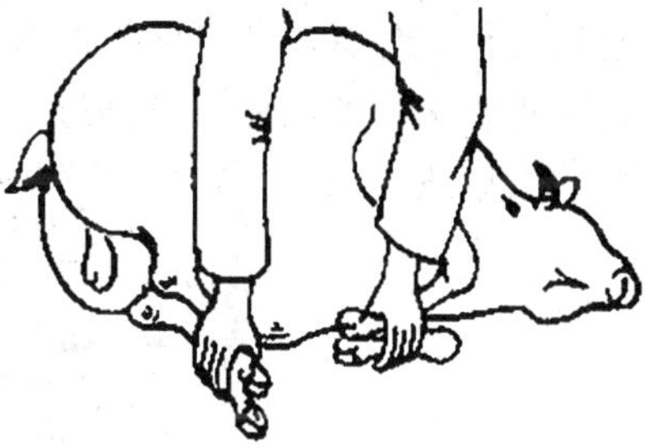

图 1-12　羊倒卧保定法

技能三　猪的保定技术

一、一般保定法

可将猪群赶至猪栏一角，使其相互拥挤而不便骚动，欲捉住猪群中个体猪只进行检查时，可迅速抓提猪尾、猪耳或后肢，并将其拖出猪群，然后做进一步的保定。本方法适用于检查体温、臀部的肌内注射及一般的临床检查时的保定。

二、鼻端绳套保定法

在绳的一端做一活套，放在猪的鼻端，使绳套自鼻端滑下，当猪只张口时趁机将绳套套入其上颌犬齿后面并立即勒紧，然后由一人拉紧保定绳或拴于木桩上。此时，猪多呈用力后退姿势，但很快便安静站立，从而可保持安定的站立状态（图 1-13）。除绳套外，也可以用保定器（图 1-14）进行保定。此法适用于体格较大的猪、带仔母猪或大公猪的保定及一般的临床检查、灌药和注射等。

图 1-13　猪鼻端绳套保定法

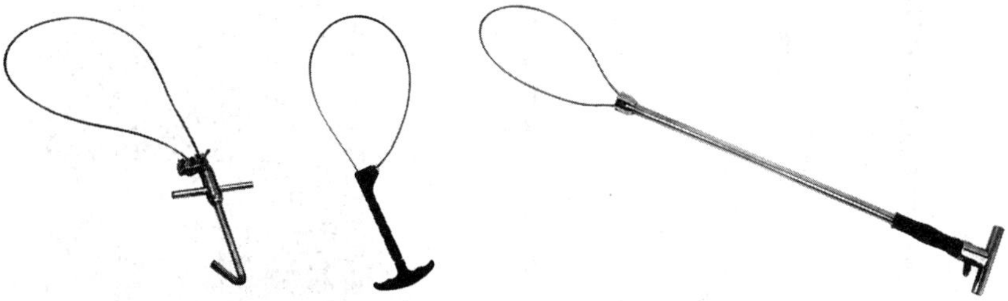

图 1-14　猪用保定器

三、提举保定法

抓住猪的两耳，迅速提举，使猪的腹部朝前，同时用膝部夹住其颈胸部（图 1-15）将猪固定；也可两手握住其后肢飞节并将其提起，使其头部朝下，用膝部夹住背部来固定（图 1-16）。抓耳提举保定法主要用于经口投药及注射；后肢提举保定法主要用于直肠脱的整复、腹腔注射以及阴囊和腹股沟疝手术等。

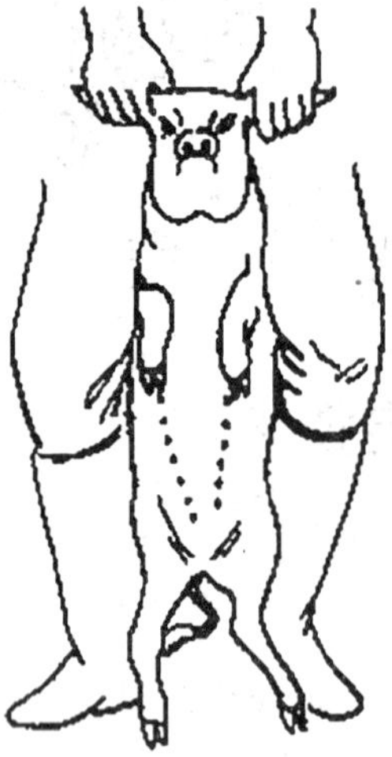

图 1-15　猪抓耳提举保定法

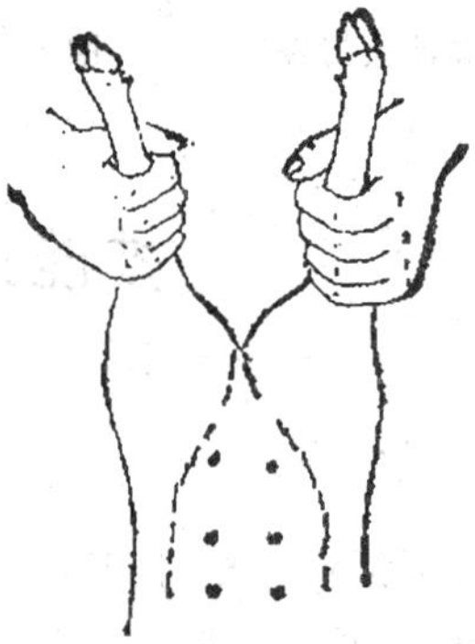

图 1-16　猪后肢提举保定法

四、保定架保定法

给小公猪去势时，可采用保定架进行保定（图 1-17）。首先将保定架放置在平坦的地面上，其次将要去势的小公猪放在保定架上，然后将其两后腿卡入保定架的卡槽内进行固定，即可进行手术操作。操作完毕后，将后腿从卡槽中拿出即可。

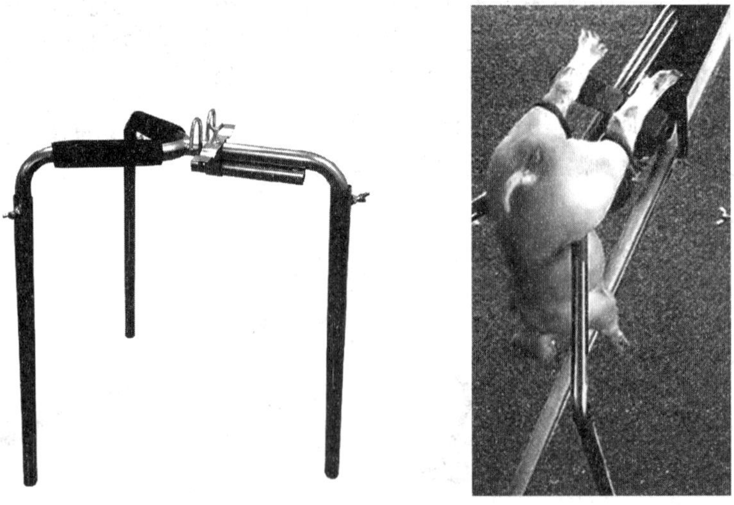

图 1-17　猪保定架保定法

技能四　犬的保定技术

因犬对其主人有较强的依恋性，保定时，若有主人配合，可使保定工作顺利进行。对犬进行保定的方法有多种，可根据犬的大小、行为及诊疗目的，选择不同的保定法。保定要做到方法简单、确实，确保人及犬的安全。对于温顺的犬进行治疗时可以不保定，一边安抚一边治疗。保定者诊疗时要防止被犬咬伤，但也不要过于害怕。

一、扎口保定法

为防止人被犬咬伤，尤其对性情急躁、有损伤的犬，应采用扎口保定。

（一）长嘴犬的扎口保定法

首先，用绷带或细的软绳，在绳中间绕两次，打一活结圈（猪蹄套），套在犬嘴后颜面部，在下颌间隙系紧；然后，将绷带两游离端沿下颌拉向耳后，在颈背侧枕部收紧打结（图 1-18）。这种方法保定可靠，一般绷带或细绳不易被犬抓挠松脱。另一种扎口法是先打开犬的口腔，将活结圈套在下颌犬齿后方勒紧，再将两游离端从下颌绕过鼻背侧，打结即可。

（二）短嘴犬的扎口保定法

用绷带或细的软绳，在其 1/3 处打活结圈，套在犬嘴后颜面部，于下颌间隙处收紧，其两游离端向后拉至耳后枕部打一结，并将其中一长的游离绷带经额部引至鼻背侧，穿过绷带圈，再返转至耳后与另一游离端收紧打结（图 1-18）。

图 1-18　犬扎口保定法

（三）口笼保定法

犬口笼是用牛皮革或帆布制成的。可根据动物个体大小选用适宜的口笼给犬套上，将其带子绕过耳扣牢（图 1-19）。此法主要用于大型犬。

二、颈枷保定法（伊丽莎白项圈保定法）

颈枷（伊丽莎白项圈）是一种防止动物自我损伤的保定装置，有圆盘形和圆筒形两种。在犬手术后或有其他外伤时给它戴上颈枷，使其头不能回转，防止治疗时犬咬人及舔咬身体受伤部位，也防止犬搔抓头部（图 1-20）。此法不适用于性情暴躁和后肢瘫痪的犬。

图 1-19　犬口笼保定法

图 1-20　犬伊丽莎白项圈保定法

三、颈钳保定法

颈钳柄长 90～100 cm，钳端为两个半圆形钳嘴，使之恰好能套入犬的颈部。在保定时，手持钳柄，张开钳嘴将犬颈套入后再合拢钳嘴，以限制犬的头部的活动（图 1-21）。此法适用于捕捉狂犬或凶猛的犬。

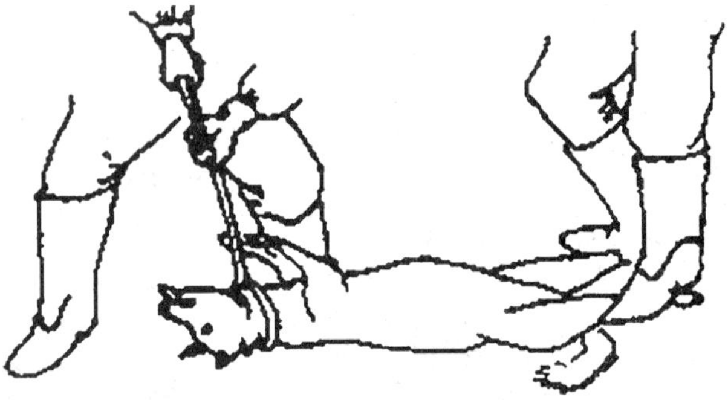

图 1-21　犬颈钳保定法

四、站立保定法

在很多情况下，站立保定有助于对犬进行体检和治疗。

（一）地面站立保定法

当犬站立于地面时，先给犬戴上口笼，然后蹲于犬的右侧，右手抓住犬的颈圈，左手托住犬的腹部（图 1-22）。此法适用于大型犬的保定。

（二）诊疗台站立保定法

一般应在诊疗台上对犬进行诊疗，但有的犬因胆怯不愿站立，影响操作。此时，先给犬戴上口笼，然后站在犬的一侧，一手臂托住胸前部，另一手臂搂住臀部，使犬立于保定者胸前（图 1-23）。

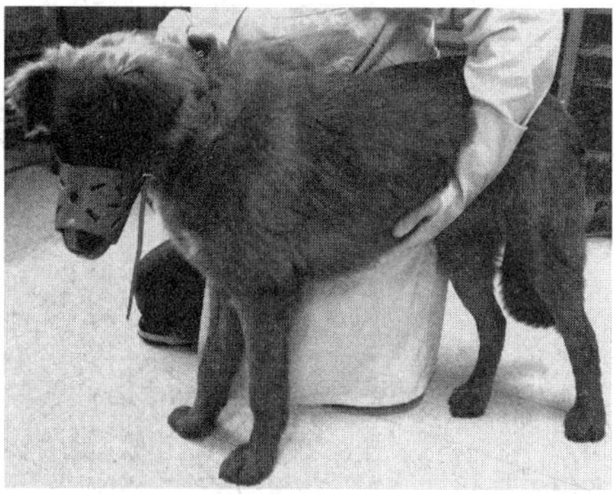

图 1-22　犬地面站立保定法

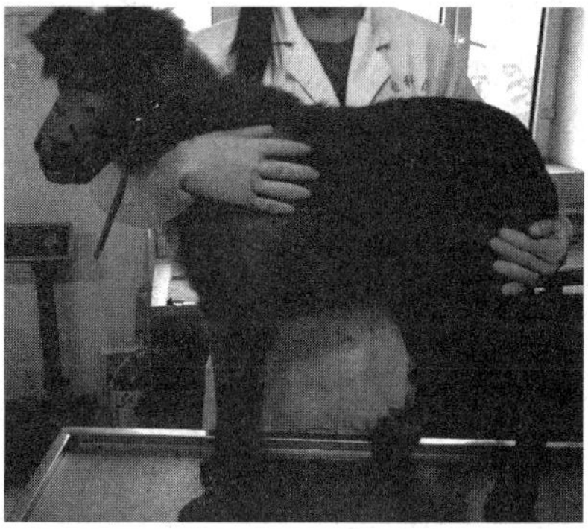

图 1-23　犬诊疗台站立保定法

(三)铁笼站立保定法

将犬关在铁笼内,用活动中隔将犬固定于犬笼的一侧对其进行保定。此法适用于凶猛犬的保定。

五、徒手侧卧保定法

一般情况下,该方法通常由犬主人施行。在犬扎口保定后,将犬置于诊疗台按倒,两手抓住贴卧手术台上的犬腿,身体靠近犬背,并用两前臂分别将犬的肩部和臀部压于手术台上(图 1-24)。此法适用于对犬进行注射和较简单的治疗。

六、怀抱保定法

首先,站在犬的一侧,两只手臂分别放在犬的胸前部和腹后部,将犬抱起;然后,一只手将犬的头颈部紧贴自己胸部,另一只手按住犬的后腹部限制其活动(图 1-25)。此法适用于对小型犬和幼龄犬、中型犬进行听诊等检查,并常用于皮下或肌内注射。

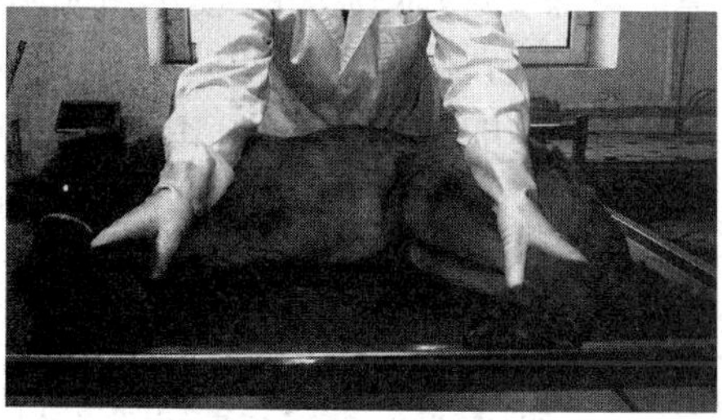

图 1-24　犬徒手侧卧保定法

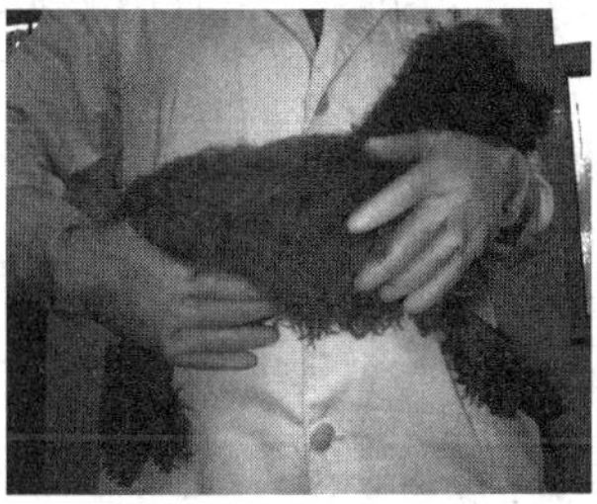

图 1-25　犬怀抱保定法

七、静脉穿刺保定法

静脉穿刺主要用于静脉采血和注射,需正确地对动物加以保定。

(一)前臂皮下静脉穿刺保定法

使犬胸卧于诊疗台上,保定者站在诊疗台右(左)侧,面朝犬的头部;右(左)臂搂住犬的下颌或颈部,以固定其头部。左(右)臂跨过犬右(左)侧,身体稍依犬背,肘部支撑在诊疗台上,利用前臂和肘部夹持犬身，控制犬的移动；用手托住犬的肘关节前移，使前肢伸直，再用食指和拇指横压近端前臂部背侧，使静脉怒张。必要时，应先对犬进行扎口保定，以防犬咬人。

(二)颈静脉穿刺保定法

使犬胸卧于诊疗台一端，两前肢位于诊疗台之前，保定者站于犬的左(右)侧，右(左)臂跨过犬的右(左)侧颈部，夹持于腋下，用手托住犬下颌，并向上提起头颈；左(右)手握住两前肢腕部，拉直，使颈部充分显露(图 1-26)。

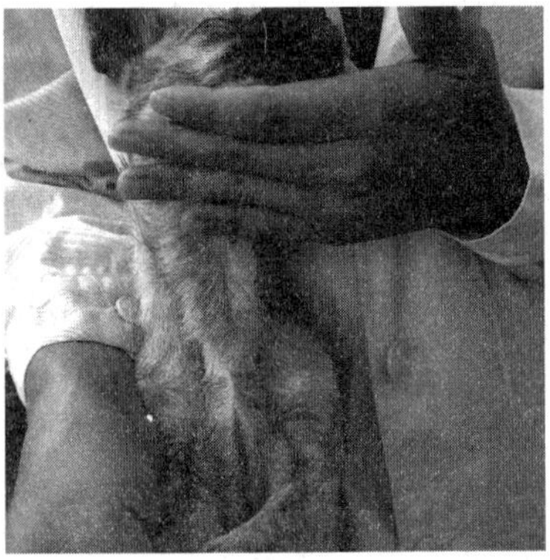

图 1-26 犬颈静脉穿刺保定法

八、化学药物保定法

化学药物保定法是指应用化学药物，使动物暂时失去正常活动能力的一种保定方法。此法达不到真正的麻醉要求，仅使犬的肌肉松弛、意识减退、消除反抗，常用的药物包括镇静剂、安定剂、催眠剂、镇静止痛剂、分离麻醉剂等。此法适用于对犬进行长时间或复杂的检查、治疗时的保定，操作方便、安全，但增加了用药可能带来的一些风险。

技能五 猫的保定技术

临诊时，对猫要特别留心，注意不要被咬伤或搔抓。为防止猫逃离诊疗场所，应把门窗关闭起来。猫的保定方法主要有以下几种。

一、徒手捕捉与保定法

在诊疗或其他日常管理需要抓猫时，不能抓其耳、尾或四肢。正确的抓猫方法是先轻摸猫的脑门或背部消除其敌意，然后用右手抓住猫的颈部或背部皮肤，迅速用左手托住猫的腰荐部或臀部，使猫的大部分体重落在左手上，再轻轻抚摸其背部，使其尽快安静下来。保定小猫时，可先把一只手放在小猫的胸腹下，用手掌将其托起，再用另一只手扶住其头颈部即可。对野性大的猫或新来就诊的成年猫，宜采用一只手抓住猫的颈背部皮肤，另一只手抓住猫的两前肢和两后肢的方法，将猫牢牢固定住。

二、猫保定包保定法

把猫装入猫保定包或者猫袋中，猫头便从前端袋口露出，再抽紧前端袋口的带子(不要影响其呼吸)，使头不能缩回袋内(图 1-27)。这样，便可对猫进行头部检查、测量温度、灌肠及注射等治疗。

三、扎口保定法

尽管猫嘴短平，仍可使用扎口保定法，以免被抓咬。其方法与短嘴犬的扎口保定法相同。

图 1-27　猫保定包保定法

四、接近与保定犬、猫时的注意事项

犬、猫有攻击人的习性。犬主要用锋利的牙齿咬人，猫除了用牙齿咬人外，还可用利爪抓人，这是在临床接触犬、猫时必须随时警惕的安全问题。

犬、猫对其主人有较强的依恋性。在接近犬、猫时，最好有主人在场。要先对犬、猫的主人进行询问，了解其犬、猫是否咬人，平时是否愿意让别人抚摸等；然后向其发出接近信号(如呼唤犬、猫的名字或发出温和的呼声，以引起犬、猫的注意)，从其前方徐徐绕至动物前侧方的视线范围内，一边观察其反应，一边接近。若是单眼瞎的动物则从健侧接近，若是双眼瞎的动物则从头部抚摸开始接近。

接近犬、猫后，应先用手掌或其他软物轻轻抚摸其头部或背部，并密切观察其反应，当其怒目圆睁、龇牙咧嘴，甚至发出“呜呜”的声音时，要特别小心，应待其安静后方可进行保定和诊疗活动。切不要有粗暴动作或突然刺激，以免引起犬、猫惊恐、应激和主人反感，甚至造成动物伤人。

接近动物时，不能手拿棍棒或其他闪亮、发出声响的器械，以免引起其惊恐不安。在接近犬、猫时禁止一哄而上，应避免粗暴的恐吓和突然的动作以及其他可能引起犬、猫防御性反应的各种刺激。

检查者着装应符合兽医卫生要求和公共卫生要求。

【复习与思考】

1. 对动物进行保定的目的是什么？
2. 对动物进行保定时应该注意哪些问题？
3. 通过学习，试着探索一种新的比较实用的保定方法(自选动物)。

【知识链接】

遛犬绳多长才安全？

济南市公安局发布了《关于加强养犬管理的通告(征求意见稿)》，规定市民外出遛犬时，遛犬绳最长为 1.5 m，而且必须携带犬粪清除物品，对两年内受过 3 次处罚的，将没收其犬只，5 年内禁止其养犬。

遛犬绳过长会有什么危害呢？宠物驯养师表示，过长的遛犬绳不易于对犬进行控制，容易使它脱离与主人之间的安全距离，并且遛犬绳绊倒路人的情况也时有发生。曾发生过这样一场事故，一位家长带着孩子在小区骑车，同小区的一名业主在遛犬，业主和犬分站在路的两边，过长的绳子横在路中间，孩子骑车过去，没注意到有绳子，导致遛犬绳勒到了孩子的脖子。济南市公安局养犬办意见征集负责人表示，1.5 m是畜牧部门经过实验后，得出的犬只不影响他人所应保持的安全距离，“这个距离能够保证遛犬者及时控制犬”。市面上销售的遛犬绳，一般有两种：普通遛犬绳，长度为1.2 m；伸缩式遛犬绳，长度为3 m以上。

现在各地均对居民遛犬的行为出台了相关规定，但标准并不相同。目前，对于养犬的管理，国家层面并无统一规定，而是由地方自行制定标准。

任务二

临床检查技术

【任务描述】

本任务主要介绍临床检查的基本方法和程序、建立诊断的方法、一般检查的方法和各系统检查的方法。

【技能目标】

通过对本任务的学习，学生会对常见动物进行一般的临床检查和系统检查，能够对检查所获得的资料进行综合分析，对疾病做出初步诊断，并能够填写病历记录。

技能一　临床检查的基本方法和程序

临床检查的基本方法，就是兽医人员应用自己的眼、耳、手、鼻等感觉器官，再借助一些简单的医用器械（如听诊器、叩诊槌等），对发病动物进行直接检查的方法，包括问诊、视诊、触诊、叩诊、听诊和嗅诊 6 种方法。这些方法简单、方便、实用性较强，在任何临床场所都被广泛应用。

一、问诊

问诊是在病畜登记以后和现症检查之前进行的，通过询问的方式向畜主或有关人员了解病畜或畜群发病前后的情况和经过，获取病史的过程。通过问诊，可以了解病畜或畜群的发病现状和历史。问诊采用交谈和启发式询问的方法，一般在着手检查病畜之前进行，也可边检查边询问，以便尽可能全面地了解发病情况及经过。

（一）问诊的目的

了解病畜平时的饲养管理情况以及发病前后的经过，主要是帮助分析病因，为进一步检查提供线索和重点。

（二）问诊的内容

问诊的内容十分广泛，主要包括现病史、既往病史及饲养管理情况等。

1. 现病史

现病史是指本次发病的情况及经过，其应重点了解以下方面。

一是发病时间，包括疾病发生于饲前或喂后或休息时、舍饲时或放牧中、清晨或夜间、产前或产后等，借以推测致病的可能原因。

二是病后表现。向畜主或饲养人员问清楚其所见到的病畜的饮欲、食欲，是否呕吐及呕吐物的性状，精神状态，排粪、排尿状态及粪便、尿液的性状变化，有无咳嗽、气喘、流鼻液及腹痛不安、跛行的表现，以及泌乳量和乳汁的物理性状有无改变等，这些都可作为确定检查方向和重点参考依据。

三是发病经过及诊治情况。通过目前与开始发病时疾病程度的比较了解症状的变化，又出现了什么新的病状或原有的什么症状消失；病后是否进行过治疗？用过什么药物及效果如何？曾被诊断为何病？从开始发病到现在病情有何变化等，借以推断病势进展，也可作为确定诊断和用药的参考。

四是畜主所能估计到的发病原因。如饲喂不当，受凉，被其他外因所致伤等。

五是畜群发病情况。同群或附近地区有无类似疾病的发生或流行，借以推断是否为传染病、寄生虫病、营养缺乏或代谢障碍病、中毒性疾病等。

2. 既往病史

既往病史是指病畜或畜群过去发病的情况。即是否发生过类似疾病，其经过和结局如何？预防接种的内容和实施时间、方法、效果如何？特别是有传染病可疑和群发现象时，要详细调查了解当地疫病流行、防疫、检疫情况及毒物来源等。这些资料在对确定当前疾病与过去疾病的关系，以及对传染性和地方性疾病的诊断上都有重要意义。当怀疑遗传性疾病时要调查系谱。

3. 饲养管理情况

应该详细询问饲养管理情况，主要了解饲料日粮情况、水源情况、动物的生产性能，畜舍的卫生情况、环境条件，放牧地的地理环境、气候变化、防疫制度、繁殖方式和配种制度、环境条件等因素。这些资料有助于消化系统疾病、营养代谢病、中毒性疾病、生殖系统疾病、遗传病等的诊断，并对传染病的流行病学情况分析具有重要的诊断意义。

问诊的内容十分广泛，要根据病畜的具体情况适当地加以必要的选择和增减。问诊的顺序也应依实际情况灵活掌握，可先问诊后检查，也可边检查边询问。

（三）问诊的技巧与注意事项

（1）语言要通俗，态度要和蔼。问诊时语言应通俗易懂，尽量避免使用有特定意义的兽医学术语，如铁锈色鼻液、里急后重、潜血等，并尽可能地用当地方言提问，以便取得畜主的配合。

（2）问诊的内容既要有重点，又要全面搜集资料。问诊的内容十分广泛，不可能对畜主询问上面所述的全部内容，应根据病畜的具体情况进行必要的选择和增减，做到抓住重点，切合实际；在问诊的顺序上应根据实际情况灵活掌握，可以先问诊后检查，也可以边检查边问诊，还可在检查结束后补充。注意提问的系统性和目的性，从而获得全面的、准确可信的病史资料。

（3）对问诊所得资料不要简单地肯定或否定，应结合现症检查的结果，进行综合分析。对问诊材料的估价，应持客观的态度。既不应绝对地肯定，又不能简单地否定，而应将问诊材料和临床检查的结果加以联系，进行对比和全面的综合分析，为找到致病原因和建立诊断提供依据。如果病史资料与临床检查的结果不符，则应重新检查，也可有针对性地向畜主再次询问。

二、视诊

用肉眼或借助器械通过观察病畜的异常表现来诊断疾病的方法，即为视诊。用肉眼直接观察的称为直接视诊；借用器械观察的称为间接视诊，是指用各种内窥镜（腹腔镜、膀胱镜、胃镜、鼻喉镜等）进行的检查。

（一）视诊的目的

通过自己亲眼所视所诊，了解病畜的一般概貌，并发现大量的临床症状，特别是一些主要症状和示病症状，为进一步检查提供线索，尤其要注意在畜群里发现病畜。

（二）视诊的应用范围

（1）观察病畜的整体状态，如体格的大小、发育的程度、营养的状况、躯体的结构、胸腹及肢体的匀称性等。

（2）判断病畜的精神及体态、姿势与运动、行为，如精神沉郁或兴奋，静止时的姿势改变或运动中步态的变化，是否出现腹痛不安、运步强拘或强迫运动等病理性行为。

（3）发现病畜的表被组织的病变，包括被毛状态，皮肤及黏膜颜色及特性，体表创伤、溃疡、疱疹、肿物等病变的位置、大小、形状及特征。

（4）某些生理活动异常，如呼吸动作有无喘息、咳嗽；采食、咀嚼、吞咽、反刍等消化活动有无呕吐、腹泻；排粪、排尿姿势及粪便、尿液的数量、性状与混合物等。

（5）检查某些与外界直通的体腔，如口腔、鼻腔、咽喉、阴道等。注意其黏膜颜色的改变及完整性的破坏，并确定其分泌物或排泄物的数量、性状及其混合物。

（三）视诊的方法

视诊时，一般先不要靠近病畜，也不宜进行保定，以免对其造成惊扰，应尽量使动物取自然的姿势。视诊的程序和方法，一般来说是先群体后个体，先整体后各部，逐渐缩小诊断范围。即对群居家畜来说，要先观察整个群体，发现其中的患病个体；对于单个病畜进行视诊时，首先要整体观察，然后再对发病部位认真、仔细地检查。视诊具体的方法是：检查者应先站在距家畜一定距离（一般为 1.5～2.0 m）的地方，观察其整体状况，然后从前到后、从左到右地边走边看，观察病畜的头、颈、胸、腹、脊椎、四肢；当行至病畜的正后方时，应注意尾、肛门及会阴部，并对照观察两侧胸部、腹部及臀部的状态和对称性，再从右侧观察到前方；最后可进行牵遛，观察其运步状态，若发现异常，再走近家畜，仔细检查。站立视诊过后，还要进行运步视诊。畜群视诊时，可深入畜群进行巡视，注意发现精神沉郁、离群呆立或卧地不起、饮食异常、腹泻、咳嗽、喘息及被毛粗乱无光、消瘦衰弱的病畜，并从群中将其挑出做进一步个体检查。

（四）视诊的注意事项

（1）对初来的门诊病畜，应让其稍作休息、呼吸平稳，并先适应一下新的环境后再进行检查。

（2）最好在自然光照的场所内进行，可防止灯光对颜色的影响，如对黄疸色常不易分辨清楚。

（3）收集症状要客观全面，不要单纯地根据视诊所见症状就确立诊断，要结合其他方法检查的结果，进行综合分析与判断。

(4)视诊方法虽然简单，但对初学者来说，要想具有一定的发现症状和分析问题的能力，就必须加强实际锻炼。

三、触诊

用手(包括手指、手掌、手臂和拳头)对要检查的组织、器官进行触压和感觉，以判定病变部位的大小、形状、硬度、温度、敏感性、移动性等病理变化，从中获得症状资料的诊断方法，称为触诊。

触诊是祖国医学的瑰宝，有其独到之处，尤其在切脉和直肠检查方面被广泛应用，我们应继承和发扬。

(一)触诊的目的

了解病畜体表及腹腔器官的状态，以及根据某些组织、器官生理或病理性的冲动(如心脏搏动、胃肠蠕动、脉搏跳动)来判定病变部位的大小、形状、硬度、温度和敏感性。

(二)触诊的应用范围

(1)动物的体表状态检查，如判断皮肤表面的温度、湿度，皮肤与皮下组织的质地、弹性及硬度以及有无肿胀和肿胀的性质。浅表淋巴结及局部病变(肿物)的位置、大小、形态及其内容性状、硬度、可动性及疼痛反应等。

(2)感知某些器官、组织生理性或病理性的冲动，如心搏动强度、频率及节律；瘤胃蠕动次数及力量强度；检查浅表动脉的脉搏，判定其频率、性质及节律等变化。

(3)腹部触诊：可感知腹壁的紧张度及敏感性，还可进行深部触诊感知腹腔状态，胃、肠的内容物与性状，反刍兽的瘤胃、瓣胃与真胃的状态和内容物性状，肝、脾的边缘及硬度，肾与膀胱以及母畜的子宫与妊娠情况等。

(4)触诊也可作为对动物机体某一部位所给予的机械刺激，并根据其对此刺激所表现的反应，而判断其感受力与敏感性，如检查胸壁、网胃或肾区的疼痛反应，腰背与脊髓的反射，神经系统的感觉、反射功能，体表局部病变的敏感性等。

(三)触诊的方法

触诊可分为外部触诊法和内部触诊法两种。

1. 外部触诊法

(1)浅表触诊法：适用于检查躯体浅表组织、器官。按检查目的和对象的不同，可采用不同的手法，如检查皮肤温度、湿度时，将手掌或手背贴于体表，不加按压而轻轻滑动，依次进行感触；检查皮肤弹性或厚度时，用手指捏皱皮肤并提举检查；检查淋巴结等皮下器官的表面状况、移动性、形状、大小、软硬及压痛时，可用手指加压滑推检查。注意躯干与末梢的对比及左右两侧、健区与病部的对照检查。

(2)深部触诊法：从外部检查内脏器官的位置、形状、大小、活动性、内容物及压痛。常用的方法有双手按压触诊法和插入触诊法。双手按压触诊法为从病变部位的左右或上下两侧同时用双手加压，逐渐缩短两手间的距离，以感知小家畜或幼畜内脏器官、腹腔肿瘤和积粪团块。

如双手按压小动物腹腔感知有香肠状物体时，可疑为肠套叠；当小动物发生肠阻塞时，可触摸到阻塞的肠段等。插入触诊法是用并拢的2～3个手指，沿一定部位插入或切入触压，以感知内部器官的性状。该方法适用于肝、脾、肾的外部触诊检查。

(3)冲击触诊法：用拳或并拢垂直的手指，急促而强力地冲击被检查部位，以感知腹腔深部器官的性状与腹腔积液状态。该方法适用于腹腔积液及瘤胃、皱胃内容物性状的判定。如腹腔积液时，可呈现荡水音或击水音。

2. 内部触诊法

内部触诊法包括对大家畜的直肠检查以及对其食道、尿道等器官的探诊检查。如直肠内部触诊检查，当瘤胃积食时，呈现捏粉样或坚实感；当瘤胃臌气时，瘤胃壁紧张而有弹性。再如探诊检查，当食道或尿道阻塞时，探管无法进入；当患炎症时，动物则表现敏感、不安。

(四)触感

(1)捏粉样感：病变部位触压时柔软，如生面团样，指压时留有痕迹，除去压迫后慢慢复平，为组织中发生浆液性浸润，多见于皮下水肿，常发生于眼睑、胸前、四肢、腹下等部位，在临床上常见于心脏疾病、肾疾病、血液疾病及营养不良等。

(2)波动感：病变部位触压时柔软有弹性，指压不留痕，有波动感，表明存在含有液体的囊腔，常见于血肿、淋巴外渗、脓肿等。

(3)气肿感：触压病变部位有气体向邻近部位窜动，可听到捻发音，柔软稍有弹性，常见于皮下气肿、气肿疽、恶性水肿等。

(4)坚实感：触压病区如触压肝一样，感觉致密坚实，表明组织发生细胞浸润，见于蜂窝织炎、组织增生及肿瘤等。

(5)坚硬感：触压病变部位时，组织如触压骨、石一样坚硬，常见于骨瘤、尿道结石等。

(6)疼痛感：触压到疼痛部位或压痛点，病畜表现躲闪或抗拒，回头顾腹、后肢踢腹、皮肌抖动等疼痛症状。

(7)疝：触压病变部位时，组织柔软，有回纳性，内容物不定，可摸到疝孔和疝轮，常见于腹侧、腹下、脐孔或阴囊。

(五)注意事项

(1)注意安全。应了解待检动物的习性及有无恶癖，并在必要时进行保定。当需触诊马、牛的四肢及腹下等部位时，要一只手放在畜体的适宜部位做支点，用另一只手进行检查，并应从前往后、自上而下地边摸边接近欲检部位，切忌直接突然接触。

(2)检查某部位的敏感性时，动作要柔和，逐渐加压，切忌突然用力。触诊时应先健区后病区，先边缘后中心，先远后近，先轻后重，并注意与对应部位或健区进行对比；注意不要使用引起病畜疼痛或妨碍病畜表现反应的动作。

触诊虽然是一种简便的方法，但若要取得判断上的准确，也必须经过长时间的实践锻炼。显然，触诊也不只是单纯地用手去摸，而必须手、脑并用，做到边触诊边思索。

四、叩诊

根据叩打动物体表所产生音响的性质来判断被检组织、器官的病理变化，也可理解为变相触诊，因为在病理情况下产生的音响与生理性情况下产生的音响存在差别。

(一)叩诊的应用范围

1. 直接叩诊

直接叩诊主要用于检查浅在体腔（如颅腔、鼻腔、额窦、颌窦、胸腔、腹腔、喉腔等）、心脏，检查马属动物的盲肠和反刍动物的瘤胃，以判断其内容物性状、含气量及紧张度。

2. 间接叩诊

间接叩诊主要用于检查肺、心脏及胸腔的病变，也可以检查肝、脾的大小和位置，以及靠近腹壁的较大肠管的内容物的性状。

叩诊可作为一种刺激，判断其被叩击部位的敏感性；叩诊时除了要注意叩诊音的变化外，还应注意槌下抵抗。

(二)叩诊的方法

1. 直接叩诊

直接叩诊是用手指或叩诊槌直接叩击动物体表被检部位的方法，可用于脊柱、鼻旁窦、喉囊等组织和器官的检查。

2. 间接叩诊

间接叩诊按是否使用器械分为指指叩诊和槌板叩诊两种。

指指叩诊通常以左手的中指（或食指）代替叩诊板，使之紧密地贴在检查部位，用右手的中指（或食指）第二指关节呈 90°屈曲作为叩诊槌，并以右腕作轴而上、下摆动，用适当的力量垂直地向左手中指（或食指）第二关节处进行叩击（图 2-1、图 2-2）。由于此法叩击力量较小，振动范围也不广，因此主要用于中、小动物的检查。

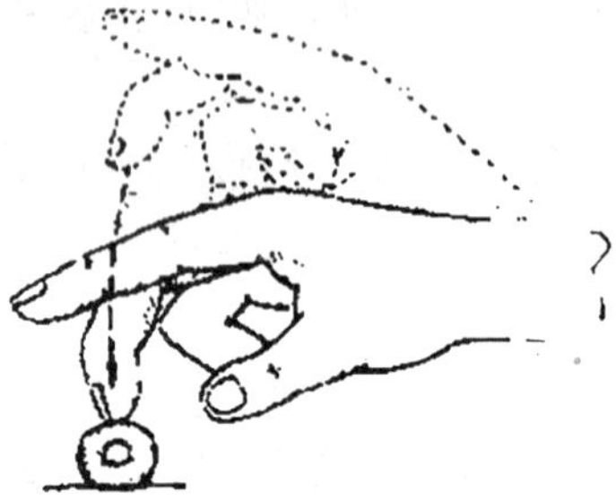

图 2-1　指指叩诊法

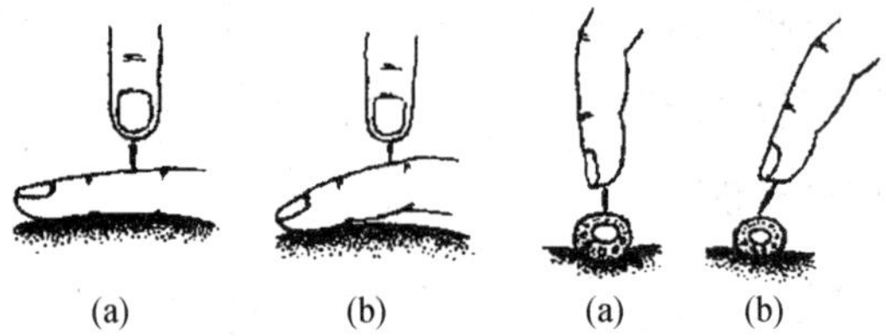

图 2-2　指指叩诊法的姿势

a. 正确姿势　b. 错误姿势

槌板叩诊是用特制的叩诊器械（叩诊槌和叩诊板）进行叩击。其方法是，一只手持叩诊板紧贴于动物欲检查的部位上，另一只手握住叩诊槌，以腕关节作轴，将槌上、下摆动，垂直地向叩诊板上连续叩击 2 或 3 次，以听取其音响。因此法叩击力量可大可小，所以，对大、中、小动物都可用。

(三)基本叩诊音

由于被叩诊部位及其周围组织、器官的弹性、含气量不同，叩诊时常可呈现下列 3 种基本的叩诊音。

(1)清音：叩击具有较大弹性和含气的组织、器官时所产生的比较强大而清晰的音响，音调低、音响大、持续时间长，如同叩诊正常肺区中部所产生的声音。

(2)浊音：叩击柔软、致密及不含气的组织、器官时所产生的一种弱小而混浊的音响，音调高、音响小、持续时间短，如同叩诊臀部肌肉和肝等实质器官时所产生的声音。

(3)鼓音：一种音调比较高朗、振动比较规则的音响，音调强、音响大、持续时间长，如同叩击正常马的盲肠底部或正常牛的瘤胃上 1/3 部位时所产生的声音。

以上 3 种基本音调之间，有程度不同的过渡阶段，如清音与浊音之间有半浊音，当肺、胃、肠等含气器官的含气量发生病理性改变(如减少或增多)或胸腹腔出现病理性产物(如积液或积气)时，叩诊音也会发生病理性变化。以上 3 种基本叩诊音的特性，见表 2-1。

表 2-1　3 种基本叩诊音的特性

声音的特性	清音	浊音	鼓音
强度	强	弱	强
持续时间	长	短	长
高度	低	高	低或高
音色	非鼓性	非鼓性	鼓性

(四)叩诊的注意事项

(1)叩诊板(或作叩诊板用的手指)须紧贴动物体表，其间不得留有空隙。

(2)叩诊时，叩诊的手应以腕关节作轴，轻松地振动，垂直地向叩诊板上叩击，用力均匀，间隔一致。叩诊时，不应过于用力压迫，除作叩诊板用的手指外，其余不应接触动物的体壁，以免妨碍振动。叩击时，应该是短促、断续、快速而富有弹性。每一叩诊部位连续进行 2～3 次，时间间隔均等。当发现异常叩诊音时，应与对侧同一部位进行比较。

(3)叩诊时，应根据检查的目的和被检查器官的解剖特点而使用不同大小的叩击力度。对深在的器官、部位及较大的病灶宜用强叩诊；对浅在的器官与较小的病灶则宜用轻叩诊。较轻的叩诊经常能得到清晰而易辨别的声音；用力过强常是初学者应注意防止的倾向。

(4)叩诊时，要注意与解剖上相同的对称部位的变化相比较。

五、听诊

直接用耳朵或借助器械间接地听取动物内脏器官在运动时发出的各种音响，以音响的性质去推断病理变化的一种诊断方法。听诊很重要，有的疾病通过听诊即可确定。如在心区部听诊时出现拍水音和摩擦音，可确诊为心包炎；在心室部听诊时出现心内杂音，可确诊是心脏瓣膜病；在肺区听诊时出现支气管音或啰音，是肺炎的表现；在腹部听诊时听不到肠音，是肠麻痹的表现。

(一)听诊的应用范围

(1)对心血管系统主要听取心音，对心音的频率、强度、性质、节律以及有无心杂音等内容进行检查。

(2)对呼吸系统主要听取呼吸音,如喉、气管、支气管呼吸音,肺泡呼吸音,啰音,胸膜的病理性音响的听诊。

(3)对消化系统主要听取胃肠蠕动音,判断其性质、强度、频率。

(二)听诊的方法

听诊可分为直接听诊法与间接听诊法。

在直接听诊时不用器械,一般先于动物体表上放一听诊布作垫,然后将耳直接贴于动物体表的相应部位进行听诊。直接听诊具有方法简单、声音真实的优点,但因检查者的姿势不便、不卫生、不安全,多不习惯于应用。

间接听诊即器械听诊法,应用听诊器(图 2-3)进行听诊。但在兽医临诊上应注意其听诊器的收音装置与动物体表被毛接触会产生很明显杂音,从而可能干扰声音的听取与判断(图 2-4)。

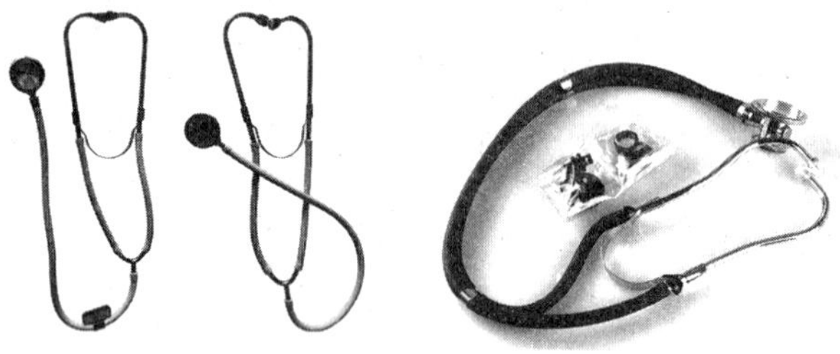

图 2-3 听诊器

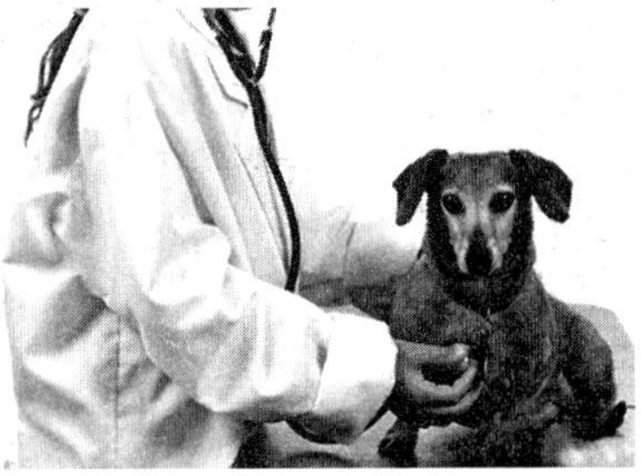

图 2-4 动物间接听诊

(三)听诊的注意事项

(1)听诊应在安静的环境下进行,一般选择在安静的室内。

(2)听诊器的接耳端,要适宜地插入检查者的外耳道;听头要紧密地放在动物体表的检查部位,防止滑动,注意区别动物被毛的摩擦音和肌肉的震颤音,但也不应过于用力压迫。听诊器的胶管不应交叉,也不要与手臂、衣服、动物被毛等接触、摩擦,以免发生杂音。

(3)检查者要将注意力集中在听取的声音上,并且同时要注意观察动物的动作,如在听呼吸音的同时应观察其呼吸活动。

(4)在听诊胆小易惊或性情暴烈的动物时,要由远而近地逐渐将听诊器集音头移至听诊区,以免引起动物反抗。且在听诊过程中仍需注意防止被动物踢咬。

六、嗅诊

嗅诊就是通过用嗅觉来辨识排泄物、分泌物、呼出气及皮肤气味的一种辅助诊断方法。这种方法虽然没有前几种方法重要,但对某些疾病往往可以确定诊断。例如,在患尿毒症时,动物的皮肤、汗液、呼出气有尿臭味;在患酮血病时,动物的呼出气、乳汁、尿液有丙酮臭味;在患肺坏疽时,动物的呼出气有腐臭味;在患子宫蓄脓、胎衣滞留时,动物的阴道分泌物有腐臭味;在患胃肠炎时,动物的粪便有腥臭味或恶臭味。

上述的 6 种检查方法操作简单,方便易行,不受畜种、场地等因素的限制,并且可直接、准确地判断病理变化,所以一直沿用至今。其中,视诊可获得病畜的整体状态和局部状态的初步印象,为深入重点检查提供线索,有时根据特殊症状即可确定诊断;叩诊和听诊可判定胸腔和腹腔器官的物理状态，对胸腔和腹腔器官疾病的诊断具有重要的意义。总之，每种基本检查方法均有其固有的特点，但也有各自的不足，不能互相代替，应该相互配合使用。如听诊与叩诊配合检查胸腔和腹腔器官疾病，触诊和听诊配合检查胃肠内容物和机能变化等。只有这样才能对某一器官疾病的病变获得全面的印象与合理的判定，这是临床工作的一般常规和准则。

七、临床检查的程序

按照一定的程序和步骤系统地进行临床检查，会使工作更有秩序，并能获得相关的全面的症状、资料，这对综合判断是十分重要的。临床检查病畜，一般按下述程序进行。

(一)病畜登记

病畜登记就是系统地记录就诊动物的标志和特征。登记的目的，在于明确患病动物的个体特征，以便于识别，同时也可为诊疗工作提供参考。主要的登记事项及其意义如下。

(1)动物种类。动物种类不同，因而所患疾病的类别、病程、预后，以及对毒物、药物的敏感性也不同。

(2)品种。品种与动物个体的抵抗力及其体质类型有一定关系，如高产乳牛易患某些代谢紊乱性疾病，本地品种猪较耐粗饲等。

(3)性别。对于不同性别动物的解剖、生理特性，在临诊过程中应给予注意。如因结石而引起的尿道阻塞则较常见于公牛与公羊；对母畜的生殖器官疾病及乳腺病，则应给予更大的注意，而在妊娠期间及分娩前后的特定生理阶段，常有特定的多发病(如乳牛的产后瘫痪、乳腺炎，马的骨软症等)及治疗中需要特别注意的事项，在登记时对妊娠动物应该加以说明。

(4)年龄。动物在不同的年龄阶段，常有固有的常发病，如幼畜的消化与呼吸道感染(如仔猪白痢、雏鸡白痢、幼畜肺炎等)，猪则表现得更为明显。此外，动物在不同年龄的发育状态，在确定药量以及判断预后上也值得参考。

(5)毛色。毛色既是个体特征的标志之一，也可作为疾病诊断的依据。如白色皮毛的猪，可能患有感光过敏性皮肤病(如荞麦中毒时)。一般认为深色动物较浅色动物对某些皮肤病的抵抗力更强。此外，作为个体特征的标志，应注明畜名、号码、烙印等事项；为便于联系，更应登记动物的所属单位或管理人员的姓名及住址。通常应注明就诊的日期和时间。

(二)临床检查的程序

1. 临床检查的项目

(1)一般检查包括全身状态的观察，被毛和皮肤、可视黏膜、淋巴结的检查，以及体温、脉搏、呼吸次数的测定。

(2)系统器官的检查包括心脏血管系统的检查，呼吸、消化、泌尿生殖器官的检查，神经系统的检查。

(3)实验室检查及仪器检查主要是指必要的实验室检验、X线、心电图和超声检查等。

在临床实际工作中，并非对每个病例全部实施上述临床检查项目，应根据不同疾病的特点决定需要检查的内容和次序。但有一条原则必须遵守，就是在临床上主要的系统和器官都必须详细、全面地进行检查，甚至在病因已被查明、病变部位已被确定的情况下，也应重视其他器官的检查,这样才不至于遗漏各种伴随症状或并发病。

2. 临床体检的顺序

临床体检是应用基本诊断法,融会贯通各器官系统的检查,面对具体的病例从头到尾、井然有序地进行全身体格的检查,即一般检查和系统检查的综合应用。在进行临床病畜全面体检时,应先将就诊病畜拴于诊疗栏或保定柱上,也可由畜主徒手保定,让其恢复自然平静状态,然后再按以下顺序分步检查。

(1)视诊与体温测定。围绕病畜进行观察,注意动物的眼神、被毛、皮肤、精神状态、站立与运动姿势、腹围的大小和形状、呼吸及体表的色泽等,然后直肠测温。

(2)头颈部检查。观察眼、口腔可视黏膜及鼻镜(鼻盘);触诊颌下淋巴结;视诊和触诊咽喉、嗉囊与气管;观察人工诱咳反应;注意颈静脉沟和食道、颈椎状况。

(3)胸腹部检查。观察胸廓和脊柱的外形及呼吸运动;心区、肺部听诊,记录心音、呼吸频率、呼吸音的变化;腹部触诊和听诊检查胃肠内容物及蠕动音,必要时进行叩诊检查。

(4)会阴部检查。会阴部检查主要是肛门与会阴、外生殖器以及乳腺的检查。

(5)四肢检查。观察动物的运动、步态、姿势,并进行各种反射检查。

(6)实验室检查及仪器检查。在临床检查的基础上,根据疾病诊断的实际需要,选择有针对性和特异性较强的项目进行实验室和仪器检查,为疾病的鉴别诊断提供依据。

3. 畜群的检查

畜群的检查,不仅在于早期诊断疾病,防止疾病蔓延,更重要的是通过检查,对疾病进行预测预报,防患于未然。因此,畜群的检查程序如下。

(1)群体检查。目的是客观地掌握疾病的发生状况,了解饲料配方、管理、环境卫生、畜舍通风、免疫接种、药物使用、生产性能等情况。在养殖场一般应有计划地、经常或定期地进行检查。

(2)个体检查。对单个的病畜进行详细的临床检查,确定疾病的主要症状和主要侵害器官。

(3)流行病学调查。流行病学调查主要确定发病年龄、发病季节、发病率、死亡率、繁殖性能、疫苗接种情况、应激反应等。

(4)病理学检查。畜群发病后应尽可能地进行尸体剖检和组织学检查,了解机体组织、器官和细胞形态的改变。根据特征性的病变,结合流行病学特点和临床症状,一般能做出初步诊断。

(5)实验室检查。对一些群发性疾病,靠临床检查和病理学检查很难确诊,必须进行实验室检查。传染病应通过微生物学、血清学和变态反应等确定诊断;寄生虫病应进行虫卵和虫体检查确诊;中毒性疾病应对饲草料、饮水、胃内容物及相关的组织、器官进行毒物分析。因此,实验室检查是疾病诊断的重要方法。

技能二 一般检查

一般检查是对病畜进行临床检查的初步阶段。通过检查可以了解病畜全身的基本状况,并可发现疾病的某些重要症状,为系统检查提供依据。一般检查主要以视诊、触诊、听诊等方法检查。检查的内容包括:精神状态、营养及体格发育、姿势等整体状态的检查;表被状态的检查；可视黏膜的检查；浅表淋巴结的检查；体温、脉搏数、呼吸数的测定。

一、整体状态的检查

整体状态的检查内容主要包括精神状态、营养及体格发育和姿势等。

（一）精神状态

精神状态是指中枢神经系统的机能状态。可根据动物对外界刺激的反应能力和行为表现来判定。健康动物中枢神经系统的兴奋与抑制两个过程，始终保持着动态平衡。当中枢神经机能发生障碍时，兴奋和抑制两个过程的平衡状态被破坏，动物表现为过度兴奋或抑制。因为任何疾病都或轻或重地影响中枢神经机能，所以临床表现为轻重不同的神经症状。因此，临床检查病畜时，首先要注意病畜精神状态的检查。

1. 检查方法

精神状态的检查，可根据动物对外界刺激的反应能力及其行为表现而判定。主要观察病畜的行为、面部表现和耳、眼的动作。健康动物两眼有神，反应敏捷，动作灵活，行为正常。如动物表现过度兴奋或抑制，则表示中枢神经机能紊乱。主要观察病畜的神态，根据其耳、眼的动作，面部表情及各种反应、举止而判定。

2. 正常状态

动物在正常状态下表现为静止时比较安静，行动时头耳灵活、两眼有神、反应迅速、动作协调；经常注意外界，并对各种外界刺激反应比较敏感；毛、羽平顺而有光泽。

3. 病理状态

(1)兴奋。精神兴奋是中枢神经系统机能亢进的结果，依据其病变程度不同可表现为轻度兴奋和精神狂躁。

轻度兴奋：病畜对外界的轻微刺激即表现为强烈反应，经常左顾右盼、竖耳、刨地、不安乃至挣扎。其可见于脑及脑膜充血和颅内压增高及某些毒物中毒时，如脑与脑膜的炎症、日射病与热射病的初期等。

精神狂躁：病畜表现为不顾一切障碍向前直冲或后退不止，狂躁不驯或挣扎脱缰，牛可表现为哞叫或摇头乱跑；猪则有时伴有痉挛与癫痫样动作。在严重时可见病畜攀登饲槽，跳越障碍，甚至攻击人畜，多提示为中枢神经系统的重度病例，如流行性脑脊髓膜炎的狂躁型、狂犬病或中毒性疾病等。

(2)抑制。抑制是中枢神经系统机能降低的结果。按其程度不同可分为精神沉郁、嗜睡和昏迷。

精神沉郁是中枢轻度抑制的现象。病畜表现为精神萎靡、耳耷头低、两眼半闭、多卧少立、呼唤不应，对外界刺激反应迟钝，甚至完全消失。猪多表现离群、向隅、喜卧、头钻草堆；鸡则表现为缩颈、闭目、毛逆立、两翅下垂。其主要见于一般热性病、一般普通病、慢性消耗性疾病及衰竭性疾病。

嗜睡是中枢中度抑制的现象。病畜表现为卧地不起，闭眼嗜睡，或站立不动，或卧地不起，在强刺激下才能引起其轻微反应，随后又陷入昏睡状态。其主要见于重度脑病及中毒性疾病，例如马的慢性脑室积水。

昏迷是中枢高度抑制的现象。病畜表现为卧地不起、意识不清、昏迷不醒、呼唤不应，在强刺激下毫无反应或仅保留少量的反射功能。其主要见于上述疾病的后期，以及虚脱、休克时。昏迷常是预后不良的征兆。当患由大失血、急性心力衰竭或血管机能不全而引起的急性脑贫血时，临床上动物表现为一时性昏迷状态，这称为休克或虚脱。如果病程好转，随着脑的供血机能的改善，动物的精神状态即行恢复。

总之，兴奋和抑制的出现，是脑病的症状。二者可相互转化，不能绝对地看问题。动物患某些疾病时，兴奋和抑制会同时出现，如猪的李氏杆菌病和犬的狂犬病。

4. 注意事项

动物的精神状态的异常表现，常常随着病程的发展而有不同程度的变化。例如，动物疾病初期的兴奋、不安可逐渐变为高度的狂躁，或由轻度精神沉郁逐渐变成嗜睡或昏迷状态，这些表现均为病情加重的结果；在同一疾病的不同阶段中，可因兴奋与抑制过程的相互转化，而表现临床症状的转变或两者交替出现。由此可见，对精神状态的异常症状的认识及其诊断意义的分析，不能简单、固定、绝对地看待，必须要用动态变化的观点看待问题。

(二)营养及体格发育

1. 营养状态

动物的营养状态，是动物机体物质代谢情况的标志。

(1)检查方法。营养状态与动物机体的代谢机能和日常的饲养管理密切相关，一般用视诊或触诊进行检查(长毛动物用触诊)。大型猪应该注意其臀部，仔猪应该与同窝仔猪进行比较；骆驼应该注意驼峰；大尾羊应该注意其尾巴的丰满程度；马、牛通过观察躯体的轮廓；家禽除观察羽毛状态外，应通过触诊胸肌来判定。临床上依据检查的结果，可将营养程度划分为3个等级或以膘成的多少来表示，一般分为营养良好(八九成膘)、营养中等(六七成膘)、营养不良(二成膘以下)。

(2)正常状态。健康动物表现为营养良好，肌肉丰满，皮下脂肪充盈，被毛光泽，躯体圆满而骨骼棱角不显露。

(3)病理状态。①营养不良：表现为消瘦，被毛蓬乱、无光，皮肤缺乏弹性，骨骼表露明显(如肋骨)。营养不良的病畜多同时伴有精神不振与躯体乏力。营养不良是临床上常见的症状，如病畜在短期内急剧消瘦，应考虑有急性高热性疾病及由于急性胃肠炎而大量失水；如病程较为缓慢，多提示为某些慢性传染病、慢性消耗性疾病，如贫血、结核、某些寄生虫病或长期消化紊乱等；有时可因长期的饲养失宜而引起。②高度消瘦：临床上称为恶病质，是预后不良的一个表现。③营养过肥：多由运动不足而引起，可影响种畜的繁殖能力。

2. 体格发育

(1)检查方法。动物体格的大小及发育状况，一般可根据骨骼与肌肉的发育程度及躯体的大小而确定。为了确切地判定，可应用测量器械测定其体高、体长、体重等体尺。

(2)正常状态。发育良好的动物，体躯发育与年龄相称，肌肉结实，体格强壮。拥有强壮的体格的动物，不仅生产性能良好，而且对疾病的抵抗力也强。

(3)病理状态。发育不良的病畜，主要表现为发育不良，可见躯体矮小、结构不匀称；在幼畜阶段，常呈发育迟缓或发育停滞，可见于某些慢性消耗性的传染病、寄生虫病及长期消化功能紊乱等；在临床上多见于因矿物质、维生素代谢障碍引起的骨质疾病，如佝偻病或骨软症等。典型患佝偻病的幼畜，呈躯体矮小、头大颈短、关节粗大、肢体弯曲或脊柱凸凹等特有的病变体态。

(4)注意事项。在临床上在判断体格与营养状态时,要注意动物的品种及其体质类型的特点。

(三)姿势

姿势是指动物在静止时或运动中的空间位置及其体态表现。

在健康状态下,各种动物都有其特定的生理姿势,且随着生理需要而改变,在站立时昂首挺胸,双目有神;在运动时动作协调,自然流畅。

在病理情况下,如中枢神经系统疾病,动物在骨骼、肌肉或内脏器官疼痛性疾病及外周神经麻痹时出现异常姿势。在临床上应着重检查有无强迫姿势,因为根据强迫姿势,常可确诊疾病。

1. 临床上常见的异常站立姿势

(1)典型的木马状站立姿势:动物呈头颈平伸、肢体僵硬、四肢关节不能屈曲似木马样、尾根挺起、鼻孔开张、瞬膜露出及牙关紧闭等,全身肌肉强直性痉挛,多见于破伤风,是全身骨骼肌强直的结果。

(2)站立不安:常见的疾病有马腹痛病、牛子宫扭转、瘤胃积食等,由于腹腔脏器疼痛,动物表现为起卧不安、回头顾腹、前肢刨地、后肢踢腹,甚至倒地滚转;患中枢神经系统疾病,特别是小脑损伤时,由于躯体平衡失调,动物表现为站立不稳,躯体歪斜、四肢叉开、倚墙靠物;患骨软症及风湿症时,由于关节、肌肉疼痛,动物表现为四肢频繁交替负重。

(3)四肢疼痛性疾病站立姿势:动物在单肢疼痛时患肢提举,健肢负重站立;在两前肢疼痛时两后肢前移;在两后肢疼痛时两前肢后送;在多肢疼痛时常呈四肢聚于腹下的站立姿势,或肢体频频交替的负重站立,健肢采用替代负重的姿势。其主要见于四肢、骨骼、关节及肌肉的疼痛性疾病、风湿症和骨软症等。

2. 临床上常见的异常运动姿势

(1)强迫运动是指由于大脑机能障碍所引起的不自主运动,常见的有盲目运动、圆圈运动、时针运动、暴进暴退、共济失调及跛行等。运动姿势异常主要表现为强迫运动。

(2)盲目运动,即病畜无目的地徘徊走动,常持续数小时不止,无视周围事物,对外界刺激反应冷漠;前冲或后退,或呈圆圈运动,或以一肢为轴,呈时针样运动;一般在脑病或脑脊髓受损伤时出现,主要见于脑及脑膜充血及炎症、流脑、乙脑、中毒性疾病或脑的占位性病变等。

(3)圆圈运动,即病畜按一定方向做圆圈运动,圆圈的直径或者不变,或者逐渐缩小;病畜前庭核的一侧性受损伤则向患侧做圆圈运动,若四叠体后部至脑桥的一侧损伤则向健侧做圆圈运动,大脑皮质的两侧性损伤可向任何一侧做圆圈运动;主要见于流脑、乙脑、狂犬病及猪的水肿病等。反复出现盲目运动或圆圈运动的,可见于颅内占位性病变,如牛羊的多头蚴病、猪的脑囊虫病。

(4)时针运动,即病畜以一肢为轴,呈时针样运动,可见于上述脑病。

(5)暴进暴退,即病畜向前猛冲或后退不止,可见于上述脑病。

(6)共济失调表现为病畜运动四肢配合不协调,走路摇摆,行走欲跌,呈醉酒状,或肢蹄高抬,用力着地,似涉水样;主要见于侵害中枢神经系统的传染病,如伪狂犬病、神经型猪瘟、脑脊髓的丝状虫病、羊的铜缺乏病、脑棘球蚴病(寄生在小脑部位)。

(7)跛行是由肢蹄的疼痛性疾病而引起的运动机能障碍,分为支跛、悬跛、混合跛,马属动物多发。其见于四肢、骨骼、关节、肌肉的疾病，外周神经性疾病，骨软症，风湿症（如多肢的转移性跛行）。如果在牛群或羊群中发现多数家畜跛行，则提示口蹄疫和腐蹄病；如果在猪群发现多数家畜跛行，则提示传染性水疱病和口蹄疫。跛行的诊断如下：①患肢着地、负重时表现疼痛为支跛，敢提不敢踏、病在四肢下；②患肢提举时有运动障碍为悬跛，敢踏不敢提、病在肩与胯；③支跛和悬跛两者均有时为混合跛，家畜表现为一走三点头，病痛到处有（即患肢提举和负重机能均发生障碍）。

3. 临床上常见的异常躺卧姿势

健康马骡仅于夜间休息时取躺卧姿势，偶尔于昼间卧地休息，但姿势自然，常将四肢积于腹下而呈背腹位躺卧姿势，当受到呼唤、驱赶时即行自然起立；牛多于饱食后躺卧休息并反刍；猪喜于食后躺卧。因疾病而引起的强迫卧地可见于以下几种情况。

（1）四肢、骨骼、关节、肌肉疼痛。动物喜卧，站立困难并伴有全身肌肉震颤。其多见于骨软症、风湿症等。

（2）衰竭性疾病。动物四肢无力、喜卧不动，多见于长期消耗性疾病。

（3）截瘫性强迫伏卧。其多见于两后肢的截瘫，表现为后躯麻痹，反射减弱或丧失，动物呈“犬坐”姿势；当病情较严重时，动物表现后躯感觉、反射机能障碍及排粪、排尿失禁。

（4）奶牛生产瘫痪。由于血钙大量流入乳腺，奶牛血钙突然下降，中枢神经机能受到抑制，引起头颅侧卧的特异性躺卧姿势，同时伴有昏睡或昏迷症状。

（5）马肌红蛋白尿病。马因臀部肌肉乳酸蓄积，肌肉肿胀变性，压迫坐骨神经而导致后肢麻痹，但前肢尚能挣扎起立，因此呈特征性的犬坐姿势，常排红色或茶褐色的尿液。

（6）仔猪低血糖。由于血糖降低，影响大脑皮层，继而波及间脑、中脑、脑桥和延髓，动物在临床表现出一系列的神经症状，后期瘫痪，卧地不起。

（7）鸡马立克氏病。病畜两腿叉开，呈劈叉姿势。另外，患鸡新城疫、维生素 B_1 缺乏症或呋喃类药物中毒时，动物表现为曲颈背头、站立不稳、翻转滚动。

（8）仔猪缺硒病。由于骨骼肌变性坏死，病畜呈犬坐姿势。

（9）牛创伤性网胃心包炎。牛表现前高后低的站立姿势，不愿意走下坡路，不愿急转弯等。

二、表被状态的检查

表被状态的检查内容包括被毛、皮肤和皮下组织的检查。

（一）被毛的检查

被毛的检查主要采用视诊和触诊，主要观察毛、羽的清洁、光泽及脱落情况。健康动物的被毛清洁卫生、平顺柔软而且富有光泽、生长牢固、不脱不断；每年于春、秋两季脱换新毛。在病理情况下，当动物被毛粗乱无光、易脱易断、换毛延迟时，可见于慢性消耗性疾病，长期营养不良和代谢紊乱。病畜脱毛，即在非换毛期，被毛成片脱落，是营养极度不良、体内寄生虫病及湿疹的特征。碘、汞中毒也常引起大块脱毛。局部性被毛脱落，常见于一些体外寄生虫病，如头颈或躯干部多数脱毛、落屑，并伴有剧痒的多是螨病的表现，刮取皮屑进行显微镜检查可进一步确诊；马尾根被毛脱落，并常向周围物体摩擦，应注意蛲虫症的发生。家禽肛周羽毛脱落，往往由啄肛引起，是动物营养代谢紊乱的表现。当被毛被污染时，特别是后肢和尾部被粪便污染时，提示下痢和胃肠炎。

(二)皮肤的检查

在检查皮肤时应注意家畜皮肤的颜色、温度、湿度、弹性、疱疹、创伤、溃烂性病变。

1. 颜色

家畜皮肤富有色素,其颜色不易看出。临床上仅猪和鸡具有诊断意义,对于猪应特别注意检查耳及鼻盘,对于鸡则应注意检查鸡冠。鸡和猪的几种常见的病理性皮肤的颜色变化如下。

(1)苍白色,主见于贫血性疾病,例如维生素缺乏、铁缺乏和寄生虫病。

(2)蓝紫色(发绀),主要是由于缺氧所致(还原血红蛋白和变性的血红蛋白增多的结果),见于中毒性疾病(如猪的亚硝酸盐中毒)、猪肺疫、猪气喘病、鸡新城疫、禽霍乱、蓝耳病。

(3)黄色,主要见于黄疸性疾病,例如肝片形吸虫病、胆道蛔虫病和肝胆疾病。

(4)红色,主要表现为红斑和疹块,见于猪瘟、猪丹毒、猪肺疫、仔猪副伤寒、感光过敏等,出现部位一般在胸前、腹下和股内侧。鉴别诊断如下:①猪瘟表现为针尖大小的出血性斑点,指压不褪色。其由猪瘟病毒引起,以出血性败血症、慢性纤维素坏死性肠炎为特征,抗生素治疗无效。②猪丹毒表现为充血性、不规则的疹块,指压褪色。其由猪丹毒杆菌引起,急性特征为高热和皮肤疹块,亚急性表现为心内膜炎和关节炎,青霉素治疗有效。③猪肺疫有时也有大小不等的出血点。其由多杀性巴氏杆菌引起,临床特征是急性败血症和组织、器官的出血性炎症,纤维性胸膜炎,实验室检查巴氏杆菌镜下有荚膜。④仔猪副伤寒是由猪沙门氏杆菌引起,主要特征是肠道发生坏死性炎症,呈现严重下痢。⑤感光过敏是猪吃了含有感光物质的饲料(如荞麦、灰菜),经过日光照射后皮肤发红,产生红斑,并且伴有痛感和痒感。

2. 温度

皮肤温度的检查,一般用手掌或手背触诊躯干部判定之,为确定末梢部位皮温分布的均匀性,对马应触诊耳根、鼻端及四肢下部;对牛、羊应触诊角根(正常时基部有温感)、鼻镜(正常时鼻镜发凉)、四肢下部;对猪应触诊耳根及鼻端;对家禽应触诊冠、肉髯及脚爪。

(1)皮温升高。全身性皮温升高是体温升高的结果,是皮肤血管扩张,血流加快所引起的,见于一切热性病及日射病、热射病,如猪瘟、猪丹毒等;局限性皮温升高,是局部发炎的表现。

(2)皮温降低。全身性皮温降低是体温降低的标志,见于衰竭病、营养不良、大失血、重症贫血、生产瘫痪、酮血病及严重的脑病或中毒性疾病;局限性皮温降低,如四肢末梢厥冷,见于高度血液循环障碍、心力衰竭、休克和虚脱。

(3)皮温不整。皮温不整即身体对称部位的皮肤温度不一样,主要是皮肤血管收缩与扩张不一致的结果,如马的左耳和右耳的温度不同,牛的四肢及两角的温度不同,见于牛、马热性病、马腹痛病末期、虚脱和休克。

3. 湿度

皮肤的湿度主要决定于家畜的排汗能力。马属动物汗腺最发达,其次为牛、羊和猪,水牛、家禽和犬无汗腺。马表现为全身出汗,牛、羊、猪出汗在鼻端。生理性发汗主要见于外界温度过高,运动使役之后或紧张惊恐之时。病理性发汗主要有以下几种症状。

(1)全身出汗:主要见于高热性疾病,如日射病、热射病、败血症、脓毒血症;剧烈疼痛性疾病,马属动物多见于腹痛性疾病、肢蹄疼痛性疾病以及骨折等;严重呼吸困难的疾病,如呼吸道狭窄、弥漫性支气管肺炎、肺气肿等;马肌红蛋白尿病及许多疾病的濒死期也常全身出汗(这时常伴发体温下降)。

(2)局部出汗:被毛某部位湿润或有汗珠,出汗区的界限往往很明显,经一定时间后消失,主要见于外周神经损伤及局部炎症。

(3)冷汗:在正常出汗时,动物皮肤充血发热,皮肤与汗液俱热的称为热汗;皮肤与汗液俱冷的称为冷汗。冷汗主要见于内脏破裂、虚脱、休克及严重的心脏衰竭,多预后不良。

(4)血汗:由汗腺自然排出血液而皮肤无损伤,主要见于血斑病、炭疽等。

(5)少汗:临床表现为皮肤干燥,是长期营养不良及热性病发作的特征。正常情况下,牛的鼻镜及猪的鼻盘上面附有水珠,触诊冰凉而湿润;如果鼻镜发干则是患病及发热的特征;如果鼻镜发生龟裂或形成痂皮,则表示病程长久,另外见于牛瘟和恶性卡他热。

4. 弹性

幼畜及营养良好的家畜,其皮肤具有一定的弹性。检查皮肤弹性的方法是用手指将皮肤捏成皱褶,并轻轻拉起(马可选在颈部,牛可选在最后肋骨部,羊可选在背部),如是健畜,放手后皱褶迅速恢复原状;但是在患营养不良、慢性病、机体脱水(严重腹泻、呕吐)、大失血及疥癣和湿疹等慢性皮肤病时则恢复缓慢。注意:老龄家畜的皮肤弹性降低是正常的生理现象。

5. 疱疹

(1)痘疹:皮肤上出现豆粒大小的疱疹,一般取红斑、丘疹、水疱、脓疱、溃疡、结痂定期或分期性经过。其好发部位为被毛稀少的部位,如股内侧、乳腺、尾根下、口角部、鸡冠、鼻盘、头面部,主要见于牛痘、羊痘、鸡痘、猪痘。

(2)水疱:皮肤表层下组织聚积透明液体的小水疱,水疱容易破溃形成溃疡,主要见于口蹄疫。口蹄疫是由口蹄疫病毒所引起的偶蹄动物的一种急性热性高度接触性传染病,分为良性口蹄疫和恶性口蹄疫。口蹄疫的特征为口腔黏膜、蹄趾部和乳腺皮肤发生水疱。除此之外,水疱还见于猪的传染性水疱病和各种动物的水疱性口炎。

(3)斑:皮肤弥漫性充血或出血形成的红斑,见于湿疹(过敏性疾病)、丘疹(荨麻疹,注射血清和药物过敏等)、玫瑰疹(猪瘟和出血性败血症)和饲料疹(感光过敏)。

6. 创伤

瘢痕是创伤溃疡愈合的结果。临床上有诊断意义的是瘢痕呈冰花样或放射线状,这是鼻疽瘢痕的特征,常见于鼻中隔。

7. 溃疡

溃疡主要是由以上疾病(水疱、脓疱和组织坏死)而来,见于皮肤破溃、久治不愈的外伤、皮鼻疽和流行性淋巴管炎等。临床上应特别注意的是,溃疡边缘呈"火山口状",周围隆起,溃疡底呈猪脂肪样则是皮鼻疽溃疡的特征;淋巴管呈索状肿胀,并于淋巴管索状肿胀上形成连串的结节或溃疡多是流行性淋巴管炎的特征;猪体表部位有较大的坏死与溃疡是坏死杆菌病的表现。

(三)皮下组织的检查

检查皮下组织时,主要注意皮肤和皮下组织的肿胀。皮肤及皮下有肿胀时,应用视诊观察肿胀部位的形态、大小,并用触诊判定其内容物性状、硬度、温度,以及可动性和敏感性等。皮肤肿胀可由多种多样的原因引起,多伴有局限性,很少波及全身。临床上常见的肿胀有气肿、水肿和其他性质的肿胀。

1. 皮下气肿

气肿是由空气或因腐败产生的其他气体积聚于皮下组织引起的。其特征是肿胀界限不明显，一般情况下无热痛反应，触诊时由于气泡破裂和移动而产生捻发音。气肿产生的原因是皮肤破损和含气器官的破裂，易发部位为颈部或肘后。气肿按气体的来源在临床上分为窜入性气肿和腐败性气肿两种。

窜入性气肿是在体表移动性较大的部位（如肘后及肩胛附近各部位等）发生创伤时，由于动物的运动，创口一张一合，空气即被吸入皮下，并逐渐向四周扩散，严重者可达全身各部皮下；或由于肺、咽囊、气管等含气器官发生破裂时，气体沿气管和食管周围组织窜入皮下组织。当牛患创伤性网胃炎时，由于异物穿透胃壁，也可在胸垂部发生气肿。窜入性气肿的特征是缺乏炎性变化，局部无热痛反应，除全身性严重气肿影响循环、正常呼吸活动外，一般没有机能障碍。

腐败性气肿是动物感染了产气细菌（多为梭菌属），局部组织腐败、分解，产生气体而积聚于组织内所致。其特征是肿胀部增温、敏感、界限不清，逐渐扩大，乃至波及广大的区域，同时伴有皮肤的坏死和较重的全身反应（如精神沉郁、发热，切开肿胀部位组织流出混有气泡的暗红色泡沫样恶臭液体，并含有大量细菌），多发生在肌肉丰满的股部、臀部、肩部等部位。其见于气肿疽以及恶性水肿等。

2. 皮下水肿

皮下水肿又称浮肿，是由于各种原因使组织渗透压增高（如血液循环障碍、血液稀薄、水盐代谢紊乱等），血浆液体成分向组织间漏出过多而回收减少，使皮下组织的细胞内及组织间隙液体潴留过多所致。如果液体积于浆膜腔则形成积水。皮下水肿好发部位为胸腹部、四肢下部、阴囊和眼睑。其特点是容积较大，皮肤紧张而弹性降低，指压有痕，感觉如生面团，有凉感，无热痛反应。根据发生原因，皮下水肿可分为以下几种。

（1）心源性水肿：是由心脏机能减弱，血液循环障碍，全身静脉淤血引起的。其特征是发生于远离心脏及血液回流困难的部位，因为压力不够，血液回流困难，如胸下、腹下、四肢末端；肿胀无热痛反应，多呈对称性分布；有时伴发胸腹腔积水；役畜多于早晨出现，轻者可经运动后消失。其常见于心内膜炎和心力衰竭。

（2）营养不良性水肿：又称低蛋白血症，是由于长期营养不良或饲料营养价不全，家畜营养障碍，血液中白蛋白减少，血液稀薄，血浆胶体渗透压降低，如慢性消耗性疾病、重度贫血、维生素不足、肝片形吸虫病。其特点是皮下水肿的同时伴有营养不良及贫血综合体征；水肿波及身体的大部分而且无明显的局限性，颌下、胸部和下颌间隙都易发生，无热痛反应。

（3）肾性水肿：是肾炎和肾病的主要症状。肾性水肿是肾小球分泌机能降低，水、钠滞留体内，肾小管毛细血管变性，血浆蛋白大量滤出，血浆胶体渗透压降低所致，主要见于急性、慢性肾炎和肾病。其特点：迅速发生，无热、无痛；易发在组织疏松的部位，不受重力的影响，最初眼睑水肿，之后胸部、腹下、阴囊和四肢水肿。肾性水肿多见于犬等肉食性动物。

3. 炎性水肿

炎性水肿是由皮肤或皮下组织受到创伤发炎，致使炎症处血管扩张渗出引起的。其特点是红、肿、热、痛，机能障碍及全身性反应；不对称发生。若发生大面积的弥散性肿胀，应考虑有蜂窝织炎的可能，特别是发生于四肢的，多因创伤感染所致。若躯干、四肢局限性肿胀，如触之有波动感，则提示为脓肿、血肿或淋巴外渗，宜检查其穿刺内容物而确诊。炎性水肿主要见于血斑病、蜂窝织炎、炭疽、挫伤、刺伤。不同的动物会发生不同的水肿病，例如，猪眼睑或面部浮肿，常见于水肿病；牛、羊下颌浮肿，可见于肝片形吸虫病；牛下颌或胸前浮肿，常见于创伤性心包炎；臀部、尾根、肛门、会阴等部位浮肿，见于牛青杠叶中毒；雏鸡皮下浮肿，可见于渗出性素质（如缺乏硒或维生素 E），表现为腹下、胸下、腿内侧等部位皮下变为蓝绿或蓝紫色肿胀，触诊稍硬；马骡胸下、腹下、阴囊及四肢浮肿，见于营养不良、心脏和肾疾病及局部血液循环障碍等。

4. 其他肿胀

（1）局部肿胀：触诊有波动感，主见于脓肿、血肿和淋巴外渗，三者可以通过穿刺加以鉴别。

（2）赫尔尼亚（疝）：腹壁、脐部或阴囊部触诊呈波动感，深部触诊可摸索到疝孔，有时可将脱垂肠管还纳；听诊局部可听到肠蠕动音，提示腹壁疝、脐疝、阴囊疝。其临床诊断相对容易。

5. 体表皮肤震颤

（1）局部战栗：尤其以肘后、肩部肌肉明显，常见于四肢疼痛性疾病，牛创伤性心包炎。

（2）全身痉挛：见于脑病和中毒性疾病，常可出现全身痉挛，但多伴有昏迷现象，如 2～3 日龄仔猪出现全身痉挛是低血糖的症状；如出生后即出现全身痉挛，为仔猪先天性震颤。

6. 水肿鉴别诊断

水肿鉴别诊断见表 2-2。

表 2-2　水肿鉴别诊断表

水肿性质	心源性水肿	肾性水肿	肝源性水肿	营养不良性水肿	内分泌性水肿	妊娠水肿
水肿部位	首先出现在远心端，如末端、颌下，然后发展到全身	首先在皮薄毛稀处、眼睑、腹下，然后向全身发展	见于下肢和皮肤松软处，多出现腹水	见于四肢末端、面部，向全身发展，消瘦	多见于头部与面部	见于四肢、腹下、乳腺前部
皮肤变化	可能发绀	苍白	黄疸与出血斑	粗糙、苍白、干燥、有皮屑	苍白	正常或苍白
心脏变化	心脏听诊区扩大，有杂音	正常	正常	有缩期杂音、心音近而清	心悸亢进	正常或稍快
肝变化	肿大	正常	肝缩小，脾肿大	正常或稍肿大	正常	正常
呼吸	困难	正常	正常	正常	正常	加快
红细胞计数	正常	减少	减少	减少	正常	减少
病因	心包炎（创伤性）、心肌炎、心内膜炎	肾小球肾炎	肝硬化、肝肿大	长期营养缺乏	用激素药物过多症	妊娠后期中毒症

7. 皮肤疾病的主要综合征

皮肤疾病的主要临床表现，可见有脱毛、落屑，皮肤增厚并缺乏弹性，皮肤、黏膜的发疹或形成疱疹（红斑、结节、丘疹、水疱或脓疱等），出现溃疡、烂斑、结痂或龟裂等表被病变；多数伴有痒感，从而使动物啃咬或相互啃咬病变部位，或将病变部向周围物体（墙壁、畜栏、木桩、树木或用具等）上摩擦；同时有整体状态及某些内脏器官的变化。

(1)普通皮肤病的综合征。普通皮肤病以皮肤的被毛稀疏部位多发的小红斑、结节、粟粒大小的丘疹或继发水疱为特征的病变,如伴有较轻度的痒感,皮肤污秽不洁、畜舍或畜床潮湿、饲养管理失宜等致病原因,一般提示湿疹;无传染性,除去病因并用一般常规疗法可收到疗效等条件,可做验证性参考。

(2)感光过敏性皮肤病的综合征。感光过敏性皮肤病常发生于白色皮毛的动物,有大量饲喂荞麦、灰菜、某些三叶草等富含感光物质的饲料或植物的病史可查;须经日光长期直晒而发病,主要表现在头部、颈部、背部出现红斑、结节甚至水疱,停止饲喂上述植物、饲料后疾病即停息;将患病动物放于阴暗的畜舍,防止日光直晒,可见病情减轻或恢复;黑色毛皮的动物皮肤部分不见有病变等发病情况的特征,可做验证诊断的根据。

(3)寄生虫性皮肤病的综合征。

①因吸血昆虫的叮咬、螫刺而致的皮肤病,根据蚊、虻生长的条件及地区、季节和皮肤病变的表现,临床诊断并不困难。

②疥螨所引起的皮肤病,在呈现头部、面部、颈侧、躯干的局限性或成片性脱毛、落屑,皮肤变厚且硬化,或呈龟裂、出血、结痂的特征性变化的同时,伴有剧烈的痒感是其重要特征;在畜群中因相互感染而大批发生的流行病学特点,是提示诊断的重要条件;刮取皮屑(在健、病交界处的皮肤部位,深刮后取刮取物进行显微镜检查),证明有病原体是确诊的根据,特效药物的良好治疗效果,可以验证诊断。

(4)侵害皮肤、黏膜传染病的临床综合征。

①口、鼻周围及蹄趾部呈现红斑、水疱、溃烂、结痂性病变,并伴有大量牵缕性延续,因蹄部病变而致跛行,是口蹄疫的临床特点;牛、羊、猪、骆驼等偶蹄兽均可发生,呈迅速传播、大批发生的流行病学特点;通常临床诊断并不困难。

②蹄趾部呈现红斑、水疱、溃烂性病变,且仅流行于猪时,提示猪传染性水疱病的可疑。其同样有迅速传播、大批流行的特征;一定地区的生猪仓库、交易市场等集散场所,可呈地区性、常在的发生。

③痘主要可见于猪、牛、羊等家畜,以皮肤、被毛稀疏部呈现分期性豆粒大小的红斑、结节、水疱等规律性病程经过病变为特征。

④马在头部、面部、颈侧、胸侧或四肢出现成串的结节、溃疡性病变,应注意于皮肤鼻疽及流行性淋巴管炎。对于侵害皮肤、黏膜传染病,应依各病的特异性检查的结果而确诊。

三、可视黏膜的检查

可视黏膜是指肉眼能看到的或借助简单器械可观察到的黏膜,如结膜、口腔、阴道等部位的黏膜。检查可视黏膜时,主要观察其颜色变化,尤其是结膜的颜色变化;同时,注意其温度、湿度、有无出血。结膜的颜色变化可反映局部的病变,并可推断全身的循环状态,判定血液循环障碍程度及血液中某些成分的改变,对疾病诊断与预后的判定有一定的临床意义。临床上多应用视诊进行检查。

(一)检查方法

1. 牛的结膜检查

检查牛的结膜时,用一只手握住牛的鼻中隔,并向检查人的方向牵引,另一只手持同侧角,向外用力推，如此使牛头转向侧方，即可露出结膜；也可两手分别握住两角，将头向侧方扭转，进行结膜检查(图 2-5)。

2. 羊、猪、犬等中、小动物的结膜检查

用两手的拇指打开上、下眼睑进行检查。猪、羊的结膜颜色较牛的稍深，并带灰色。犬的结膜为淡红色，但很易因兴奋而变红色。

3. 检查时的注意事项

(1)两眼对照检查。

(2)在自然光线下检查，以免因光线影响结膜的颜色。

(3)不要反复检查，因为反复检查会使动物的结膜易因受压或磨损而充血，从而导致误判。

图 2-5　牛的结膜检查

(二)正常状态

健康动物的可视黏膜湿润、有光泽，眼睑无肿胀，眼角无分泌物。可视黏膜的颜色随动物种类的不同稍有差别，牛的结膜呈淡粉红色；水牛的结膜颜色较深；猪、羊的结膜呈粉红色；犬的结膜呈淡红色。

(三)病理变化

1. 颜色变化

在病理情况下，动物的结膜颜色会发生改变，可表现为苍白、潮红、发绀或发黄(黄疸)。

苍白：结膜色淡呈灰白色，是各型贫血的特征。如果结膜迅速苍白，主要见于大失血，肝、脾等内脏器官的破裂；如果结膜缓慢变为苍白，主要见于慢性消耗性疾病和传染病，如牛结核病、仔猪贫血、蛔虫病和血孢子虫病；但是溶血性贫血在结膜苍白的同时伴有不同程度的黄染。

潮红：结膜下毛细血管充血的象征，除反应眼部病变外，主要反应机体的血液循环状态。如果是单眼潮红，多是结膜炎引起的；如果是双眼潮红，则标志着全身循环障碍。其中：①弥漫性潮红，表现为结膜一片潮红，主要是由二氧化碳过多和氧气不足引起的，见于急性发热性传染病，如猪瘟、猪丹毒、高度呼吸困难、肺炎、肠臌气、炭疽、犬瘟热和鸡新城疫。②树枝状潮红，表现为血管高度充盈，特别明显呈树枝状，主要是血液循环或心脏机能障碍的结果，见于严重的心脏疾病、肺疾病和脑炎或小循环淤血。③出血性潮红，表现为结膜上有点状或斑状出血点，是出血性素质疾病的特征，主要由血管壁通透性增大引起的，见于各种急慢性传染病，如炭疽、血斑病、血孢子虫病、马传染性贫血病和出血性败血症。

发绀：结膜呈蓝紫色，主要是血液中还原 HB 增多或形成大量变性 HB 的结果，见于高度吸入性呼吸困难和肺呼吸面积显著减少的疾病，如肺炎、胸膜炎、心脏瓣膜病、心包炎、心脏衰弱和某些中毒性疾病(例如亚硝酸盐中毒)。

发黄：结膜呈黄色，主要是由于胆色素代谢障碍，使胆红素形成过多或排出障碍，大量胆红素蓄积在体内，使皮肤黏膜、浆膜及实质器官被染成黄色。其常见于各种疾病引起的黄疸。

正常胆色素的代谢：衰老的红细胞被肝、脾、骨髓的吞噬细胞吞噬破坏后释放出血红蛋白，后者进一步分解脱去铁和珠蛋白形成胆绿素；胆绿素再转化为胆红素；这种胆红素在血液中和白蛋白、α-球蛋白结合形成间接胆红素；间接胆红素再由血液运到肝后在葡萄糖醛酸转化酶的作用下形成直接胆红素；直接胆红素随胆汁分泌经胆道进入肠内被肠内细菌还原为胆素原；大部分胆素原被氧化为粪胆素原随粪便排出，小部分再吸收入血经门静脉进入肝，这部分胆素原又有两个去向，大部分变为直接胆红素然后再随胆汁排入肠道(肠肝循环)，小部分进入血液经肾转化为尿胆素原随尿液排出。

健康机体内胆色素在不断地形成和排泄，保持着相对的动态平衡。当发生某些疾病时，由于体内胆红素形成过多，或由于肝细胞的严重损伤，或因胆道阻塞就会破坏这种相对平衡的状态，胆红素大量蓄积在体内，从而发生各种类型的黄疸。常见的病因有：①阻塞性黄疸，是由各种原因造成的胆道狭窄或阻塞，引起胆汁淤滞和胆管破裂，使胆色素混入血液或血液中的胆红素增多，主要见于胆结石、胆道蛔虫病、胆管炎、十二指肠炎症。②溶血性黄疸，是由于各种原因造成红细胞大量破坏，胆色素蓄积并增多，主要见于血孢子虫病、焦虫病、锥虫病、新生幼畜溶血病、二氧化硫中毒、马传染性贫血病、大叶性肺炎、大面积烧伤、毒蛇咬伤和牛的 HB 尿症。其突出症状是结膜苍白并且黄染。③实质性黄疸，是由于肝细胞发炎、变性或坏死，肝细胞结合和排出胆红素机能降低，同时又由于常伴有毛细胆管淤滞或破裂，引起胆红素混入血液而黄染，主要见于引起肝变性坏死的传染病，如马流脑、马传染性贫血病、猪白肌病、中毒性疾病、钩端螺旋体病。

2. 肿胀

眼睑肿胀并伴有畏光流泪，是眼炎或结膜炎的特征。结膜肿胀是由于结膜及结膜下炎性渗出浸润，或由结膜淤血或血液稀薄渗出引起的。由炎性渗出引起的肿胀，同时伴有畏光流泪和热痛反应，主要见于结膜炎、周期性眼炎、流感、猪瘟和水肿病；由淤血或血液稀薄造成的肿胀无热痛反应，主要见于贫血、肾炎和寄生虫病。对于马，如有反复的、周期性的发作病史，多提示为周期性眼炎，如夜盲症。轻度的结膜炎症，伴有大量的浆液性眼分泌物，可见于流行性感冒；黄色、黏稠性眼眵，是化脓性结膜炎的标志，常见于某些发热性传染病，如犬瘟热。猪眼大量流泪，可见于流行性感冒；猪眼窝下方有流泪痕迹，应提示传染性萎缩性鼻炎；仔猪眼睑水肿，应注意为水肿病。

3. 分泌物

健康家畜的结膜无分泌物，在病理情况下分泌物增多，根据其性状不同分浆液性、黏液性和脓性。临床上要注意的是，结膜分泌物呈两侧性的为全身性疾病，如流感、猪瘟、犬瘟热、马腺疫、仔猪副伤寒、山羊支原体肺炎；呈一侧性的为眼部疾病，如副鼻窦炎、喉囊炎、外伤等。

四、浅表淋巴结的检查

淋巴系统是动物的自然防御屏障之一。在病理情况下，病理产物、特异性病原菌及代谢产物可随淋巴液进入相应部位的淋巴结而引起肿胀或化脓，所以淋巴结的检查，在确定感染和诊断某些传染病方面有重要意义。淋巴结肿胀是机体的一种防御性反应。

临床上奶牛常检查的浅表淋巴结有颌下淋巴结、肩前淋巴结、膝上淋巴结、腹股沟淋巴结、乳腺上淋巴结。

(一)检查方法

检查浅表淋巴结时，可应用视诊，但主要是应用触诊，必要时可配合应用穿刺检查法。视诊、触诊检查时，主要注意其位置、大小、形状、硬度及表面状态、敏感性及其可动性(与周围组织的关系)。

(二)病理变化

在病理情况下,淋巴结有以下几种变化。

1. 淋巴结的急性肿胀

淋巴结的急性肿胀是淋巴结急性炎症浸润的结果,由微生物、病毒和毒素进入血液所引起的。其特点是淋巴结肿大明显,有移动性,表面光滑、坚硬且敏感,触诊有热痛反应,主要见于急性传染病或周围组织、器官的炎症,如腺疫、流感、传染性胸腹肺炎、乳腺炎、急性鼻疽和咽喉炎等。

2. 淋巴结的慢性肿胀

淋巴结的慢性肿胀是病原微生物的慢性刺激使淋巴结及其周围结缔组织增生的结果。其特点是触诊发硬,表面不平,无热痛反应,活动性差,主要见于慢性鼻疽、慢性鼻炎、慢性鼻窦炎和牛结核,还可见于该淋巴结的周围组织、器官的慢性感染及炎症。

3. 淋巴结的化脓性肿胀

淋巴结的化脓性炎症是淋巴结急性炎症发展的结果,主要是由于在淋巴结急性炎症过程中,淋巴结失去防御能力所致。其特点是触诊淋巴结高度肿胀,皮肤紧张,有热痛反应及波动感,表面被毛脱落、光亮,最后破溃流脓,常见于马腺疫、鼻疽、结核。

(三)淋巴管的检查

正常家畜体表淋巴管难以触摸到,当淋巴结发炎时,由于炎性浸润,有时波及相应的淋巴管,致使其发炎而呈索状肿胀,有的在索状肿胀的淋巴管上形成多数结节而呈串珠状,有时结节破溃形成特有的溃疡,触压移动性差,但有疼痛反应,在胸侧、颈侧、四肢表现明显,主要见于皮鼻疽和马流行性淋巴管炎。

五、体温、脉搏数、呼吸数的测定

体温、脉搏、呼吸是家畜生命活动的重要生理指标。在正常情况下,除受外界气候、运动及使役等环境条件的暂时性影响外,一般变动在一个较为恒定的范围之内。但是,在病理过程中,受病原因素的影响,三者会发生不同程度和形式的变化。因此,临床上测定这些指标,在诊断疾病和分析病程的变化上有重要的实际意义。

(一)体温的测定

家畜为恒温动物,均具有发达的体温调节中枢及产热、散热装置,故能在外界不同温度条件下,保持体温的恒定不变。体温发生变化常是患病的重要症状之一。

1. 正常体温

在患某些疾病时,体温的变化往往早于机体的其他临床症状。因此测定体温对发现疾病、判断疾病的性质、推断预后和检验治疗效果均具有重要的价值。健康动物的体温变动范围见表 2-3。

健康动物的体温受许多生理性因素和外界因素的影响,从而出现一定程度的生理性变动,如年龄、性别、品种、营养、生产性能、气候条件、地区性等。在通常情况下,幼龄家畜的体温高于成年家畜,公畜的体温高于母畜,高产奶牛的体温高于低产奶牛,围产期的动物的体温高于其他期,营养良好的动物的体温高于营养不良的动物，动物在夏季的体温高于在冬季的体温，南方家畜的体温高于北方家畜。这些生理性变动可能与机体的代谢强度及产热、散热的特殊条件相关。

一般动物的体温的昼夜变动范围：晨温稍低，午后稍高，昼夜温差变动在1.0℃以内。如果出现上午体温高，下午体温低，则称为温差逆转，例如马传染性贫血病。

表2-3 健康动物的体温变动范围 ℃

动物	体温变动范围	动物	体温变动范围
黄牛、乳牛	37.5～39.5	骆驼	36.0～38.5
骡	38.0～39.0	鹿	38.0～39.0
马	37.5～38.5	兔	38.0～39.5
水牛	36.5～38.5	犬	37.5～39.0
绵羊、山羊	38.0～40.0	猫	38.5～39.5
猪	38.0～39.5	禽类	40.0～42.0

2. 测定体温的方法

临床上测定体温的方法：除禽类测其翼下温度外，其他动物都以直肠温度为标准。

3. 注意事项

测定直肠温度的注意事项：测定前要将体温计的水银柱甩至35℃以下，用酒精棉球擦拭消毒，并涂润滑剂，一只手提起动物尾巴，另一只手将体温计徐徐捻转地插入直肠，然后放下尾巴，将体温计上的夹子夹于臀部毛发上，经3～5 min后，取出体温计，读数即可。

体温测定的注意事项如下。

(1)为了防止有过大的误差，测温前要对体温计进行检查、检定，用前应将体温计的水银柱甩至35℃以下；对门诊病畜，应使其适当休息并安静后再测定。

(2)注意保护人、畜的安全，对凶猛的病畜要进行必要的保定。

(3)体温计的玻璃棒插入的深度要适宜(一般大动物约插入体温计长度的2/3；小动物则不宜过深)。

(4)每天对病畜定时进行测温，并逐日记录，绘成体温曲线表。

(5)进行灌肠、直肠检查的病畜应在处置前测温；直肠有多量宿粪的病畜，为防止把体温计插入粪球中出现误差，应待其排出积粪后再测定。

(6)遇有直肠炎、频繁下痢或肛门松弛的病畜，对母畜可通过测阴道温度代替(测得值加上0.3℃)。

(7)注意长期腹泻的病例体温低于实际体温。

4. 体温变化

在排除生理性和外界因素影响之后，体温的升高、降低变化即为病理变化。

1)体温升高

体温升高是动物机体对病原微生物及其毒素，代谢产物或组织坏死分解产物的刺激，以及某些有毒物质被吸收后产生的一种防御反应。病畜体温升高多是传染病的症状之一。一般患炎性疾病时，如胃肠炎、肺炎、胸膜炎、腹膜炎、子宫内膜炎等，动物体温一定会升高；在患风湿症时或无菌手术后，动物体温也会发生一时性的升高。在动物患上述疾病过程中，通过治疗，若体温逐渐下降则是病情逐渐好转的标志。由病理原因所引起的体温升高，称为发热。

(1)根据体温升高的程度不同,可将发热分为微热、中热、高热、最高热。

微热:体温比正常体温高0.5～1.0℃,主要见于局限性炎症和轻微性疾病,如胃肠卡他。

中热:体温比正常体温高1.0～2.0℃,主要见于消化道和呼吸道的一般性炎症,如支气管炎、胃肠炎、咽喉炎、牛结核、布氏杆菌等慢性传染病。

高热:体温比正常体温高2.0～3.0℃,主要见于急性传染病和广泛性炎症,如流感、猪瘟、猪肺疫、牛肺疫、口蹄疫、大叶性肺炎、小叶性肺炎、急性弥漫性胸膜炎及腹膜炎。

最高热:体温比正常体温高3.0℃以上,主要见于严重的急性传染病,如败血症、脓血症、脓毒败血症、传染性胸膜肺炎、猪丹毒、炭疽、日射病、热射病。

(2)在疾病发热过程中,根据其经过的特点不同,可将发热分为稽留热、弛张热、间歇热、不规则热和双相热等热型。热型的确定主要是通过记录动物每天的体温变化(早晚各测温一次,然后取平均值),并把结果记录在一定表格上,得到不同形状的曲线即体温曲线,根据体温曲线形状判定发热类型。

稽留热:动物高热持续数天或更长时间,并且昼夜温差在1℃以内,主要是致热物质在血液中长期存在并且对中枢神经不断刺激的结果,见于大叶性肺炎、猪瘟猪丹毒、流感、牛肺疫(图2-6)。

弛张热:动物的体温在昼夜间有较大的升降,温差在1～2℃或3℃以上,不降到正常温度。其主要是炎性病灶消失而又出现新的炎性病灶的结果,见于各种化脓性疾病、小叶性肺炎、败血症和严重的结核病(图2-7)。

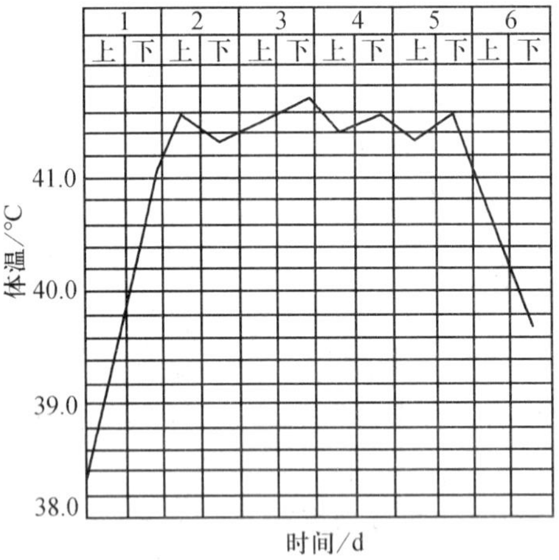

图2-6 稽留热型体温曲线

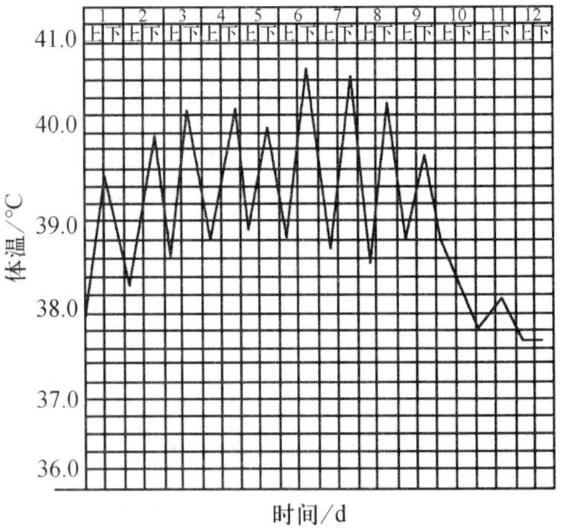

图2-7 弛张热型体温曲线

间歇热:在持续数天的发热后出现无热期,如此以一定间隔时期而反复交替出现发热的现象,或体温升高与体温正常交替出现。其主要是病原性有毒物质周期性的进入血液导致的,见于焦虫病、锥虫病和慢性马传染性贫血病(图2-8)。

不规则热:体温曲线呈无规律地变动。其主要见于许多非典型性疾病,如牛结核病、布氏杆菌病、慢性猪瘟、猪肺疫等。

双相热:即初次体温升高约持续2 d,然后降至常温并持续2～5 d,再次升高并持续数日,常见于犬瘟热等(图2-9)。

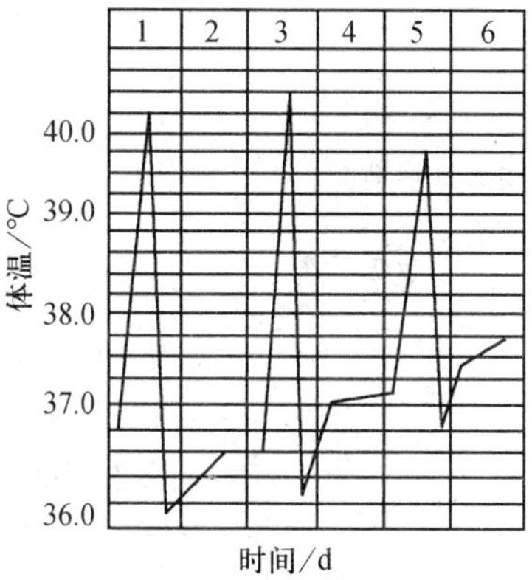

图 2-8 间歇热型体温曲线

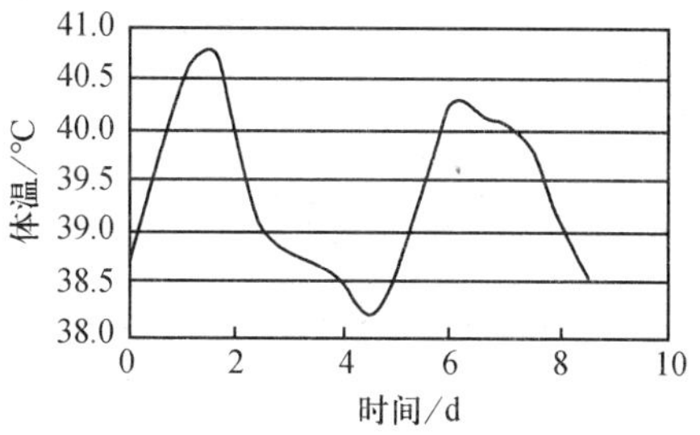

图 2-9 双相热型体温曲线

(3)在发热过程当中,根据发热病程的长短,可将发热分为急性发热、慢性发热和一过性发热。

急性发热:一般发热期延续一周至半个月,如长达一个月有余则为亚急性发热,可见于多种急性传染病。

慢性发热:表现为发热的缠绵,可持续数月至一年有余,多提示慢性传染病,如慢性马传染性贫血病及鼻疽、结核、猪肺疫等。

一过性发热:仅见体温的暂时性升高,之后很快恢复正常,对动物无任何不良影响。某些疾病的一过性发热多在前驱期出现,因临床上无其他明显症状而不易被发现,从而对实际诊断的意义不大。其常见于注射血清、疫苗后的一时性反应和暂时性的消化不良。

整个发热过程分为 3 个时期:上升期、极期(体温维持高水平的时期)和退热期。根据体温下降的特点,退热期又可分为渐退和骤退。前者表现为在数天内逐渐地、缓慢地下降至常温,并且病畜的全身状态随之逐渐改善而康复;后者表现为在短期内迅速降至常温或常温以下。如果动物体温骤退时,脉搏增数且全身状态不见改善甚至恶化,则往往是病情危重的表现。

发热的综合征:恶寒战栗;皮温不整;呼吸脉搏加数;食欲减少或废绝;精神沉郁;消化障碍如便秘;尿量减少、尿液黏稠、尿液中出现尿蛋白。

2)体温降低

由于病理性的原因引起体温低于常温的下界的,称为低体温或体温降低。除老龄家畜的体温降低外,其主要见于重度营养不良、严重贫血、大失血、内脏破裂、休克、中毒和某些脑病(如慢性脑室积水和脑肿瘤),长期瘫痪、频繁下痢的病畜其直肠温度偏低。顽固的低体温常为马流行性脑脊髓炎后期的特征。明显的低体温,同时伴有发绀、末梢厥冷、高度沉郁、心脏微弱、脉搏不感于手,多提示预后不良。

总而言之,发热和低体温只能说明动物已经患病,但并不能确定患什么病。在未确诊疾病之前,要慎用退热药,只有结合其他病候综合分析,确诊疾病之后再采取对因和对症治疗。

3)注意事项

在临床诊疗中,应对病畜逐日测温,一般为每昼夜定期测定 2 次(清晨及午后各一次),并将测量结果记录于体温曲线表上,以便于分析病情变化。

当病畜肛门弛缓、频繁下痢或将体温计插入直肠内的宿粪中时,测得的温度将不准确,应注意避免。

4)鉴别诊断

以发热为主症的猪病鉴别诊断,见表2-4。

表2-4 猪的各种高热性传染病鉴别诊断

病名	发热程度	皮肤	消化系统	呼吸系统	基本综合征
猪瘟	高热	小出血点,指压不褪色	便秘与下痢交替出现	咳嗽	高热,出血性素质,伴有消化紊乱症状
猪丹毒	最高热	块状丘疹样红斑,指压褪色		呼吸加快	最高热,皮肤呈充血性疹块
急性猪肺疫	高热	颈部红肿,黏膜发绀或有小出血点	或伴有下痢	吸入性呼吸困难,咳嗽	高热,呼吸系统综合征
流感	高热	或有发绀	多呈便秘	流泪,流鼻液,咳嗽及气喘	高热,呼吸系统综合征
急性副伤寒	高热	或有小出血点,耳尖、鼻端发绀	下痢		高热,消化系统疾病或有出血性素质
口蹄疫	高热	蹄趾部、口周围有水疱、溃烂			高热,皮肤损害,伴有跛行症状
传染性水疱病	高热	蹄趾部有水疱,溃烂			高热,皮肤损害,伴有跛行症状
猪痘	高热	呈红斑疹、水疱、结痂的分期性	或伴有下痢		高热,皮肤呈分明性疱疹综合征

(二)脉搏数的测定

脉搏是随每次心室收缩血液向动脉管中输送而引起的动脉波动。临床上一般用触诊的方法感知动物体表动脉的波动,即脉搏。

测量脉搏时,要注意脉搏的频率、节律及脉搏的性质变化,分析心脏和血液循环的状态,这对疾病的临床诊断和预后的判定有着重大的临床诊断价值。

1. 测量方法

应用触诊检查动脉脉搏,测定每分钟脉搏的次数,用"次/min"表示。检查动脉脉搏时,对牛通常检查尾动脉,兽医人员站在牛的正后方,左手抬起尾巴,右手拇指放于尾根背面,用食指与中指贴着尾根腹面进行检查;对马可检查下颌动脉,检查者站在马头一侧,一只手握住笼头,另一只手的拇指置于下颌骨外侧,食指与中指伸入下颌支内侧,在血管切迹处前后滑动,触摸脉管,用手指轻压即可感知脉搏;猪、羊和犬可在后肢股内侧检查股动脉。

2. 正常脉搏数

每分钟脉搏跳动的次数,称为脉搏数。健康动物的脉搏数变动范围见表2-5。脉搏数受气候、年龄、品种、性别、使役、采食等因素的影响,如幼龄>成龄、母畜>公畜、高产奶牛>低产奶牛、轻型马>重型马、母畜于妊娠后期脉搏数增加。如果脉搏不感于手,可通过检查心脏的心搏动代替。诊查脉搏可获得心脏活动机能与血液循环状态,在疾病的诊断和预后的判定上都有很重要的实际意义。

表 2-5　健康动物的脉搏数变动范围　　次/min

动物	脉搏数变动范围	动物	脉搏数变动范围
黄牛、乳牛	50～80	鹿	36～78
马、骡	26～42	骆驼	30～60
驴	42～54	兔	80～140
水、牛	30～50	猫	110～130
绵羊、山羊	70～80	犬	70～120
猪	60～80	鸡(心跳)	120～200

3. 病理变化

脉搏数的病理性变化主要表现为脉搏数增多和脉搏数减少。

造成脉搏数增多的病理性因素有很多,常见于以下几种:①所有热性病,主要是血液温度增高和细菌毒素刺激的结果。一般体温每升高 1℃,可引起脉搏数相应地增加 4～8 次。②各种心脏病,如除有严重的传导阻滞以外的心内膜炎、心肌病、心肌炎、心包炎等,主要是机能代偿使心跳加快而脉搏数增多。③疼痛性疾病,如马骡腹痛症、四肢的疼痛性疾病等,可反射地引起脉搏数增多。④呼吸系统疾病,如各型肺炎、胸膜炎,由于呼吸面积减少而引起二氧化碳和氧气交换障碍,心搏动加快而脉搏搏数增多。⑤各型贫血或失血性疾病,如频繁下痢而引起的严重失水,致使血液浓缩而脉搏数增多;某些药物中毒或毒物中毒,如有机磷农药中毒和使用交感神经兴奋药,致使脉搏数增加。⑥脉搏数增多实际上是多种因素作用的结果,在对疾病的预后判定上具有十分重要的意义。一般说来,脉搏数增多的程度可以反映心脏功能障碍和损伤的程度。通常当脉搏数比正常增加一倍以上时,可提示疾病的严重性。

脉搏数减少:主要见于引起颅内压增高的脑病、胆血症、中毒性疾病(迷走神经兴奋所致)、心脏传导机能障碍的疾病(如重度的传导阻滞或严重的心律不齐),此外,老龄动物或高度衰竭的动物,也会出现脉搏数减少。临床上脉搏数显著减少且不感于手时,提示预后不良。

脉搏数具有临床诊断价值的病理变化,除表现为增多和减少外,临床上还有如下变化。

脉搏的性质:脉搏搏动振幅较大的称为大脉,振幅较小的称为小脉;脉搏搏动力量较强的称为强脉,力量微弱的称为弱脉;动脉管壁较松弛的称为软脉,动脉管壁过于紧张而感硬的称为硬脉;血管内血液过度充盈的称为实脉,充盈不足的称为虚脉。临床上动脉波动较强、大、充实、较软的脉搏,表示心脏机能良好,动脉搏动较弱、较小的,多提示心脏机能衰弱;脉搏微弱的不感于手的,多提示心脏重度衰竭。在患剧烈的疼痛性疾病时,动物多表现出硬脉;在失血或脱水时,多表现为虚脉。

脉搏的节律又称脉律,脉律不齐是心律不齐的反应,其临床诊断价值与心律不齐相一致。

4. 注意事项

检查脉搏时应在动物安静的状态下进行,否则脉搏数测定不准确;当遇到脉搏节律紊乱时,应计算每分钟的平均数值或检查心冲动次数、测定心音的频率来代替。

(三)呼吸数的测定

动物一呼一吸组成一次呼吸,每分钟呼吸的次数即呼吸数。

1. 测量方法

测量呼吸数时,一般可站在动物的前侧方或其腹部的后侧方的一定距离处,观察其胸腹部的起伏运动和鼻翼的开张动作计算呼吸数，胸壁的一起一伏即为一次呼吸；也可将手背放在鼻孔前方，感觉呼出气流（冬季可以直接观察呼出气流），呼出一次气流，是一次呼吸。家禽通过观察肛门部羽毛的缩动测定呼吸数。通常测定 2 min 的呼吸的次数并取平均数作为呼吸数。

2. 正常呼吸数

正常动物的呼吸数和体温、脉搏一样，也受动物年龄、品种、季节、气候等因素的影响，如幼龄>成龄，炎热季节>寒冷季节，使役时、运动后呼吸数增加，饱食情况下呼吸数增加，母畜在妊娠期呼吸数增加。健康动物的呼吸数变动范围见表 2-6。

表 2-6　健康动物的呼吸数变动范围　　次/min

动物	呼吸数变动范围	动物	呼吸数变动范围
黄牛、乳牛	10～30	鹿	15～25
马、骡	8～16	兔	50～60
水牛	10～50	猫	10～30
绵羊、山羊	12～30	犬	10～30
猪	18～30	禽类	15～30
骆驼	6～15		

3. 病理变化

呼吸数的病理性变化主要表现为呼吸数增多和呼吸数减少。

造成呼吸数增多的病理性因素很多，常见于以下几种：①呼吸器官本身患有疾病，当上呼吸道轻度狭窄及呼吸面积减少时，可反射性地引起呼吸加快，如牛结核、牛肺疫、山羊的传染性胸膜肺炎、猪肺疫、气喘病、猪肺虫病等。②多数发热性疾病，包括传染性和非传染性疾病。③心力衰竭及贫血、失血性疾病。④某些中毒性疾病，如亚硝酸盐中毒引起的血红蛋白变性。⑤中枢神经兴奋性增高的疾病。⑥剧烈疼痛性疾病。

呼吸数减少在临床上比较少见，主要见于引起颅内压显著升高的疾病（如慢性脑室积水、猪的伪狂犬病以及马的流行性脑脊髓炎后期），某些中毒性疾病及重度代谢紊乱等。呼吸数的显著减少并伴有呼吸形式与节律的改变，常提示预后不良。

体温、脉搏、呼吸数等生理指标的测定，是临床诊疗工作的重要常规内容，对任何病例都应认真地实施，而且随病程的经过，每天应定时地进行测定并记录之。在正常情况下，体温、脉搏数、呼吸数的相关变化常常是平行一致的，即同时升高或同时下降。但是，在某些特殊情况下，体温、脉搏数、呼吸数变化并不一致，如体温下降、脉搏数升高，对于这种交叉现象，一方面高热的急剧下降，甚至降到常温以下，可能并非病情的真正的突然好转，反而可能是机体反应能力的显著衰竭；另一方面，同时脉搏数的显著增多，又反映心脏机能状态的进一步恶化。因此体温、脉搏数、呼吸数变化的交叉现象，多为预后不良的征兆。

4. 注意事项

呼吸数宜在动物休息、安静时测定；一般应测定 2 min 的次数而平均之；观察动物鼻翼的活动或以手放于鼻前感知气流的测定方法不够准确，必要时可依听诊肺部呼吸音的次数代替；某些因素可引起呼吸数的增多，如外界温度过高、家畜运动和使役时、母畜妊娠及兴奋等。

技能三　各系统的检查

一、循环系统的检查

心脏和血管组成机体的循环系统，是维持生命活动的重要器官，它主要参与机体的血液循环代谢。心脏是血液循环的动力装置，主要功能是将消化系统吸收来的营养物质和肺吸入的氧气运至全身各组织、细胞，供其新陈代谢，还运送激素至相应器官，以调节其生理功能。因此，心血管系统的机能状况与各器官组织的生命活动有极其密切的关系。本系统原发病虽不多，但当发病时，必然会导致其他系统机能发生障碍，引起其他系统疾病，也常常影响本系统的机能。如二尖瓣关闭不全，则引起肺淤血；反之患肺炎时，由于肺淤血而引起心室扩张，进而心脏收缩无力而引起全身淤血。特别是患传染病（猪瘟、猪丹毒、传染性胸膜肺炎）及寄生虫病的过程中，由于毒素对机体的作用，心肌发生障碍，间接或直接威胁着生命的安全。此外，根据心脏、血管受害程度，往往可判定预后。因此，对病畜的心脏、血管进行检查，对疾病发生的判断和预后具有指导意义。

（一）心脏的检查

心脏的检查，一般应用视诊、触诊、叩诊和听诊的方法进行，必要时可选用心电图、心音图、X线的透视或摄影、脉管的特殊检查、实验室检查等方法，其中听诊和特殊检查为最重要的诊断手段。

1. 心脏的位置

各种动物的心脏都位于胸腔下1/3处，第3～6肋骨间，偏于胸腔正中线的左侧，长轴倾向右，心尖斜向左后下方，大部分与左侧胸壁直接接触。故心脏检查应在左侧进行。由于家畜种类不同，其位置也不尽相同。

马属动物：心脏3/5位于胸腔左侧，心基在胸高1/2处稍下方，心尖向下、向后、向左倾斜，抵于第3～6肋间（右侧在第4～5肋间，不低于胸壁），距胸骨2 cm，约有一掌大小，紧贴于胸壁。

反刍兽和猪：心脏3/5位于胸腔左侧，心基在胸高1/2处水平线上，心尖在左侧，抵于第3～5肋间，紧贴胸壁，距胸骨约6 cm。

2. 心脏触诊

心脏触诊主要是检查心搏动强度、频率及其敏感性。心搏动亢进时，视诊心区部也可以。心搏动是心脏收缩时冲击左侧心区的胸壁而引起的振动。通过检查心搏动可以判断心脏的跳动频率、强度和心区范围的变化。

各种动物心区触诊最适宜的部位在左侧第3～5肋间。检查者站在病畜左侧，右手放于鬐甲部或背部，左手掌平放于肘头后上方2～3 cm处，即可感知其搏动。

正常情况下，心搏动的强弱决定于心脏的收缩力量、胸壁厚度及胸壁与心脏之间介质的状态。健畜则由于营养不同，胸壁厚度不同，其搏动强度也不同。如过肥的动物因胸壁较厚而心搏动较弱；因营养不良而消瘦的动物，因胸壁较薄而心搏动较强。此外，使役及运动后，外界温度较高时，兴奋或受惊时心搏动也增强。病理性心搏动常见于以下几种情况。

(1)心搏动增强:心肌收缩力强,振动面积大,见于一切引起心脏机能亢进的疾病,如热性病初期、剧烈疼痛性疾病、轻度贫血、病理性心脏肥大(如心肌炎、心内膜炎、心包炎的初期)。心搏动过度增强而引起的体壁振动称为心悸。阵发性心悸,常见于敏感而易兴奋的家畜,在马继发于急性过劳(特别是炎热的夏天)及患慢性心脏衰弱的病畜在使役时常可发生。强而明显的心悸称为心悸亢进,应注意与膈肌痉挛的区别。心悸亢进时病畜腹胁部跳动与心搏动一致,而且心搏动明显增强;膈肌痉挛时,腹胁部跳动与呼吸一致,心搏动不增强,并伴有呼吸活动紊乱。

(2)心搏动减弱:心肌收缩无力,振动微弱,严重的甚至不感于手,见于心脏衰弱、病理性胸壁肥厚(纤维素胸膜炎、胸壁结核、胸壁浮肿)、胸腔积液(渗出性胸膜炎、渗出性心包炎、胸腔积水、心包积水)及肺气肿。

(3)心搏动移位:向前移位,见于胃扩张、腹水、膈疝;向右移位,见于左侧胸腔积液;向后移位,见于气胸、肺气肿。

(4)心区振动:即触诊心区部感到有轻微震颤,见于心包炎初期、胸膜炎及心脏瓣膜病。

(5)心区疼痛:触诊心区部有疼痛反应,见于心包炎、创伤性心包炎及胸膜炎等。

3. 心脏叩诊

心脏叩诊主要是判定心脏大小、疼痛等变化。此项检查在马属动物的日常检查中最常使用,其他动物较少使用。尤其是反刍动物因其心脏几乎完全被肺掩盖,查不出心脏的大小。但在牛发生创伤性心包炎时,叩诊心区会使牛感到疼痛,呈浊音或鼓音,有一定诊断意义。

1)正常心脏叩诊区

心脏仅一小部分和胸壁接触,叩诊呈浊音,称之为绝对浊音区;心脏大部分被肺掩盖,叩诊呈半浊音,称之为相对浊音区。叩诊时大动物取站立姿势,使其左前肢向前拉伸半步,充分暴露心区;小动物可放在桌上进行叩诊。当马的心脏叩诊呈浊音时,在左胸壁下 1/3 处,第 3～5 肋间有一掌大小的浊音区(8～10 m^2),呈锐角三角形,三角形的顶点在第 3 肋间肘肌后缘肩关节线下 2～3 cm 处;后界由顶点至第 6 肋间末端呈一弧线;前界沿肘肌而下;下界与胸骨浊音相融合,其相对浊音区在绝对浊音区周围左右宽 3～5 cm 处。牛的心脏与胸壁接触很少,几乎全被肺掩盖,故不呈现绝对浊音区,仅在左侧第 3～4 肋间肩关节水平线下方呈现相对浊音区,故无诊断意义;但当呈现浊音时,常是创伤性心包炎的象征。绵羊、山羊的心脏浊音区在左侧胸壁第 3～4 肋间。猪的心脏浊音区与牛、羊相似,但肥胖脂肪过多的,无法叩诊。

2)心脏叩诊方法

大动物用槌板叩诊法。叩诊时先将动物左前肢向前方拉伸半步,使心区充分显露,然后持叩诊器由肩胛骨后角垂直地向下叩击,直至肘后心区,再转而斜向后上方叩击,随叩诊音的改变,而标明由肺清音变为心脏浊音的上界点及由心脏浊音区又转为肺清音的后界点,将此两点连成一个弧形线,即为心脏浊音区的后上界线。马的心脏浊音区近似一个不等边的三角形,其顶点在第 3 肋间,高度距肩关节线下方 4～6 cm 处,由顶点斜向第 6 肋间下端引一弧线,即为其后下界。大动物和体壁较薄的小动物检查心脏浊音区有意义,体壁厚的中、小动物叩诊检查心脏浊音区很困难,意义不大。

决定心脏浊音区大小变化的条件,除心脏本身容积大小的改变之外,还应考虑掩盖心脏的肺尖叶部分及心包、胸膜腔的状态。

3)浊音区的变化

心脏浊音区的改变主要由心脏容积增大与缩小,肺掩盖心脏面积的大小及胸膜与心包状态所决定。

心脏浊音区扩大见于心脏容积增大,如心肥大、心包炎、心扩张。特别是当牛患创伤性心包炎时,可见心脏浊音区的显著扩大;当患渗出性胸膜炎时,心脏浊音区将混同于胸下部的叩诊水平浊音区之内;而当胸壁浮肿时,心脏浊音区则难于判定。绝对浊音区扩大见于肺覆盖心脏的面积缩小,如肺萎缩、肺实变等。

心脏浊音区缩小常由掩盖心脏的肺边缘部分的肺气肿所引起。为进一步判断心脏的容积与肺边缘的关系,可仔细地在心区部位用较强的叩诊与较弱的叩诊方法反复进行检查,并根据产生的绝对的浊音区域及呈现的相对的半浊音区域,确定心脏的绝对浊音区及相对浊音区。绝对浊音区缩小,标志着肺的容积扩大,见于肺泡气肿。

叩诊呈鼓音见于心包内蓄积气体,如牛患创伤性心包炎,渗出液在心包内腐败分解产生气体时心脏叩诊呈鼓音,患肺泡气肿时也出现鼓音。

叩诊时,动物回头、呻吟、躲闪、抗拒而表现疼痛时,见于心区疼痛性疾病,如心包炎、胸膜炎等。

4. 心脏听诊

心脏听诊是检查心脏最重要的方法之一,因为心脏听诊不仅可检查出心脏本身的疾病,而且可判定疾病的预后。因此,任何疾病经过中,都应进行心脏的听诊。听诊心脏的目的,是确定心音的性质、频率、节律及有无心脏杂音等。采用听诊器进行听诊,被检动物取站立姿势,使其左前肢向前拉伸半步,以充分暴露出心区。听诊时注意听诊器要紧贴听诊部皮肤,并且最好是在安静的室内进行。听取时,当心音过于微弱而听取不清时,可使动物做短暂的运动后,立即听诊,可使心音加强而便于辨认。同时注意心音的频率、强度、性质、杂音和节律不齐等。

1)正常心音

心音是心室收缩与舒张活动所产生的音响。心脏机能正常时,在心脏部听诊,可听到两个有节律的类似"嗵—哒、嗵—哒"的两个交替出现的音响。前者为第一心音,后者为第二心音。

第一心音的特点是音调低,持续时间长,尾音也长,但到第二心音出现的时间间隔较短。其产生是由心肌收缩音、两房室瓣同时闭锁音及心室驱出的血液冲击动脉管壁的声音混合而成。因发生于心缩期,故称之为缩期心音。其出现与心搏动及脉搏一致。

第二心音的特点是音调高,响亮而短,尾音消失快,到下一次第一心音出现的时间间隔较长。其产生是由心室舒张时,两动脉瓣同时关闭,两房室瓣同时伸张及心肌舒张音混合而成。因发生于心舒期,故称之为舒期心音。其出现与心搏动及脉搏不一致。

在正常情况下,两心音不难区别,但在心跳增速时,两心音的间隔几乎相等时则不易区别。这时可一边听心音,一边触诊心搏动,与心搏动同时出现的心音是第一心音,与心搏动不一致的心音是第二心音。

2)心音最强(佳)听取点

在心脏任何一点,都可以听到两个心音,但由于心音沿血液方向传导,因此只能在一定部位听诊才能听得最清楚。临床上把心音听得最清楚的部位,称为心音最强(佳)听取点(表 2-7)。

表 2-7 动物心音最佳听取部位

动物	第一心音区		第二心音区	
	二尖瓣口	三尖瓣口	主动脉口	肺动脉口
马	左侧第 5 肋间，胸廓下 1/3 的中央水平线上	右侧第 4 肋间，胸廓下 1/3 的中央水平线上	左侧第 4 肋间，肩关节水平线下 2～3 cm 处	左侧第 3 肋间，肘头的稍上方
牛、羊	左侧第 4 肋间，主动脉口听取点的下方	右侧第 4 肋间，胸廓下 1/3 的中央水平线上	肩关节水平线下 2～3 cm处	左侧第 3 肋间，肘头的稍上方
猪	左侧第 4 肋间，主动脉口听取点的下方	右侧第 4 肋间，肋骨和肋软骨结合部稍下方	左侧第 4 肋间，臂骨结节线的直下方	左侧第 3 肋间，接近胸骨处
犬	左侧第 4 肋间	右侧第 3 肋间	左侧第 3 肋间	左侧第 3 肋间

3)病理性心音

病理性心音主要有心音增强和减弱，心音分裂与重复，心脏杂音和心律不齐。

(1)心音增强和减弱：在正常情况下听诊心脏时，第一心音在心尖部(第 4 或第 5 肋间下方)较强。第二心音在心基部(第 4 肋间肩关节水平线下方)较强。因此，判定心音增强或减弱，必须在心尖部和心基部比较听诊，两处心音都增强或都减弱时，才能认为是增强或减弱。心音的强弱决定于心音本身的强度(心肌的收缩力量、瓣膜状态及血液量)及其向外传递介质状态(胸壁厚度、胸膜腔及心包腔的状态)。但第一心音的强弱，主要决定于心室的收缩力量；第二心音的强弱，则主要决定于动脉根部血压。

在临床上需注意，营养良好、胸廓丰满、胸壁肥厚的家畜，两心音都相对较弱；消瘦的家畜胸壁薄、胸廓狭窄，则两心音都相对增强；此外，当动物兴奋、恐惧或使役、运动后也可见心音增强，所以应具体问题具体分析。

两心音同时增强：是心肌收缩力增强，血液在心脏收缩和舒张时冲击瓣膜的力量同时增强所致。其见于心脏肥大、热性病初期、剧烈疼痛性疾病、轻度贫血或失血及肺萎缩等。

第一心音增强：是心肌收缩力增强、瓣膜紧张度增高、心室充盈不良、血容量不足等引起的。临床上表现较多的是第一心音相对增强，第二心音相对减弱，甚至难以听取。其主要见于贫血、热性病及心脏衰弱的初期。当动物大失血、剧烈腹泻、休克及虚脱时，由于循环血量少，动脉根部血压低而第二心音往往消失。

第二心音增强：是由动脉根部血压升高引起的，故与心舒张时半月瓣迅速而紧张地关闭有关系。主动脉口第二心音增强，见于心脏肥大、肾炎；肺动脉口第二心音增强，见于小循环的充血、淤血，如肺充血或肺炎的初期。

第一心音减弱：相对减弱已如前述。单纯的第一心音减弱，临床上几乎很少遇到。多见于第二心音增强的同时，第一心音相对减弱，这是动脉根部血压升高的结果。

第二心音减弱(甚至消失)：在临床上最常见，主要是由于每次压出的血量减少，故当心舒张时血液回击动脉瓣的力量微弱；是动脉根部血压显著降低的标志；见于贫血、心脏衰弱。第二心音消失时，见于大失血、高度的心力衰竭、休克及虚脱，多预后不良。

两心音同时减弱：是心肌收缩无力的表现，常见于心脏衰弱的后期、心肌炎、心肌变性、重症贫血、渗出性胸膜炎、渗出性心包炎及重症肺气肿等。

心音混浊：即心音音质低、浊或含混不清，是心肌及其瓣膜变性，而使其振动能力发生改变的结果。其见于重症营养不良、重症贫血、心肌炎后期及高热疾病等。

(2)心音分裂与重复:第一心音或第二心音分为两个音色相同的音响,称之为心音分裂或重复;两个声音之间间隔较短的称为分裂,间隔较长的称为重复。二者在临床诊断上意义相同,仅程度不同而已。这主要是心脏机能障碍或神经支配异常,两心室不同时收缩和舒张所引起的。

第一心音分裂或重复:是左、右心室收缩有先有后,或有长有短,左、右房室瓣膜不同时闭锁的结果,见于因心肌损害而导致的传导机能障碍,常提示心肌的重度变性。健康的马在使役后或兴奋时常可出现,但安静后即消失,注意不要误诊。

第二心音分裂或重复:主要反映主动脉与肺动脉根部血压有较悬殊的差异,是两心室驱血期有长有短,主动脉瓣与肺动脉瓣不同时闭锁的结果。其见于主动脉或肺动脉血压升高的疾病及二尖瓣口狭窄等。如左房室口狭窄时,左心室血量减少,主动脉血压降低,则左心室驱血期短,主动脉瓣先期闭锁;肺部淤血时,肺动脉血压升高,则右心室驱血期延长,肺动脉瓣闭锁较晚,出现第二心音分裂或重复;患肾炎时则因主动脉血压升高也出现第二心音分裂或重复。

(3)心脏杂音:是指伴随心脏的舒、缩活动而产生的正常心音以外的附加音响。按其发生部位不同,而有心内杂音及心外杂音之分。

①心内杂音。在临床上,心内杂音多是心内膜及其相应的瓣膜口发生形态改变或血液性质发生变化时引起的,常伴随第一或第二心音之后或同时产生的异常音响。其特点是杂音从远而来,加压听诊器音量无变化;其音性如笛声、"吱吱"声、"嘶嘶"声、"嗡嗡"声、飞箭声或风吹声。

按其发生时期,分为缩期杂音和舒期杂音。缩期杂音发生于心脏收缩期,伴随第一心音之后或同时出现杂音;舒期杂音发生于心脏舒张期,伴随第二心音之后或同时出现杂音。

按其瓣膜或瓣膜口有无形态改变可分为器质性心内杂音和非器质性心内杂音(机能性杂音)。器质性心内杂音是慢性心内膜炎的特征。慢性心内膜炎常引起某一瓣膜或瓣孔周围组织增生、肥厚及粘连,瓣膜缺损或腱索的短缩,这些形态学的病变统称为慢性心脏瓣膜病。

非器质性心内杂音由于心瓣膜上并无不可逆性的形态学改变,多由机能的变化而引起,所以也称为机能性杂音。非器质性心内杂音的发生有两种情况:一种是瓣膜和瓣膜口无形态变化,当心室扩张或心肌弛缓时,造成瓣膜相对闭锁不全而产生杂音;另一种是当血液性质变稀薄时,血流速度加快,振动瓣膜口和瓣膜引起的所谓贫血性杂音。非器质性心内杂音的特点是杂音不稳定,仅出现于心缩期,故称为缩期杂音;其区别于器质性心内杂音的主要之处在于它是暂时性杂音。杂音柔和如风吹声;运动、使役及给予强心剂后杂音消失;饲养、管理改善或病情好转时杂音消失。其多见于心扩张、营养性贫血、马传染性贫血病及焦虫病等。

心内杂音在临床上较多见,如仅出现杂音,而无其他心脏衰弱症状,使役能力也不降低,就不能认为是病理现象;如出现全身淤血、浮肿、易疲劳出汗,则是疾病的表现。

②心外杂音,是心包或靠近心区的胸膜发生病变时引起的。按杂音的性质分为心包拍水音和心包摩擦音。

心包拍水音是心包发生腐败性炎症时,心包内积聚多量液体与气体,当心脏活动时所产生的一种类似振动半满玻璃瓶水的声音或似河水击打河岸的声音,见于渗出性心包炎和心包积水。

心包摩擦音是心包发炎的特征。由于心包发炎,纤维蛋白沉着于心包,使心包两叶变为粗糙，当心脏活动时，粗糙的心包两叶互相摩擦产生杂音。其音性如两层粗糙的皮革相互摩擦的音响，其特点是杂音与心跳一致，常呈局限性，但在心尖部明显，心脏收缩期及舒张期均可听到，但以缩期较明显，主见于纤维素性心包炎及创伤性心包炎。

心包胸膜摩擦音是胸膜发生纤维素性胸膜炎时，当心脏活动时，心包与粗糙的胸膜面发生摩擦产生的。此音与呼吸运动同时发生，呼吸运动停止时，即减弱或消失。心包胸膜摩擦音除心区部能听到外，肺区各部也可听到。

③心外杂音与心内杂音的区别。心外杂音都是伴随心脏的活动而产生的，特点是杂音似来自耳下，仅限于局部听到，加压听诊器后其音增强，杂音与心跳一致，比较固定，且可长时间存在。心内杂音通常具有“不可逆性”的特点，因为慢性心脏瓣膜病的形态学改变，一般是“不可逆性”的，因此，在病程经过中可长期持续存在，又称为长久性杂音。心内杂音只能作为提示慢性心脏瓣膜病的一个特征，而不能作为诊断心瓣膜病的唯一根据。唯有将心脏杂音及其他全部的症状、资料加以综合分析，才能做出合理而正确的诊断结论。

(4)心律不齐：正常情况下，每次心音的间隔时间相等，强弱一致。若每次心音的间隔时间不等、强弱不一致时，称为心律不齐。

心律不齐为心脏活动的快慢不均及心音的间隔不等或强弱不一，主要提示心脏的兴奋性与传导机能的障碍或心肌损害，并与自主神经的兴奋性有关。轻度的、短期的、一时性的心律不齐，一般无重要诊断意义；重症的、顽固性的心律不齐，多是由心肌损伤引起的，常见于心肌炎、心肌变性、心肌硬化等。造成心肌损伤的可能是营养代谢紊乱(如幼畜白肌病)、贫血、长期发热、中毒或内中毒所引起；在患某些传染病时，由于心肌受菌、毒的侵害而常有不同程度的损伤，也表现明显的心律不齐。病畜表现有心律不齐的同时，伴有心血管系统的明显改变及整体状态变化，则是疾病的表现。

(二)血管的检查

检查血管的要点：主要检查动脉的脉搏和较大的浅静脉。

1. 动脉脉搏的检查

对动脉脉搏的检查通常采用触诊的方法，主要检查、判定动脉脉搏的频率、节律、性质(搏动的大小、强度、软硬及充盈状态等)，以此推断心脏机能及血液循环状态，这对疾病的诊断、预后很重要。临床上要注意的是，应在家畜处于安静的状态下进行，如病畜远道来就诊，待其稍事休息后再进行检查为宜。

(1)检查部位。对马进行动脉脉搏检查时，检查颌外动脉；牛、骆驼检查尾中动脉；绵羊、山羊及猪检查股内侧动脉；过于肥胖的猪往往不能触知，故常以检查心跳代替脉搏。

(2)检查方法。一般用右手食指及中指压于血管上，左右滑动，即可感知一富有弹性的管状物在指下滑动，此时可根据脉搏的大小(振幅的大小)、强弱和软硬(脉管的紧张度)分别施以轻压、中压或重压，计算其数，并体会其性质(脉搏的大小、脉管的紧张度)、血液的充盈度(血管内容血量)、脉搏的形态和节律。

按动物种类的不同，对其采用的检查方法也不同。在对马、骡进行脉搏检查时，检查者站于马的左前侧，以左手握笼头，用右手食指、中指压于下颌缘内侧，前后触摸，即可感知有一细胶管状物在指下滑动，随即以手指轻压其上，即可触知脉搏搏动；在对牛进行脉搏检查时，检查者站于牛的正后方，左手将尾略上举，用右手食指、中指轻压于尾腹面正中的尾动脉上即可；在对羊进行脉搏检查时，检查者蹲于羊的侧后方，一只手握后肢，另一只手插入股内侧，以手指压于股动脉上即可。

(3)正常脉搏。健康动物的正常脉搏数，即每分钟脉搏跳动的次数。临床上常检查半分钟所得脉搏数，将其乘以 2 作为1 min脉搏数计算。但最好是检查 1 min，并重复 2～3 次检查，取平均数较为准确。健康动物的正常脉搏数及其变动范围见表 2-5。

健康动物的脉搏性质表现为脉管有一定的弹性，搏动的强度中等，脉管内的血液充盈适度。脉搏节律强弱一致，间隔相等，都是很规律的，称之为节律脉，中兽医称之为平脉。若脉搏强度不一致，间隔不等，称之为无节律脉(或脉搏不齐)，是疾病的表现。

(4)病理性脉搏。

①浮脉：轻取则得，重按则无，如木浮水，多属表证，如外感风寒。

②沉脉：轻举不取，重按则得，如石沉水，多属里证，如便秘、慢性肺气肿。

③迟脉：脉搏稀少，主寒证。临床上少见，但在颅内压增高的疾病(脑水肿、脑肿瘤)、心肌萎缩及洋地黄中毒时可见之。

④数脉：脉搏数过多，主热症。临床上最常见，多与体温增高并发。一般体温每升高 1℃，脉搏数可相应地增多 4～8 次。若体温下降而脉搏数反而增多的，提示预后不良。马骡每分钟脉搏数若达 80 次时，是重症的表现；如超过 100 次(牛 130 次)以上时，则预后慎重。其常见于热性病、呼吸器官炎症、心脏病、贫血性疾病和剧烈疼痛性疾病等。

⑤虚脉：举、寻、按三取皆无力，主虚证，见于大失血、脱水等。

⑥实脉：举、寻、按三取皆有力，主实证，见于热性病的初期、心脏肥大、运动和使役之后。

⑦洪脉：脉搏洪大而充实，来盛去衰，如波涛汹涌，主实热证，见于发热性疾病、心脏肥大或心脏机能亢进。

⑧细脉：脉搏软弱而无力，细小如线，主虚证，见于久病体弱、气血两虚时，如衰竭症。

⑨滑脉：往来流利，如盘走珠，应指而圆滑，主痰湿、宿食、实热等证，注意孕畜表现滑脉，不属病态。

⑩涩脉：往来艰涩，欲来而未即来，欲去而未即去，如轻刀刮竹，主精伤、血少、气滞、血淤等证。

⑪跳脉：动脉急膨大，急缩小，指压有骤来急去之感，是主动脉瓣闭锁不全的特征。

⑫徐脉：动脉徐徐上升，又缓缓下降，指压有徐来慢去之感，是主动脉口狭窄的特征。

上述各种脉搏，在实践中常是综合体现的，如洪脉与跳脉，细脉与徐脉等。临床上应特别注意脉搏的大小、强弱，即大而强的脉搏，说明心收缩力强、血量充盈、脉管较弛缓，是心脏机能良好的表现；小而弱的脉搏表示心收缩力弱、血量不足、脉管紧张，是心力衰弱的表现。正常情况下，每次脉搏的间隔时间均等且强度一致的，称为有节律的脉搏；如每次脉搏的间隔时间不等或强弱不一的，则称为脉搏节律不齐，一般是心律不齐的直接结果，此时，应注意检查心脏机能的状态，并将其结果一并综合分析。

2. 浅静脉的检查

浅静脉的检查主要应用视诊和触诊等方法进行，检查静脉的淤血程度和颈静脉的搏动。通过对静脉的检查，了解心脏活动及全身的血液循环状态。这对诊断某些疾病和推断预后，提供依据。

1)静脉淤血程度的检查

对被毛短细、皮肤较薄的动物,主要检查体表静脉;对于长毛和皮肤较厚的动物,主要检查可视黏膜。病理情况下动物表现为全身静脉淤血和局部静脉淤血两种。

2)全身静脉淤血

浅静脉,可视黏膜的静脉,尤其是四肢的静脉,牛的乳腺静脉,均明显扩张,突出如索状,可视黏膜潮红,并往往伴有浮肿,提示体循环淤滞,是心脏机能衰弱、静脉血液回流障碍、全身静脉淤血的结果。其主见于三尖瓣闭锁不全、肺动脉狭窄和心脏衰弱。

3)局部静脉淤血

局部静脉淤血是局部静脉受肿瘤压迫的结果。往往沿淤血的静脉发生水肿。

3. 颈静脉的检查

检查颈静脉主要是应用视诊和触诊的方法检查颈静脉的充盈状态和颈静脉波动。

1)静脉充盈而隆起

颈静脉明显的扩张或极度膨隆,似绳索状,可视黏膜潮红或发绀,可见于各种原因所引起的心力衰竭以及导致胸膜腔内压升高的疾病(如渗出性胸膜炎、肺气肿、胃肠内容物过度充满等)。牛的颈静脉高度充盈(也称为怒张),甚至呈绳索状,常提示创伤性心包炎。

2)静脉萎陷

颈静脉不显露,即使压迫静脉,其远心端也不膨隆,将针头插入静脉内,也不见血液流出,这是由于血管衰竭、大量血液淤积在毛细血管内的缘故,见于休克、严重血症等。

3)颈静脉波动的检查

检查颈静脉时,可见随心脏活动而由颈根部向颈上部的逆行性波动,这称为颈静脉波动。在正常情况下,颈静脉波动是当右心房收缩时,腔静脉血液回流入心的一时受阻及部分静脉血液逆流并波及前腔静脉而至颈静脉所引起,故此种波动出现于心房收缩与心室舒张的时期,且逆行性波动的高度一般不超过颈部的下 1/3 处,这是生理现象;静脉的波动高度超过颈下部的 1/3 处,多为病态。病理性的颈静脉波动,有以下 3 种类型。

(1)阳性波动(心室性颈静脉波动)。随心室收缩使部分血液经闭锁不全的空隙而逆流入右心房,并进一步经前腔静脉而至颈静脉,见于三尖瓣闭锁不全。此际其波动较高,力量较强,并以出现于心室收缩期(与心搏动及动脉脉搏相一致)为其特点。

(2)阴性波动(心房性颈静脉波动)。当生理性的颈静脉波动过强,由颈根部向头部的逆行波超过颈中部以上时,即为病理现象,见于右心衰竭或淤滞。心房性颈静脉波动的特点是波动出现于心搏动与动脉脉搏之前。

(3)伪性搏动。由颈动脉的过强搏动可引发的颈静脉处发生类似的波动,以手指于颈中部的静脉处加压后,远心与近心端的波动均不消失,并可感知颈动脉的过强搏动,是在主动脉瓣闭锁不全时,脉搏骤来急去,搏动力量强大所致。

为区别这几种不同的颈静脉波动,应注意其波动的强度和逆行波的高度,特别要确定其出现的时期(是否与心室收缩相一致)。必要时还可应用指压试验:用手指压在颈静脉的中部并立即观察指压后波动情况,如远心端及近心端波动均消失,则为阴性波动;如远心端消失而近心端仍存在,则为阳性波动;如两端搏动无任何改变,则为伪性搏动。

此外,颈静脉沟处出现肿胀、硬结并伴有热痛反应,是颈静脉及其周围炎症的特征。多有静脉注射时消毒不全或刺激性药液(如钙的制剂等)渗漏于脉管外的病史。但应注意,当牛颈部垂皮肿胀较严重时，也可引起颈静脉沟处的肿胀，一般无热痛反应，常见于创伤性心包炎，应依伴有的其他症状而鉴别之。

(三)循环系统疾病的主要综合征

循环系统是由心脏及血管(动、静脉与毛细血管)所组成。循环器官疾病的综合征主要是动物无力、多汗、气喘、可视黏膜发绀、静脉淤血及皮下浮肿等。这一综合征是提出循环器官疾病的重要启示。

1. 心包疾病的综合征

临床触诊、叩诊的心区敏感、疼痛反应(呻吟，躲闪、反抗)；听诊的心包摩擦音或心包击水音；心区叩诊的浊音区扩大，听诊心音微弱，脉搏与心率加快；黏膜发绀、浅静脉淤血及皮下浮肿等，是心包疾病的综合征。

2. 心内膜疾病的综合征

在气喘、发绀、静脉淤血及皮下浮肿等综合征的启示下，心脏听诊有心内器质性杂音，是诊断心内膜病，特别是慢性心内膜炎的特征性症状。

3. 心肌病的综合征

心肌病是心肌组织结构的改变及其营养、代谢紊乱的病理过程，是心脏机能不全、心脏机能障碍的物质基础。

肌原性心肌扩张并进一步发展为心脏肥大，在临床上可表现为心容积增大的体征(触诊心冲动增强，叩诊心浊音区扩大)。

心肌兴奋性与传导机能的改变，在临床上表现有心律不齐与脉律紊乱。

心肌收缩力量减弱，心排血量减少，动脉血压下降，静脉血压上升，并反射地引起心率加快与脉搏数增多，以及心音强度的相应变化，静脉淤血及皮下浮肿。

在具有一般性的循环障碍综合征的基础上，心脏容积扩大及明显的心律不齐(如期外收缩或传导阻滞)，常为提示心肌病的重要根据。

4. 心脏机能不全的综合征

心脏机能不全，是心肌收缩力量减弱而使心脏排空困难，心排血量减少而使动脉血压下降，静脉血回心受阻致使静脉淤血，并引起全身的代谢及机能发生紊乱的病理过程。心包、心内膜，尤其是心肌的疾病，都会导致心脏机能不全。

1)急性心力衰竭

心跳过速、脉搏显著增多(牛的脉搏数常达 100 次/min 以上)，心冲动过强并伴有明显的心悸，第一心音过强而第二心音显著减弱乃至消失，脉搏细弱甚至不感于手或呈心律不齐、脉律紊乱。浅静脉充血，颈静脉及胸外静脉明显怒张，黏膜发绀，呼吸急促、浅表而困难，肺泡呼吸音普遍增强，当伴发肺水肿时，可见有大量混有泡沫的鼻液，精神兴奋或惊恐不安，有时沉郁呈苦闷状，有时兼有体温升高、汗分泌增多，重则步态不稳、共济失调乃至倒地、痉挛并呈昏迷状态。

2)慢性心力衰竭

慢性心力衰竭又称慢性心脏机能不全或慢性心脏衰弱。其临床综合征主要为精神沉郁、瘦弱、乏力、易疲劳、气喘、多汗等整体状态变化；心音低沉与混浊，第一心音亢进与第二心音减弱，或有心音分裂、心内杂音、心律不齐、脉搏微弱、脉数增多或减少、脉律不齐等心血管的表观，并伴有由肝、肾、肺、胃肠道淤血而引起的机能障碍等附属症状等。

5. 血管机能不全的综合征

血管机能不全表现为可视黏膜苍白或发绀，体温下降的同时末梢冷厥并有大量冷汗；精神状态呈短暂的惊恐状后，继而出现共济失调（散脚、打晃等）甚至倒地、昏迷、痉挛等变化；动脉血压下降的同时心率过快与脉搏增数，第一心音增强而第二心音微弱甚至消失，脉搏微弱而不感于手，或有心律不齐等一系列心血管系统症状。

（四）血液系统及造血系统疾病的主要综合征

当患有血液疾病时，依其病变性质为转移而呈现不同的综合征：贫血以皮肤、黏膜的苍白为特征；溶血性疾病表现为在皮肤、黏膜苍白带黄的同时，常有血红蛋白尿；出血性素质则可见皮肤、黏膜的出血点。血液及造血器官疾病的诊断，除以上述临床症状作为提示的线索外，通常必须进行血液学的实验室诊断才能明确其原因、类型及程度等特点。所以，在临床检查的基础上，进行实验室检验是十分必要的。

1. 贫血性疾病的综合征

皮肤、黏膜的明显苍白，是提示贫血性疾病的出发点，同时可伴有心搏动增强与心率加快，呼吸增多以及机体的衰弱等症状和现象。

如有起病急、发展快的特点，应提示急性失血性贫血的可能。临床多伴有心动疾速，第一心音亢进而第二心音减弱甚至消失，脉搏微弱而不感于手等症状，重则可见因急性脑贫血而致的共济失调、昏迷、痉挛等神经症状。

如呈慢性经过，则应考虑为慢性出血性贫血，同时整体逐渐衰竭、瘦弱，并宜注意引起失血的原因及病变部位（如鼻、肺、肾、膀胱、胃、肠道的出血性疾病等），以便明确病因诊断。

哺乳仔猪（1月龄内）的贫血，多属于营养性贫血，常因微量元素（铜、铁、钴等）补给不足等，病因可查，改善饲养条件并补给造血所需要的营养物质后可逐渐康复。

因某些传染病、寄生虫病（牛结核病、肝片形吸虫病、仔猪蛔虫症等）而引起的继发性或消耗性贫血，应根据其疾病的临床特点及特异性检查的结果而区别诊断。

2. 溶血性疾病的综合征

红细胞被大量破坏后，同时可引起胆色素的代谢紊乱并表现为皮肤、黏膜的黄染，所以，溶血性疾病以皮肤、黏膜的苍白带黄色并多伴有血红蛋白尿为特征。

3. 伴有出血性素质的疾病的综合征

皮肤、黏膜的出血点，常是提示出血性素质的线索。伴有出血性素质的传染病，皮肤、黏膜的出血点仅为各该疾病的一个症状，应依其相应的主要症状和流行病学条件而区别诊断。

4. 造血器官疾病的综合征

在造血器官疾病中常见有白血病，牛的淋巴性白血病在临床上以浅表淋巴结的普通肿大为特征，血检时白细胞显著增多，并可见贫血、肝脾肿大与营养逐渐消瘦，必要时宜参考淋巴结穿刺和病理组织学检查的结果而诊断；对于鸡的白血病除应注意临床的贫血现象及血检的白细胞增多外，主要根据剖检变化的特征而确诊。

二、呼吸系统的检查

呼吸系统包括鼻腔、咽喉、气管、支气管和肺。呼吸系统是动物机体与外界环境进行气体交换，维持生命活动的重要系统，同时也容易受到温热、潮湿、机械、化学和微生物等各种因素的影响而发生呼吸器官疾病，特别是在许多传染病的过程中，常呈现出呼吸系统症状，某些寄生虫病也侵害呼吸系统。所以呼吸系统疾病发病率较高，尤其是幼龄、老弱家畜和在冬春气候寒冷骤变季节时期。动物患呼吸系统疾病时，不仅影响动物的生产性能，还严重影响幼年动物的生长发育，甚至引起死亡。在临床诊断治疗过程中，只有熟练地掌握呼吸系统的检查方法和内容，熟悉呼吸系统的症状，才能对呼吸系统疾病做出早期诊断，从而提出合理的防治措施。

呼吸系统的检查包括呼吸运动的观察，呼出气、鼻液和咳嗽的检查，上呼吸道的检查和胸肺部的检查。常用的一般检查方法包括问诊、视诊、触诊、叩诊、听诊等；特殊的检查方法有支气管镜、超声波检查和 X 线检查；实验室检验的方法有血液的一般化验，鼻液、痰液、胸腔穿刺液及寄生虫卵的检查。

(一)呼吸运动的检查

动物呼吸时，外界所见的鼻翼、胸廓和腹壁等呼吸器官及参与呼吸的其他器官所表现的有节奏的协调运动，称为呼吸运动。呼吸运动检查具有重要意义，不仅能够获得疾病的重要症状，而且还可为进一步检查提供线索或方向。其主要检查呼吸数(即呼吸频率)、呼吸类型、呼吸节律、呼吸的对称性和有无呼吸困难。健康动物在平静状态下，呼吸运动有稳定的节律，这是通过神经中枢及神经反射性调节来实现的。某些体液性因素，如二氧化碳浓度增高和缺氧等，也可通过神经反射或直接作用于呼吸中枢。

1. 呼吸频率

每分钟呼吸的次数为呼吸频率。病理情况下，常见于呼吸次数增多(如各种呼吸器官疾病、热性病、贫血和某些中毒性疾病)和呼吸次数减少(如各种脑炎、脑肿瘤、脑积水和疾病的濒死期)。

2. 呼吸类型

呼吸类型即动物的呼吸方式，检查时应注意吸气与呼气时胸廓与腹壁所表现的起伏动作的协调性和强度。健康动物的呼吸类型均属胸腹式呼吸(但犬以胸式呼吸为主)，即在呼吸时胸壁和腹壁的起伏动作协调一致，强度大致相等，其又称为混合式呼吸。病理情况下，动物的呼吸表现为胸式呼吸和腹式呼吸。

(1)胸式呼吸：呼吸活动中以胸廓的起伏动作为主，而腹壁运动微弱的呼吸类型。其通常见于膈肌的疾病(如膈肌破裂、膈肌麻痹)，腹腔器官膨大而压迫膈肌的疾病(如急性腹膜炎、胃扩张、重度肠臌气、腹腔积液、腹腔肿瘤、反刍动物瘤胃臌气、瘤胃积食、皱胃变位)和腹壁外伤等。

(2)腹式呼吸：呼吸活动中以腹壁的起伏动作为主，而胸壁活动微弱的呼吸类型。其通常见于胸腔器官的疾病，如肺气肿、胸膜炎、胸膜肺炎、胸腔积液、猪喘气病、肋骨骨折等，是胸壁疼痛敏感，反射性抑制胸壁的起伏动作所致。

3. 呼吸节律

健康动物呼吸时，吸气后紧接着呼气，每次呼吸之后，经过短暂的间歇期再开始第 2 次呼吸。吸气与呼气所持续的时间有一定比例，每次呼吸的强度一致，间隔时间相等的，称为节律性呼吸。兴奋、惊恐、运动、尖叫及嗅闻等均可使呼吸节律发生暂时性的变化。在病理情况下，正常的呼吸节律遭到破坏的，称为节律异常。在临床上常见的呼吸节律异常主要有以下几种。

(1)吸气延长:特征是吸气时间显著延长,表示空气进入呼吸器官的过程受阻,常见于上呼吸道狭窄性疾患(如鼻炎、喉水肿、异物梗阻或呼吸道外部有病变压迫)。

(2)呼气延长:特征是呼气时间显著延长,表示肺内气体呼出受阻,此为支气管腔狭窄,肺的弹性不足所致。其常见于细支气管炎、慢性肺气肿等病程。

(3)间断性呼吸:特征是在吸气或呼气过程中,出现“吸-停-吸-停”,或“呼-停-呼-停”的多次短暂呼吸现象。其常见于细支气管炎、慢性肺气肿、胸膜炎和伴有疼痛的胸腹部疾病,也见于呼吸中枢兴奋性降低时,如脑炎、中毒性疾病和濒死期。

(4)陈-施二氏呼吸:又称潮式呼吸,特征为呼吸开始由浅、弱逐渐加强、加深、加快直达高峰,然后又逐渐变弱、变浅、变慢,最后呼吸中断数秒乃至 15～30 s 后,又重复上述方式呼吸,如此反复交替,出现波浪式的呼吸节律。这种呼吸节律的出现表明病情严重,在临床上主要见于各种脑病、心力衰竭、某些中毒性疾病和呼吸中枢兴奋性减退等(图 2-10)。

(5)毕欧特氏呼吸:特征是呼气和吸气分成若干个短促的动作,即数次连续的、深度大致相同的深呼吸和呼吸暂停交替出现,是呼吸中枢兴奋性极度降低的表现,表示病情危重。其在临床上主要见于各种脑膜炎、胸膜炎、慢性肺气肿、脑炎、某些中毒性疾病和尿毒症(图 2-11)。

(6)库斯茂尔氏呼吸:又称大呼吸,特征为吸气与呼气均显著延长,发生深而慢的大呼吸,呼吸次数少但不中断,常伴有狭窄音或鼾声等呼吸杂音。这种呼吸节律的出现表明呼吸中枢机能衰竭已达晚期,病情危重,见于酸中毒、尿毒症及濒死期家畜等,偶尔见于脑脊髓炎、脑水肿和大失血(图 2-12)。

图 2-10 陈-施二氏呼吸

图 2-11 毕欧特氏呼吸

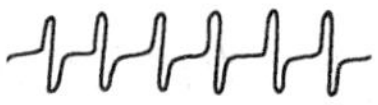

图 2-12 库斯茂尔氏呼吸

4. 呼吸的对称性

健康家畜呼吸时,两侧胸壁起伏的强度完全一致的,称为对称性呼吸。当一侧胸壁患疾病时,患侧胸廓的呼吸运动显著减弱或消失,而健侧胸廓的呼吸运动出现代偿性加强,这称为不对称性呼吸,常见于一侧胸膜炎、肋骨骨折、气胸和胸腔积液等。当胸部疾病遍及两侧时,胸廓两侧呼吸运动均减弱,但以病变较重的一侧减弱更为明显,这也属于不对称性呼吸。

5. 呼吸困难

健康家畜不需特殊用力,呼吸运动加强,同时伴有呼吸频率改变和呼吸节律异常,有时呼吸类型也发生改变,并且辅助呼吸肌参与活动,呈现一种复杂的病理性呼吸障碍,这称为呼吸困难。高度的呼吸困难,称为气喘。呼吸困难是呼吸器官疾病的一个重要症状,但当其他器官患有严重疾病时,也可出现呼吸困难的症状。根据引起呼吸困难的原因及其表现形式,有以下3 种类型。

1)吸气性呼吸困难

其特征是吸气用力,吸气时间显著延长,辅助吸气肌参与活动,常伴发特异的吸入性狭窄音(口哨音)。如病畜吸气时鼻孔开张,头颈平伸,四肢广踏,胸廓明显扩张,肘部外展,肛门内陷,某些动物张口伸舌。再则,吸气时间显著延长,常伴有特异的吸入性狭窄音,是上呼吸道狭窄的特征,见于鼻腔狭窄、喉水肿、马腺疫、血斑病、猪传染性萎缩性鼻炎、鸡传染性喉气管炎等。

2)呼气性呼吸困难

其特征为呼气时间显著延长,呼气时非常用力,或有辅助呼气动作的出现,如呼气时腹部起伏动作明显,可出现连续二次呼气运动,这称为二段呼吸。当高度呼吸困难时,沿肋弓出现的一条较深的凹陷沟,称为喘沟,又称喘线或息痨沟;同时可见脊背弓曲,肷窝变平。由于腹部肌肉强力收缩,腹内压力加大,故呼气时肛门常突出,吸气时肛门反而下陷,这称为肛门抽缩运动。呼气性呼吸困难是肺组织弹性减弱和细支气管狭窄,肺泡内气体排出困难的特征,见于急性细支气管炎、慢性肺气肿和胸膜肺炎等。

3)混合性呼吸困难

该症状在临床上最多见。其特征是吸气和呼气均发生困难,同时伴有呼吸次数的增加,吸气和呼气鼻孔均扩张。这是由于呼吸面积减少,气体交换不全,血液中二氧化碳浓度增高,引起呼吸中枢兴奋的结果。按其发生原因可分为以下 6 种类型。

肺源性:主要由肺和胸膜疾患引起,可见于各型肺炎、胸膜肺炎、急性肺水肿及侵害呼吸器官的传染病,如猪霉形体肺炎、猪肺疫、山羊传染性胸膜肺炎和马传染性贫血。

心源性:为心脏机能不全的主要症状之一,其发生原因是心脏衰弱,血液循环障碍,肺换气受到限制,导致缺氧和二氧化碳滞留。此时,除混合性呼吸困难外,还常伴有明显的心血管症状,运动后心悸和气喘的现象更为突出,肺部可闻湿啰音。该症状常见于心内膜炎、心肌炎、创伤性心包炎和心力衰竭。

血源性:在个体严重贫血时,因红细胞和血红蛋白减少,血氧不足,导致呼吸困难,尤以运动后更显著。该症状可见于各种类型的贫血、血孢子虫病、马传染性贫血和血液寄生虫疾病。

中毒性:内源性中毒,如瘤胃酸中毒、酮血病和严重的胃肠炎;外源性中毒,如亚硝酸盐中毒、有机磷农药中毒、水合氯醛中毒、吗啡及巴比妥中毒。

中枢神经性:脑部疾病因颅内压增高和炎性产物刺激中枢而引起呼吸困难,主要见于脑膜炎、脑出血、脑肿瘤。破伤风毒素可使中枢的兴奋性增高,导致中枢神经性呼吸困难。

胃肠原性:由腹压升高直接压迫并影响膈肌活动所致,主要见于急性胃扩张、急性瘤胃臌气、肠臌气、肠阻塞、肠变位和腹腔积液。

6. 呃逆

呃逆是病畜所发生的短促的急跳性吸气,是膈神经受到刺激后,膈肌发生有节律的痉挛性收缩所引起,故又称之为"膈肌痉挛"。临床表现为腹部或肷部节律性跳动,因此也称其为"跳肷"。其常见于某些中毒性疾病(棉籽饼中毒等)、胃扩张、肠便秘、消化不良等。

(二)呼出气、鼻液和咳嗽的检查

1. 呼出气的检查

对呼出气的检查应注意两侧鼻孔呼出气流的强度、温度和气味的检查。

1)呼出气流的强度检查

可用双手置于两鼻孔前感觉,或在寒冷季节直接观察呼出的气流而判断。健康家畜两侧鼻孔呼出气流的强度相等。当一侧鼻腔狭窄,一侧鼻窦肿胀、肿瘤、炎症、积脓或大量积液时,患侧鼻孔呼出的气流小于健侧,并常伴有呼吸的狭窄音。当两侧鼻腔同时存在病变时,两侧鼻孔的呼出气流则以病变较重的一侧小于另一侧。

2)呼出气的温度检查

健康家畜呼出的气体稍有温热感。呼出气的温度升高,见于上呼吸道炎症、肺炎及其他发热性疾病;呼出气的温度显著降低,见于内脏破裂、大失血、严重的脑病和中毒性疾病,以及濒死期病畜。

3)呼出气的气味检查

用手将病畜呼出的气体扇向检查者的鼻端而嗅闻。健康家畜呼出的气体一般无特殊气味。如呼出气有难闻的腐败气味,见于上呼吸道或肺的化脓性或腐败性炎症、肺坏疽、霉菌性肺炎等;呼出气有丙酮臭味,见于反刍兽酮血病。

2. 鼻液的检查

鼻液是呼吸道黏膜的分泌物或炎性渗出物。健康动物都有其特殊的排鼻液的方式,如马、骆驼、猪、羊等动物均以喷鼻的方式排出鼻液,牛、犬、猫等动物则用舌舔去鼻液,故在所有健康动物的鼻腔内都看不见其鼻液或仅有少量浆液性鼻液。若动物的鼻腔内出现大量鼻液,则为病理现象。鼻液的病理变化主要包括鼻液的数量和鼻液性质的变化。这些变化对诊断呼吸器官疾病有着重要的参考价值。

1)鼻液数量的检查

鼻液数量主要取决于疾病发展时期、程度及病变性质和范围。

少量鼻液:常见于呼吸器官轻度炎症或急性炎症初期、慢性呼吸道疾病过程中,如上呼吸道炎症、急性支气管炎及肺炎的初期以及慢性鼻炎、慢性咽喉炎、慢性气管炎、慢性鼻疽、慢性肺结核等。

多量鼻液:主要见于急性呼吸道疾病的中、后期,如急性鼻炎、急性咽喉炎、肺脓肿破裂、肺坏疽、大叶性肺炎的溶解期、马腺疫、流行性感冒、急性开放性鼻疽、牛肺结核、牛恶性卡他热、犬瘟热、食道阻塞、鼻旁窦炎和喉囊炎。一侧性鼻液见于一侧性鼻炎、一侧性副鼻窦炎、一侧性喉囊炎。两侧性鼻液见于双侧性鼻炎及喉以下的呼吸道炎症。

鼻液时多时少:在诊断上有特殊的意义。若动物自然站立时仅有少量鼻液,当低头或运动时,突然从一侧鼻腔流出多量鼻液,以后终日不见或仅有少量鼻液,这是额窦、颌窦、喉囊炎的主要症状;如从两侧鼻腔流出多量鼻液,见于肺坏疽。

2)鼻液性状的检查

由于炎症性质和病理过程的不同,鼻液可分为以下几种类型。

浆液性鼻液:特征是清淡如水样,无色透明,鼻液中含有少量白细胞、上皮细胞和黏液。若出现掉到地上而不粘在鼻孔周围的鼻液,表明有呼吸道卡他性炎症的存在,如急性鼻卡他、马腺疫的初期、流行性感冒初期。

黏液性鼻液:特征是蛋清样或粥状,鼻液中含有多量黏液,黏稠张力大,有鼻液时呈棒槌状或线状粘在鼻孔周围或悬吊着,有腥臭味,因混有脱落的上皮细胞和白细胞而呈灰白色,常见于呼吸道卡他性炎症的中期或恢复期,以及慢性呼吸道炎症的过程。

脓性鼻液:特征是黏稠混浊,呈糊状、似凝乳状或凝集成块,具有脓味或恶臭味,因其感染的微生物种类不同而呈黄色、灰黄色或黄绿色。鼻液中含有多量中性白细胞和黏液。这种鼻液为化脓性炎症的特征,常见于化脓性鼻炎、鼻旁窦炎、肺脓肿破裂、马腺疫、羊鼻疽。

腐败性鼻液:特征是鼻液污秽不洁,呈褐色或暗褐色,鼻液中含有腐败坏死组织,有恶臭和尸臭味,是腐败性细菌作用于组织的结果。其多见于马腺疫、肺坏疽、异物性肺炎和腐败性支气管炎等。

出血性鼻液：这种鼻液因出血的数量和部位不同呈现的颜色也不同。一般鼻液带血丝、有凝血块及全血，表明有鼻黏膜肿瘤、出血性鼻炎等鼻出血现象；粉红色或鲜红色并带有一些小气泡，表明有肺水肿、肺充血或肺出血；在患炭疽、出血性败血病、猪传染性萎缩性鼻炎时，也有出血性鼻液。

铁锈色鼻液：特征是鼻液为均匀的铁锈色，这是大叶肺炎和传染性胸膜肺炎的特征。

鼻液对称性的检查：一侧性鼻液见于一侧鼻腔、鼻旁窦的炎症，两侧性鼻液见于两侧性鼻腔、鼻旁窦和喉囊以及喉以下部位的炎症过程中。

3)鼻液中的混杂物的检查

气泡：主要见于肺水肿、肺充血、肺出血、肺气肿、慢性支气管炎。

唾液：主要见于咽炎、咽麻痹、食管炎、食道阻塞、食道痉挛、食道肿瘤。

饲料碎片或呕吐物：见于吞咽和咽下障碍的疾病，如咽炎、咽麻痹、食管炎、食道阻塞、食道痉挛、食道肿瘤以及严重的胃肠疾病，如马的液滞性胃扩张、幽门痉挛、十二指肠阻塞和小肠变位。

胃液：见于马急性胃扩张。

4)鼻液中的弹力纤维的检查

检查弹力纤维时，取 2～3 mL 鼻液放于试管中，加入等量的10%的氢氧化钠(钾)溶液，在酒精灯上边振荡边加热煮沸，使其中的黏液、脓汁及有形成分溶解，而弹力纤维并不溶解。加热煮沸，直到变成均匀一致的溶液后，加 5 倍蒸馏水混合，然后离心沉淀5～10 min，取少许沉淀物滴于载玻片上，加盖玻片镜检。弹力纤维呈透明的折光性较强的细丝状弯曲物，如羊毛状，且有双层轮廓，两端尖或呈分叉状，常集聚成乱丝状(图 2-13)。弹力纤维的出现表示肺组织溶解、破溃或有空洞存在，见于异物性肺炎、肺坏疽、肺脓肿和肺结核等。

图 2-13 鼻液中的弹力纤维

3. 咳嗽的检查

咳嗽是动物体的一种保护性反射动作，借以排出呼吸道内的炎性分泌物和异物等，同时也是呼吸器官疾病过程中最常见的一种症状。当喉、气管、支气管、肺、胸膜等部位发生炎症或受到异常刺激时，呼吸中枢兴奋，在深吸气后声门关闭，继之以突然剧烈的呼气，则气流猛烈冲开声门，形成一种爆发的声音，即为咳嗽。咳嗽虽为保护性反射，但也为病理状态。

单纯性鼻炎、鼻旁窦炎往往不引起咳嗽症状，喉、气管、支气管、肺和胸膜的疾患一般可出现强度不等、性质不同的咳嗽。通常喉及上呼吸道对刺激最为敏感，因此患喉炎及气管炎时咳嗽最为剧烈。

检查咳嗽的方法：可听取病畜的自然咳嗽，必要时常采用人工诱咳法。如健康牛短时间闭塞鼻孔，可使之引起深呼吸即可诱发咳嗽；小动物对刺激反应灵敏，除上述方法外，可拉起背部皮肤，压迫或叩击胸壁，均能引起咳嗽。检查咳嗽时，应注意其性质、频度、强度和是否带有疼痛感。

1)咳嗽按性质分类

干咳：在呼吸道内无分泌物或仅有少量黏稠的分泌物时发生。其特征是咳嗽无痰，咳嗽声音清脆，干而短，见于喉、气管异物、慢性支气管炎、急性支气管炎的初期和胸膜炎。

湿咳：呼吸道内积有多量稀薄的渗出物时发生。其特征是咳嗽有痰，咳声钝浊，湿而长，咳嗽时往往从鼻孔流出多量鼻液，见于急性咽喉炎、支气管炎、支气管肺炎、肺脓肿、肺坏疽等。

疼咳：咳嗽时伴有疼痛。其特征是咳嗽短而弱，病畜伸颈摇头，前肢刨地，尽力抑制咳嗽，且有呻吟和惊慌现象。这表明有胸壁、胸膜、肺、气管、膈肌等部位疼痛性疾病，如呼吸道异物、异物性肺炎、急性喉炎、喉水肿和胸膜炎，以及长期的咳嗽等。

2)咳嗽按频度分类

稀咳：即为单发性咳嗽，经过较长时间，才发生1～2声咳嗽，待呼吸道分泌物或异物被排除后则咳嗽停止，常反复发作而带有周期性，见于感冒、流感、呼吸道急性炎症初期、慢性支气管炎、肺结核、鼻疽和肺丝虫病等。

频咳：频繁而连续发作的咳嗽，严重时呈痉挛性咳嗽，见于急性喉头炎、气管炎、传染性上呼吸道卡他、弥漫性支气管炎、猪气喘病、猪肺疫、猪蓝耳病、山羊支原体肺炎等。

痉咳：即痉挛性咳嗽或发作性咳嗽，咳嗽具有突发性和暴发性，咳嗽剧烈而痛苦，且连续发作，见于呼吸道受到强烈刺激时、慢性支气管炎和肺坏疽。

3)咳嗽按强弱分类

强咳：当肺组织弹性正常，且分泌物黏稠，咳嗽无痛时发生。其特征是咳嗽有力而强大，见于无痛性呼吸道疾病，如咽喉炎、慢性支气管炎和急性喉炎的初期。

弱咳：当肺组织和毛细支气管有炎症和浸润性病变或肺泡气肿而弹性降低时，其特征是咳嗽无力，咳声低弱，见于细支气管炎、支气管肺炎、胸膜炎、肺气肿和胸腔积液等。

(三)上呼吸道的检查

上呼吸道检查包括鼻腔、鼻旁窦、喉囊、喉和气管的检查。

1. 鼻的检查

(1)外部观察：鼻孔周围组织可发生各种各样的病理变化，如鼻翼周围肿胀、水疱、脓疱、溃疡和结节。

(2)鼻孔周围组织肿胀：可见于血斑病、纤维素性鼻炎、异物刺伤及某些传染病如口蹄疫、炭疽、气肿疽及羊痘。

(3)鼻孔周围的水疱、脓疱及溃疡：可见于猪传染性水疱病、脓疱性口膜炎。牛的鼻孔周围结节见于牛丘疹性口膜炎和牛坏死性口膜炎。

(4)鼻甲骨增生、肿胀：见于严重的骨软症、鼻甲骨萎缩、牛放线菌病、慢性氟中毒、鼻旁窦炎等，鼻盘翘起或歪向一侧是猪传染性萎缩性鼻炎的特征。

(5)鼻部发痒：可表现经常向周围物体上摩擦，小动物常用前肢搔痒，主要见于萎缩性鼻炎、鼻卡他、鼻腔内外寄生虫、异物刺激及吸血昆虫的刺咬、饲料中含有过多灰尘等。长期的擦痒可使动物鼻部皮肤擦破，甚至引起炎症。

长期流鼻液时，鼻液流过的皮肤失去色素而形成的一条白色斑条，称为“鼻分泌沟”。

2. 鼻黏膜的检查

(1)检查方法。鼻黏膜的检查方法主要是视诊和触诊。将病畜的头抬起，使鼻孔对着阳光或人工光源，即可观察鼻黏膜的病理变化。对于因鼻孔深或鼻翼软骨下陷的大动物(如马)无法直接看清的情况下，可用手指或开鼻器打开或扩张鼻孔，是鼻黏膜充分暴露，再进行检查。

(2)检查内容。观察鼻黏膜时应注意其颜色、有无肿胀、水疱、结节、溃疡、瘢痕及肿瘤等，如怀疑患有鼻疽时，注意应戴口罩、眼镜、手套等，进行防护。

颜色：健康家畜鼻黏膜颜色为红色或淡红色，有些牛鼻孔附近的鼻黏膜上常有棕褐色色素沉着，检查时应注意。在病理情况下，鼻黏膜的颜色也有潮红、发绀、苍白、黄染，以及出血斑点等变化，其临诊意义与结膜的颜色变化大致相同。

肿胀：健康动物的鼻黏膜表面湿润而有光泽，呈颗粒状。鼻黏膜肿胀时表面光滑平坦，颗粒消失，闪闪发光，触诊有柔软增厚感，即为肿胀的表现。这主要见于急性鼻炎、马腺疫、流行性感冒、马鼻疽、牛恶性卡他热、犬瘟热。

水疱：鼻黏膜出现水疱，由粟粒大到黄豆大小，有的水疱破溃形成糜烂，主要见于口蹄疫和猪传染性水疱病。

结节：初期呈现浅灰色，后期呈黄白色，由粟粒大到黄豆大小，界限清晰，周围有红晕者为鼻疽结节，多分布在鼻中隔黏膜。

溃疡：鼻黏膜溃疡有表层和深层之分。表层溃疡见于鼻炎、血斑病和牛恶性卡他热等；深层溃疡多为鼻疽性溃疡，其形如喷火口状，边缘隆突，溃底深，并盖以灰白色或灰黄色白膜，严重的溃疡可造成鼻中隔穿孔，为马鼻疽溃疡的特征。

瘢痕：鼻中隔下部的瘢痕多为创伤所致，一般浅而小，呈弯曲状或不规则。鼻疽性瘢痕大而厚，以星芒状为其特点，多位于鼻中隔上。

肿瘤：比较少见，一般呈疣状突起，大小不一，形态各异，有蒂或无蒂，与基部黏膜紧密相连，一个或多个，有出血或无出血。鼻腔肿瘤的确切性诊断，需做病理组织学检查。

3. 鼻旁窦的检查

视诊：注意其外形变化，额窦和上颌窦部位隆起、变形多见于窦腔积脓、骨软症、骨质软化症、肿瘤、牛恶性卡他热、创伤和局限性骨膜炎。牛上颌窦区的骨质增生性肿胀，可见于牛放线菌病。

触诊：注意其敏感性、温度和硬度，触诊必须两侧对照进行。窦区病变较轻时，触诊变化往往不明显，触诊时敏感和温度增高，见于急性鼻旁窦炎和急性骨膜炎；局部骨壁凹陷并有疼痛反应，见于创伤；窦区隆起、变形、触诊坚硬、疼痛不明显，常见于骨软症、肿瘤和放线菌病。

叩诊：对窦区进行先轻后重的叩打，同时两侧对照，以确定音响是否发生变化。健康家畜的窦区呈清晰而高朗的空盒音，如叩诊出现浊音，常见于窦腔积脓或被异常组织充塞，见于鼻旁窦蓄脓、肿瘤以及骨质增生。

4. 喉及气管的检查

1)外部检查

视诊：注意有无肿胀，是冷肿还是热肿。喉部肿胀，常由于喉部皮肤和皮下组织水肿或炎性浸润所致。马的喉部肿胀，见于咽喉炎、喉囊炎和马腺疫和某些中毒性疾病等，牛的喉部肿胀，见于牛肺疫、炭疽、恶性水肿、化脓性腮腺炎、放线菌病、创伤性心包炎，其中，牛气管及垂皮处冷肿，多见于创伤性心包炎；猪的喉部肿胀，见于急性猪肺疫、猪水肿病和炭疽；羊的喉部肿胀，见于其各种寄生虫病，尤其是肝片形吸虫病。患某些过敏性疾病也会出现喉部肿胀而影响呼吸。

触诊：注意有无肿胀、增温、疼痛反应和咳嗽。喉部触诊时，有热感，病畜感到疼痛，拒绝触压，并发咳嗽，多为急性喉炎的表现。喉黏膜上有黏稠分泌物、水肿、狭窄和声带麻痹时，触诊可感到喉头震颤，似喉壁有明显的波动(图 2-14)。

听诊：听诊主要是判断喉和气管呼吸音有无改变。在听诊健康动物喉部时，可以听到一种类似“赫”的声音，其称为喉呼吸音。喉呼吸音的病理变化常见的有呼吸音增强、狭窄音和啰音。①呼吸音增强即喉呼吸音强大粗厉，见于各种原因引起的呼吸困难的病畜。②狭窄音类似口哨声、呼噜声或拉锯声，有时声音相当强大，以致距病畜数十步远都可听到，是由喉及气管狭窄和变形引起的，常见于喉水肿、咽喉炎、喉和气管炎、喉肿瘤及马腺疫。③喉返神经麻痹时所出现的狭窄音，称为喘鸣音，其特征是在吸气时可听到一种吹哨音、咆哮性或喘鸣性喉头狭窄音，这是喉返神经麻痹引起喉头和声带麻痹的结果，主要见于马属动物的喘鸣症。④啰音，当喉和气管内有分泌物存在时可出现啰音，如液体黏稠，可听到干啰音，如“咝咝”声；如液体稀薄则出现湿啰音。

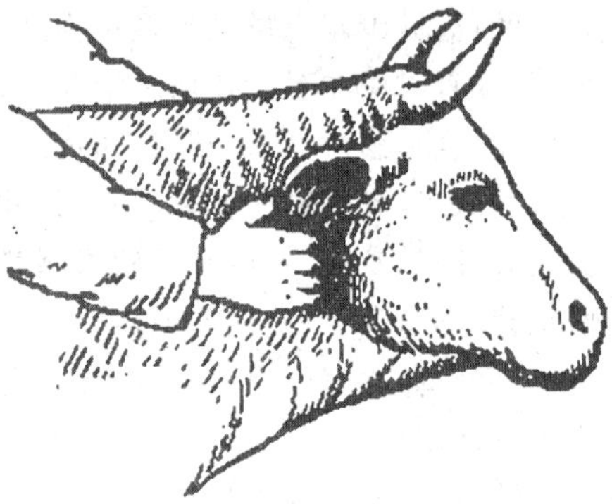
图 2-14 牛咽喉部触诊

2）内部检查

内部检查主要应用直接视诊。检查时，可使动物头略为高抬，用开口器打开口腔，将舌拉出口外，并用压舌板压下舌根，同时对着阳光或人工光源，即可视诊喉黏膜。视诊大家畜时可借助喉气管镜或喉镜进行检查；视诊家禽时可用两手分开上下喙开口，用指头压下舌根进行检查。检查时应注意喉黏膜有无肿胀、出血、溃疡、渗出物和异物。

（四）胸肺部的检查

胸肺部的检查是呼吸系统检查的重点。一般用视诊、触诊、叩诊和听诊检查，其中以叩诊和听诊最重要、最常用，必要时可应用 X 线检查、实验室检查和其他特殊检查。

1. 胸廓的视诊

视诊的内容包括胸廓的形状，胸部皮肤的变化、对称性、有无病变和肿胀及念珠状突起。健康的动物胸廓的大小、形状因动物的种类、品种、年龄、营养及发育状态不同而有较大的差异。但在正常情况下，其胸廓两侧对称，脊柱较平直，肋骨穹隆，肋骨间隙宽度均匀，呼吸也对称。在病理情况下，胸廓的形状可能发生异常变化。

桶状胸：特征为胸廓向两侧扩大，左右横径显著增加，呈圆桶形；肋骨的倾斜度减少，肋间隙变宽。其常见于胸膜炎和严重肺气肿。

扁平胸：特征为胸廓狭窄而扁平，其左右横径显著狭小，呈扁平状。其可见于各种骨软症、营养不良和慢性消耗性疾病，如有的动物胸骨柄明显向前突出，常常伴有肋骨与肋软骨结合处有串株状肿胀（主要见于钙磷代谢障碍、佝偻病、骨软症等），还可见于牛、羊的慢性氟中毒。

两侧胸廓不对称：表现为患侧胸壁平坦而下陷，肋间隙变窄，而对侧常呈代偿性扩大，致使两侧胸壁明显不对称，见于肋骨骨折、单侧性胸膜炎、胸膜粘连、骨软症和代偿性肺气肿等，此时呼吸的均匀性也发生改变。此外，脊柱的病变也可导致胸廓变形，检查时必须两侧对照比较来确定病变的部位和性质。

胸廓皮肤的变化：应注意创伤、鞍伤、皮下气肿、丘疹、溃疡、结节、胸前和胸下浮肿及局部肌肉震颤。胸廓的创伤、鬐甲部鞍伤等外科疾病，一看便知；胸壁皮下气肿，多见于外伤；肺气肿及牛的黑斑病甘薯中毒，有时发生于气胸。马的胸侧沿淋巴管分布的结节和溃疡性病变应考虑皮肤鼻疽和流行性淋巴管炎。

胸壁的散在性扁平丘疹：常提示荨麻疹；伴有痒感的小结节样疹、水疱以至皮肤增厚、脱毛落屑等应考虑螨病或湿疹。

胸前、胸下的浮肿：多见于创伤性心包炎、心力衰竭、重度贫血和营养不良等。此外，患渗出性胸膜炎时，可见胸下有大面积浮肿，并常伴有局部的热痛反应。

肘后、肩胛和胸壁肌肉震颤：常见于发热病的初期，在患疼痛性疾病（如马腹痛病）、中毒性疾病、某些代谢性疾病和神经系统疾病时也可见到。

2. 胸壁的触诊

胸壁的触诊主要检查其温度、敏感性、震颤和有无变形等，对于判断某些病变的性质，确定胸膜摩擦感等都有一定的意义。

胸壁温度：胸壁局部温度增高，可见于炎症、脓肿；胸侧壁的温度增高，可见于胸膜炎，此时务必左右对照检查和有无组织损伤等变化。

敏感性：触诊时病畜骚动不安、回顾、躲闪、反抗或呻吟等，表示胸壁有疼痛感，见于胸膜炎、肋骨骨折、胸壁的皮肤、肌肉或肋骨发炎等疼痛性疾病。此时易与胸廓敏感相混淆，因此检查时应注意，可先轻抚动物，使其习惯后再进行触压检查。

胸膜的震颤：表现为皮毛有一些轻微的颤动。这是由于患胸膜炎时，胸膜表面沉积纤维蛋白而变粗糙，呼吸时胸膜的脏层与壁层之间发生摩擦而产生，触诊胸廓可感知震颤。当支气管内啰音粗大时，触诊胸壁也有轻微的震颤感，这称为支气管震颤，见于异物性肺炎和肺脓肿破溃等，胸腔积水时运动也可产生胸廓震颤。

肋骨局部变形：见于佝偻病、骨软症、慢性氟中毒和肋骨骨折等。

皮下气肿：胸部皮下组织有气体积存时，称为皮下气肿。气体在皮下组织内移动，可出现捻发音，严重者气体可由胸壁皮下向颈部、腹部或其他部位的皮下蔓延，多见于间质性肺气肿，如牛的黑斑病甘薯中毒。

3. 胸、肺的叩诊

叩诊是胸、肺检查的重要方法之一，目的在于了解胸腔内各脏器的解剖关系和肺在正常体表的投影，根据肺叩诊区和叩诊音的变化来判定胸腔和肺的物理状态，从而为诊断疾病提供重要的依据。同时叩诊也是一种刺激，根据动物的反应，来判断胸膜的敏感性或疼痛反应等。

1)叩诊方法

大家畜主要用槌板叩诊法。本法引起的振动深而广，有利于深在病变的发现。叩诊时，一只手持叩诊板，顺着肋间隙纵放、密贴；另一只手持叩诊槌，以腕关节为轴，垂直地向叩诊板上做短促的叩击。一般每点连续叩击两三下，再移至另一处，应叩完整个肺部，进行对比分析，而不应该孤立地叩诊某一点或某一部分。

小动物则用指指叩诊法。即以左手中指作为叩诊板，而以弯曲的右手中指作为叩诊槌。在叩诊时，板指要密贴于肋间隙并和肋间隙平行，其他手指宜略微抬起，勿与体表接触；叩指要与叩击部的体表垂直，以腕关节的活动为主，避免肘关节和肩关节参加运动。叩击的动作要灵活、短促、富有弹性。

2)叩诊胸、肺时的注意事项

叩诊胸、肺时，应注意：①必须在较为宽敞的室内进行，才能产生良好的共鸣效果，若房屋狭小或在露天进行往往不能获得满意的结果。②叩诊时室内要安静，避免任何嘈杂声音的干扰。③叩诊力量的强、弱或轻、重应依体壁的厚、薄和病灶的深、浅而定。胸壁厚，病变深在，宜用重叩诊；反之，胸壁薄，病变浅在，则用轻叩诊。④小家畜比大家畜轻。为确定叩诊区和病变的界限时，宜用轻叩诊。叩诊时，强度要均匀一致，切勿一轻一重，如此才能比较两侧对称部位的音响。但为了探查病灶的深、浅及病变的性质，轻、重叩诊可交替使用。因为轻叩诊不易发现处于深部的病变，重叩诊不能查出浅在的小病灶。⑤叩诊胸、肺时，不仅要有正确的叩诊方法，而且还要准确地判断叩诊音的变化，为此必须熟悉正常的叩诊音，只有这样才能发现和辨别病理性叩诊音。当发现病理性叩诊音时，应与对侧相应部位的叩诊音比较判断。⑥叩诊胸、肺时，要注意病畜的表现，有无咳嗽和疼痛不安的现象出现。

3)健康家畜肺的叩诊区

叩诊健康家畜的肺时，产生清音的区域为肺的正常叩诊区，表示肺在体表投影的可检查部分，并不代表肺的实际大小，因肺的前部被发达的肌肉和骨骼所掩盖，以致不能用叩诊检查，肺的后界随呼吸略有变动。

牛肺的叩诊区比马的叩诊区小，也为近似三角形。其背界与马的相同，前界自肩胛骨后角沿肘肌向下划“S”状曲线，止于第4肋间；后下界自背界的第12肋骨上端开始，向前、向下经髋结节水平线与第11肋间相交，经肩关节水平线与第8肋间相交，终止于第4肋间(图2-15)。

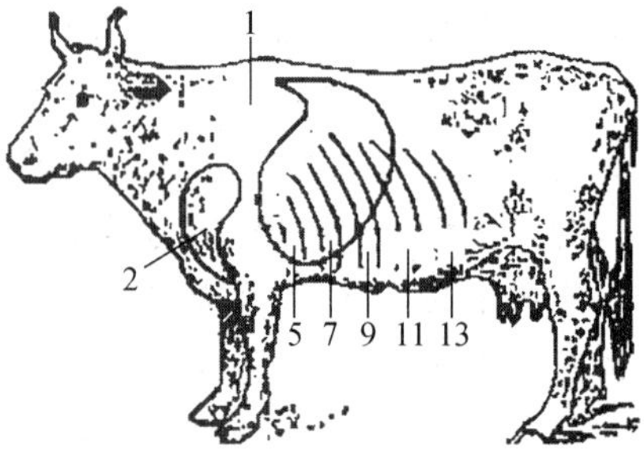

图2-15 牛肺的叩诊区

1. 髋结节水平线 2. 肩关节水平线

5、7、9、11、13分别为相应肋骨

猪肺的叩诊区：前界与马相同，上界距背中线4～5指宽，后界由第11肋骨处开始，向前、向下经坐骨结节水平线与第9肋间的交点，经肩关节水平线与第7肋间的交点，而止于第4肋间的弧线(图2-16)。

犬肺的叩诊区为真正的三角形。其前界距背中线4～5指宽；后界由第11肋骨处开始，向下、向前经坐骨结节水平线与第9肋间之交点，肩关节水平线与第7肋间之交点而止于第4肋间(图2-17)。

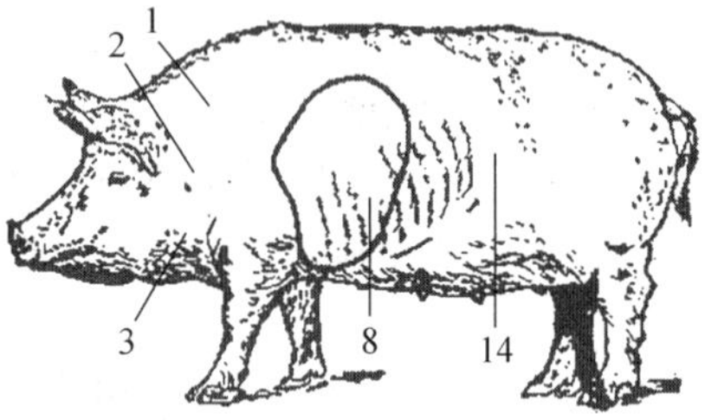

图2-16 猪肺的叩诊区

1. 髋结节水平线 2. 坐骨结节水平线

3. 肩关节水平线 8、14分别为相应肋骨

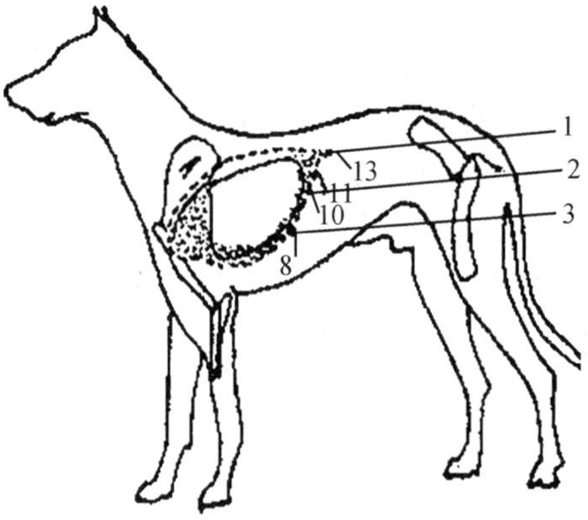

图2-17 犬肺的叩诊区

1. 髋结节水平线 2. 坐骨结节水平线

3. 肩关节水平线 8、10、11、13分别为相应肋骨

4)叩诊区的病理变化

叩诊时，动物表现回顾、躲闪、反抗等不安现象，常见于胸膜炎，尤以病初最为明显；肺叩诊区扩大是肺过度膨胀或胸腔积气的结果，当肺过度膨胀时，则心绝对浊音区缩小，肺界后移，见于肺气肿、气胸；肺叩诊区缩小多为腹腔器官膨大、腹腔积液、心包积液压迫肺组织引起；后下界前移，见于急性胃扩张、急性瘤胃臌气、肠臌气、腹腔积液等；后下界后移，见于心包积液。

肺的正常叩诊音：大动物肺区的中1/3叩诊时呈清音，其特征是音响较长，响度较大，音调较低，而肺区的上 1/3 和下 1/3 的叩诊音较弱，肺的边缘则带有半浊音性质。但小动物，如犬、猫、兔等，由于其肺中空气柱振幅较小，故肺区叩诊音稍带鼓音性质，似高朗的钟鸣音。肺部叩诊病理音示意图如图 2-18 所示。

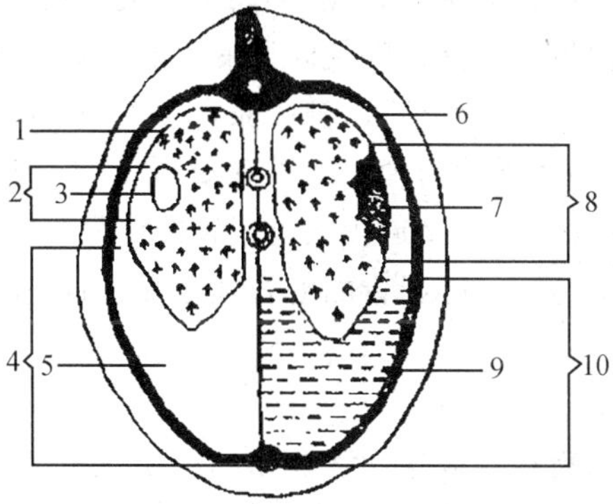

图 2-18　肺部叩诊病理音示意图

1. 肺　2. 鼓音　3. 空洞　4. 鼓音　5. 气胸　6. 肋骨　7. 病灶　8. 浊音　9. 积水　10. 水平浊音

浊音、半浊音：大片状浊音区见于大叶性肺炎，也可见于马传染性胸膜肺炎、牛肺疫、牛出血性败血病和猪肺疫等；局灶性浊音区或半浊音区见于小叶性肺炎、肺脓肿、肺坏疽、肺结核等；水平浊音是指叩诊上界呈水平状态的浊音区，说明胸腔内有一定量的液体存在，可见于渗出性胸膜炎和胸腔积液等。

鼓音：当肺泡内含有气体和液体，弹性降低，传音增强，或病、健肺组织掺杂存在，其周围健康组织叩诊呈鼓音。当患气胸时，胸腔有大量气体，叩诊呈鼓音；当患胸腔积液时，在水平浊音界之上叩诊呈鼓音；当患肺脓肿、肺坏疽、肺结核、鼻疽、牛肺疫等疾病引起的肺空洞时叩诊呈鼓音。

过清音：为清音和鼓音之间的一种过渡性声音，类似敲打空盒的声音，故又称为空盒或匣音，主要见于肺气肿。

破壶音：类似叩击破瓷壶所产生的声音，见于有与支气管相通的大空洞形成，如肺脓肿、肺坏疽和肺结核等形成的大空洞。

金属音：如叩打金属容器发出的声音。当肺有大的含气空洞，且位置浅在，洞壁光滑时，能够叩出此声音。

4. 胸、肺部的听诊

1)听诊的方法

听诊胸、肺部时，一般用听诊器进行间接听诊。听诊区同叩诊区或稍大，在听诊区内应普遍进行听诊。听诊时，宜先从肺部的中 1/3 开始，由前向后逐渐听取，其次为上 1/3，最后为下 1/3，每一听诊点的距离为 3～4 cm，每一听诊点应听取 2～3 次呼吸音。如发现异常呼吸音，应在附近及对侧相应部位进行比较，以确定其性质。如呼吸微弱，呼吸音响不清时，可使病畜做短暂的运动或短时间闭塞鼻孔后，引起深呼吸，再进行听诊。另外，听诊时应在室内安静条件下进行，避免受到外界因素的影响。

2)生理性呼吸音

肺泡呼吸音：在健康动物的胸部可听到类似轻读“呋”的肺泡呼吸音，这是由空气通过毛细支气管及肺泡入口处狭窄部而产生的狭窄音与空气在肺泡内的旋涡流动时所产生的音响构成。其特征是吸气时明显，尤以吸气末期显著，呼气时由于肺泡转为弛缓，故肺泡呼吸音短而弱，仅在呼气初期可以听到。肺泡呼吸音在肺区中 1/3 最为明显。在各种动物中，按肺泡呼吸音由强到弱的顺序依次为犬、猫、羊、牛、马。幼年动物比成年动物的肺泡呼吸音强。

支气管呼吸音：一种类似将舌抬高而呼气时所发出的"赫"音，是由空气通过声门裂隙时产生气流旋涡所致。此音沿气管、支气管传入，健康家畜的支气管呼吸音在颈部喉、气管处明显。

支气管呼吸音有生理的和病理的两种。对于健康马，由于解剖生理的特殊性，肺部听不到支气管呼吸音；在其他动物肺区前部，接近较大支气管的体表处，可听到支气管呼吸音，但并非纯粹的支气管呼吸音，而是带有肺泡呼吸音的混合性呼吸音；犬在其整个肺部都能听到明显的"呋""赫"混合性呼吸音。

3)病理性呼吸音

肺泡呼吸音增强：肺泡呼吸音普遍性增强是指整个肺区均增强，是呼吸中枢兴奋，呼吸运动和肺换气加强的结果，常见于热性病；肺泡呼吸音局限性增强，是病变侵害一侧或部分肺组织，使其呼吸机能减退或消失，而健侧肺或无病变的部分呈代偿性呼吸机能亢进的结果，常见于支气管肺炎和大叶性肺炎；肺泡呼吸音粗厉，是由于毛细支气管黏膜充血肿胀，使肺泡入口处狭窄、肺泡呼吸音异常增强，常见于支气管炎、肺炎等。

肺泡呼吸音减弱或消失：肺泡弹力降低引起的，见于肺气肿；支气管、肺泡被异物或炎性渗出物阻塞引起的，见于细支气管炎、肺炎；胸壁肥厚，呼吸音传导受阻引起的，见于胸腔积液、胸膜炎、胸壁水肿和纤维素性胸膜炎；胸壁疼痛，使呼吸运动障碍引起的，见于胸膜炎、肋骨骨折；支气管和肺泡被完全阻塞，气体交换障碍，见于大叶性肺炎、传染性胸膜肺炎。腹部疾病使膈肌活动受到限制，进入肺泡的气量减少而引起的，见于腹腔积水、腹腔肿瘤、瘤胃臌气、肠阻塞、变位等。

病理性支气管呼吸音：在马的肺部及其他家畜正常范围外的其他部位听诊时出现支气管呼吸音的，都是病理现象。这是肺实变的结果，是肺组织的密度增加，传音良好所致。其在临床上见于各型肺炎、传染性胸膜肺炎、广泛性胸膜肺炎、广泛性肺结核、牛肺疫、猪肺疫及胸腔积液等。

病理性混合性呼吸音：当较深部的肺组织发生炎性病灶，而周围被正常肺组织遮盖，或浸润实变区和正常肺组织掺杂存在时，则肺泡呼吸音和支气管呼吸音混合出现，这称为病理性混合性呼吸音。其见于小叶性肺炎、大叶性肺炎的初期和散在性肺结核，有时也见于胸腔积液的上方。

啰音：伴随呼吸而出现的附加音响，是一种重要的病理特征。按其渗出物性质分为干啰音和湿啰音。

①干啰音是支气管炎的典型症状。干啰音的发生机理主要有两点：一是支气管狭窄，由于支气管黏膜炎症(如黏膜充血、水肿、分泌物堵塞及黏液腺肿大)、支气管痉挛及支气管受压迫(如肿瘤压迫)，导致支气管管腔狭窄，当气流通过狭窄部时产生一种狭窄音；二是支气管内有黏稠液体存在，当空气通过含有黏稠分泌物的支气管时，气流冲击黏液丝条或薄膜引起振动而产生的声音。干啰音在吸气和呼气时均能听到，但在吸气时最清楚。干啰音容易变动，可因咳嗽、深呼吸而有明显减少、增多和移位，或时而出现、时而消失。其音调强，长而高朗，似蜂鸣、笛音、哨音。广泛性干啰音见于弥漫性支气管炎、支气管肺炎、慢性肺气肿及犊牛和羊的肺线虫病；局限性干啰音见于慢性支气管炎、肺结核、间质性肺炎等。

②湿啰音(水泡音)是支气管炎的表现。按其发生部位不同分为大、中、小湿啰音 3 种。湿

啰音发生的机理，一是当支气管内有稀薄液体（如渗出液、漏出液、分泌液及血液）存在时，气流通过液体引起液体的移动或水泡破裂而产生的声音；二是气流冲动液体形成疏密不均的泡沫或气体与液体混合而呈泡沫状移动时产生的声音；三是肺部存在含有液体的较大空洞（如支气管与空洞相通），气流冲击空洞内液体发生振动，或支气管口位于液面下，均可发生湿啰音。湿啰音的性质类似用一小管吹空气入水中时产生的呈沸腾及含漱音等声音。湿啰音在呼气和吸气时均可听到，但在吸气末期明显。由于稀薄分泌物可随纤毛上皮运动及呼吸道气流冲动和咳嗽活动而移位或被排除，故咳嗽后可暂时消失，但经短时间之后又重新出现。其见于支气管炎、支气管肺炎、肺水肿及异物性肺炎等。

捻发音：一种极细微而均匀的“啪啦”音。该音的性质类似在耳边用手捻搓一束头发时产生的声音。捻发音发生的机理是肺泡内含有渗出液、漏出液，肺泡被其黏合起来，但并非完全实变，当吸气时黏着的肺泡突然被气体冲开，或毛细支气管黏膜肿胀并被黏稠分泌物黏着，吸气时黏着的部分又被分开而产生的特殊爆裂音，即捻发音。捻发音一般出现于吸气末期，或在吸气顶点最明显，大小一致，稳定而长期存在，不因咳嗽而消失。捻发音的出现，提示肺实变，主要见于细支气管炎、大叶性肺炎的充血期及溶解期、肺充血和肺水肿的初期。

胸膜摩擦音：正常胸膜壁层和脏层之间湿润而有光泽，呼吸运动时不产生声音。当胸膜发炎时，由于纤维蛋白沉着，其变为粗糙不平，在呼吸运动时，两层粗糙的胸膜面互相摩擦而产生摩擦音。摩擦音的特点是干而粗糙，声音接近体表，且呈断续性，吸气与呼气时均可听到，但一般多在吸气之末与呼气之初较为明显。摩擦音的强度极不一致，有的很强，粗糙而尖锐，如搔抓声；有的很弱，柔和而细，犹如丝织物摩擦的声音。摩擦音的强度与病变的性质、位置、面积大小、两层胸膜接触的程度，以及呼吸时胸廓运动的强度有关。摩擦音常发生于肺移动最大的部位，即肘后、肺叩诊区下 1/3、肋骨弓的倾斜部。有明显摩擦音的部位，触诊可感到有胸膜摩擦感和疼痛表现。胸膜摩擦音为纤维素性胸膜炎的特征。但即使没有听到胸膜摩擦音，也不能排除纤维素性胸膜炎的存在。这是由于摩擦音常出现于胸膜炎初期。当胸膜腔中存在一定数量的渗出液而将两层胸膜隔开时，则摩擦音会消失，直至渗出物吸收期，摩擦音才又重新出现；当胸膜发生粘连时，也听不到摩擦音。摩擦音通常只在若干小时内可以听到，但也可能保持数天或更长时间。摩擦音可见于大叶性肺炎、各型传染性胸膜肺炎、胸膜结核及猪肺疫。此外，在高度脱水时也可发生胸膜摩擦音。

拍水音：类似拍击半满的热水袋或振荡半瓶水发出的声音；当胸腔积液时，病畜随着呼吸运动、突然改变体位或心搏动冲击液体所产生的声音。其主要见于渗出性胸膜炎和胸腔积液等。

在听诊肺部时，常可听到与呼吸无关的一些杂音，这些杂音往往干扰听诊，特别是初学者有时会将其误认为呼吸音。在这一类声音中，有吞咽食物、嗳气、呻吟和肌肉震颤引起的声音，以及心音及胃肠蠕动音，对此应特别予以注意。病理性呼吸音的共同特点为常伴随呼吸运动而出现，并且动物表现出呼吸器官的其他症状，而杂音的发生则与呼吸运动无关。

（五）呼吸器官、系统疾病的主要综合征

在临床上以呼吸活动的加强与加快，出现不同类型及不同程度的呼吸困难，呼吸形式和呼吸节律的改变，黏膜发绀，并伴有咳嗽和鼻液等症状组成呼吸器官、系统的一般综合征。

1. 上呼吸道疾病的综合征

鼻腔及鼻旁窦、喉、气管等上部呼吸道的疾病，通常表现有喷嚏或咳嗽、鼻液增多及吸入困

难为主的呼吸紊乱以及有关的局部病变，黏膜发绀及其他较为轻微的全身变化等综合征。

当有喷嚏、鼻液和轻微的吸气困难时，见有鼻黏膜潮红、肿胀，可作为鼻炎诊断的依据。

单侧脓性鼻液，兼有鼻道狭窄和吸气困难，应检查鼻旁窦。如颌面部肿胀、变形，局部表现敏感，提示鼻窦炎或鼻窦蓄脓。

频繁而剧烈的咳嗽，同时咽喉局部伴有肿胀、热痛反应，是喉炎的特征。

2. 支气管及肺部疾病的综合征

鼻液、咳嗽、气喘、发绀等一般性症状，肺部听诊、叩诊时出现明显的病理学变化，较为明显的整体状态变化，共同组成肺部疾病的综合征。

以一定数量的浆液性鼻液与湿性咳嗽为基础，以肺部听诊的明显湿啰音为特征，伴有中等的发热及精神沉郁、食欲减退等一般症状而组成的综合征，提示支气管炎的临床诊断。

肺浸润、实变的特征性综合征：肺部听诊有成片或局限性肺泡呼吸音减弱甚至消失区域，而其余部位却见肺泡呼吸音的代偿性增强；叩诊出现与前者相应的成片或局限性的浊音或半浊音区；X 线的透视或摄影可见相应的阴影变化。

在肺听诊的小湿啰音及叩诊浊鼓音的基础上，伴有严重的呼吸困难及大量的混有小泡沫的浆性鼻液，同时具有心力衰竭的临床症状，提示肺充血或肺水肿。

3. 胸膜疾病的综合征

在呼吸困难、咳嗽、黏膜发绀等一般性症状的基础上，如有胸壁敏感、叩诊的水平浊音或听诊的胸膜摩擦音等典型症状，为胸膜疾病的综合征。

患胸膜炎时的呼吸困难，多为混合性。单纯的胸膜炎，咳嗽多为干性或呈疼痛性，并无鼻液，胸壁敏感在病的初期最为明显，叩诊的水平浊音或听诊的胸膜摩擦音等典型症状，可作为胸膜炎诊断的基本根据。

三、消化系统的检查

消化系统包括口腔、咽、食道、胃、肠及肝、脾、胰等。消化系统结构复杂、发病率高，尤其是幼畜及老龄家畜发病率更高，直接影响动物营养的消化吸收，进而影响机体的生长发育及生产性能的发挥。而且许多传染病、寄生虫病及中毒性疾病常并发消化系统疾病。因此，仅靠物理学方法检查，往往很难确诊，如胃肠寄生虫病与普通胃肠疾病不易鉴别，急性胃肠炎与急性肝炎不易鉴别，慢性胃肠炎与慢性肝炎不易鉴别。有条件时还应根据需要对动物的血液、尿液、粪便进行实验室检查和 X 线、B 超、腹腔镜等特殊检查。

(一)饮食状况的检查

食欲和饮欲是动物对采食饲料及饮水的需求，食欲的好与坏，对消化系统疾病及其他许多疾病的诊断和预后判定都有一定价值。在临床检查中，主要通过问诊向畜主了解家畜采食和饮水的情况，在此基础上也可直接观察或进行饲喂试验，同时必须注意饲料的种类与品质、饲喂方法、更换饲养员、独居、母子分离、怀孕、泌乳以及环境条件等因素。这些条件的突然改变，会使动物的食欲、饮欲暂时受到一定的影响。

判定动物的食欲和饮欲状态，主要根据其采食的数量，采食持续时间的长短，咀嚼的力量和速度，吞咽情况，还可参考腹围大小等综合条件。在病理状态下，食欲和饮欲可发生以下改变。

(1)食欲减退：动物表现为不愿采食、采食量减少或喜欢采食一种饲料。这是许多疾病的共有症状，主要见于消化器官本身疾病、一切热性病、疼痛性疾病、消化和代谢紊乱等。

(2)食欲废绝：动物表现为拒食饲料。这是病情严重的表现，主要见于重剧的消化道疾病、急性热性病、某些烈性传染病和全身衰竭等。

(3)食欲不定：动物表现为食欲时好时坏，变化不定。其主要见于慢性消化不良，如胃溃疡、胃肠卡他。

(4)食欲亢进：动物表现为采食量显著增加。其主要见于肠道寄生虫病、早期妊娠、发热之后、饥饿和重病的恢复期。

(5)异嗜癖：动物表现为食欲紊乱，采食异物(如泥土、煤渣、垫草、污水及被毛等)。这是体内必需氨基酸、矿物质、维生素、微量元素代谢紊乱及神经功能异常的特征，主要见于佝偻病、骨软症、微量元素和维生素缺乏症及猪蛔虫病、狂犬病、伪狂犬病。

(6)饮欲减退：动物表现为不愿意饮水或饮水量减少。其可见于伴有意识昏迷的脑病及某些胃肠病，如马骡腹痛病初期、消化道疾病初期以及伴有昏迷症状的脑病等。病畜恐水，主要提示狂犬病。

(7)饮欲废绝：动物表现为拒绝饮水。这是病情危重的表现，主要见于重症的传染病和重症的内科病。

(8)饮欲增加：动物表现为口渴多饮、贪饮或狂饮。在病理情况下，这主要见于一切热性病、剧烈腹泻、剧烈呕吐、大量出汗、慢性肾炎、渗出性胸膜炎和腹膜炎以及猪食盐中毒和牛真胃阻塞等。

(二)采食、咀嚼和吞咽

1. 采食异常

各种动物在正常状态下，其采食方式各有特点。动物采食异常表现为采食不灵活，或不能用唇、舌采食，或采食后不能利用唇、舌运动将饲料送至臼齿间进行咀嚼，见于唇、舌、齿、下颌骨、咀嚼肌疾患，如口炎、舌炎、齿龈炎、异物刺入口腔黏膜、下颌关节脱臼、下颌骨骨折。某些神经系统疾病，如面神经麻痹、破伤风时咀嚼肌痉挛，以及脑和脑膜的疾病，均可引起采食障碍。

2. 咀嚼障碍

动物咀嚼障碍表现为咀嚼缓慢无力，或因疼痛而中断，有时将口中食物吐出，然后又重新采食，严重的甚至完全不能咀嚼。其主要见于口膜炎、舌及牙齿疾病、骨软症、慢性氟中毒、面神经麻痹、下颌骨折等。虚嚼：口腔内没有食物但动物仍然表现咀嚼动作，主要见于马腹痛病、传染性脑脊髓炎、破伤风和某些中毒性疾病；见于牛胃肠卡他、前胃弛缓、创伤性网胃炎和真胃疾病；也可见于猪瘟和羊的多头蚴病。

3. 吞咽困难

动物吞咽困难表现为吞咽时伸颈摇头，前肢刨地，屡次试咽而中止，吞咽时引起咳嗽并伴有大量流涎，饲料和饮水经鼻孔返流等。其主要见于咽部与食道疾病，如咽炎、咽麻痹、咽痉挛和咽肿瘤，三叉神经、面神经、舌咽神经、迷走神经、舌下神经疾患，以及食管阻塞、食管炎、食管痉挛或麻痹、食管狭窄等。

(三)反刍、嗳气和呕吐

1. 反刍

反刍是反刍动物特有的生理功能。反刍是指反刍兽采食后周期性地将瘤胃内的食物返回口腔，重新细致地咀嚼再咽下的复杂过程。反刍通常在安静、伏卧或轻役时进行。正常情况下，动物在被饲喂后0.5～1 h开始反刍，每昼夜反刍4～8次，每次反刍持续30～50 min，每次返回口腔的食团再咀嚼40～60次（水牛40～45次）。

在病理情况下，动物反刍时表现为反刍迟缓、反刍停止、反刍疼痛。反刍迟缓表现为反刍兽开始出现反刍的时间延迟，每昼夜反刍的次数减少，每次反刍持续时间过短，咀嚼无力，时而中止，每昼夜反刍的次数、每个食团的再咀嚼的次数减少，是前胃机能障碍的表现，常见于前胃弛缓、瘤胃积食、瘤胃臌气、创伤性网胃炎、热性病、中毒性疾病、代谢病和脑病。反刍停止表现为反刍兽完全不反刍，是前胃机能高度障碍的表现，主要见于前胃弛缓、创伤性网胃炎或严重的全身性慢性消耗性疾病，如结核病后期、恶病质。反刍疼痛表现为反刍咀嚼时反刍兽呻吟不安，是创伤性网胃炎的特征。

2. 嗳气

嗳气是反刍动物正常的消化活动。嗳气是指反刍兽通过瘤胃收缩和腹肌压迫，将瘤胃内食物发酵产生的气体经过食道、口腔和鼻腔排出体外的过程。一般牛每小时进行嗳气活动20～30次，羊9～11次。可以通过视诊和听诊的方法检查动物的嗳气活动。嗳气可在左侧颈部沿食道沟处看到由下向上的气体移动波，有时还可听到嗳气的咕噜音。

在病理情况下，动物嗳气时表现为嗳气增多、嗳气减少、嗳气停止。嗳气增多是瘤胃食物发酵过程增强的结果，主要见于瘤胃臌气之初或使用药物碳酸氢钠之后。嗳气减少常由于瘤胃内微生物活力减弱、发酵过程降低、气体产生减少、瘤胃兴奋性降低、瘤胃蠕动力减弱所致，见于前胃弛缓、瘤胃积食、创伤性网胃炎、瓣胃阻塞、皱胃疾病，以及继发前胃机能障碍的热性病及传染病。嗳气停止是瘤胃机能严重降低的结果，主要可见于瘤胃内气体排出受阻（如食管阻塞）及严重的前胃收缩力不足或麻痹。嗳气停止时，如果不能及时采取急救措施，动物将很快窒息死亡。

3. 呕吐

呕吐是一种病理性反射活动，是由于延脑呕吐中枢反射地或直接地受到刺激，胃内容物不由自主地经口腔或鼻腔排出体外的过程。各种动物由于生理特点和呕吐中枢的感应能力不同，发生呕吐的情况各异。肉食兽和家禽最易呕吐；其次为猪；再次为反刍兽；马最难呕吐，一般仅有呕吐动作，当在疾病严重时才能有胃内容物经鼻孔返流的现象。根据呕吐发生的原因，可分为中枢性呕吐、末梢性呕吐和中毒性呕吐。

(1)中枢性呕吐：是由毒物或毒素直接刺激延脑的呕吐中枢而引起的。其特点是一般无恶心，胃内容物排空后仍然继续呕吐，见于脑病（如延脑的炎症过程）、传染病（如犬瘟热、猪瘟、猪丹毒）、药物（如氯仿、阿朴吗啡）的作用。

(2)末梢性呕吐：是由于延脑以外的其他器官受刺激反射性引起呕吐中枢兴奋而发生。其特点是先恶心后呕吐，直至胃内容物排空后呕吐才停止。末梢性呕吐主要由来自消化道及腹腔的各种异物、炎性及非炎性的刺激所引起，见于食管阻塞、胃扩张、胃内异物、小肠阻塞、肠炎、腹膜炎、子宫蓄脓。

(3)中毒性呕吐：可见于有机磷农药中毒、尿毒症、安妥中毒、砷中毒、铅中毒、马铃薯中毒、肝炎、肾炎、酮血病、糖尿病。

猪呕吐常见于胃食滞、肠梗阻、中毒性疾病及中枢神经系统疾病；反刍动物呕吐见于前胃及肠的疾病、中毒性疾病与中枢神经系统疾病；马呕吐见于急性胃扩张。血性呕吐物见于出血性胃炎和某些出血性疾病（猪瘟、犬瘟热和猫瘟热）；混有胆汁的呕吐物见于十二指肠阻塞，呕吐物呈黄色和绿色，为碱性反应；粪性呕吐物见于犬的大肠阻塞，呕吐物的性状和气味与粪便相同，呕吐物中有时混有毛团、寄生虫及异物等。

临床上常根据动物呕吐的特点，在其中毒时，采用催吐的措施进行救治。

4. 以反刍、嗳气紊乱为主要症状的疾病

以反刍、嗳气紊乱为主要症状的胃病症状鉴别诊断如表 2-8 所示。

表 2-8　以反刍、嗳气紊乱为主要症状的胃病症状鉴别诊断

胃病综合征	腹围基本正常	具有前胃弛缓症状	创伤性网胃心包炎		1. 网胃、心区敏感，姿势异常。 2. 静脉怒张，垂皮及胸下非炎性浮肿。 3. 心包拍水音或心包摩擦音。
			瓣胃阻塞		1. 鼻镜干燥甚至龟裂。 2. 排便次数减少甚至停止，粪便呈算盘球样。 3. 蠕动音消失。
			真胃变位	左方变位	1. 多数于分娩前、后突然发病。 2. 局限性膨大，具有典型的听、叩诊钢管音，冲击触诊有液体振荡音。 3. 直肠检查时于瘤胃左侧可摸到膨满的皱胃。
				右方变位	1. 急性型有明显腹痛及重度腹泻。 2. 局部膨大，触、听、叩诊变化同左方变位。 3. 亚急性型发病缓慢，无腹痛，触、听、叩诊变化同急性。
		前胃弛缓	原发性		去除病因，对症治疗，健康很快恢复。
			继发性		1. 患酮血病时，呼出气带有丙酮臭味，尿酮体增多，有时出现神经症状。 2. 患肝片形吸虫病时，粪便内可检出肝片虫卵。 3. 患泰勒焦虫病时，多在炎热季节发病，血检可发现虫体。
	腹围膨大	瘤胃酸中毒			1. 采食谷物饲料后突然发病，病程短，死亡率高。 2. 全身症状重剧，排稀软便或水便。 3. 重症者有明显的神经症状。 4. 血浆二氧化碳结合力下降。
		瘤胃积食			1. 左侧肷窝平坦，腹下部轻度膨大。 2. 胃内容物增多，有黏性、硬感，呈生面团样。 3. 蠕动音初期增强，后期减弱乃至消失。
		瘤胃臌气	急性原发		1. 发病迅速。 2. 有采食多量易发酵饲料的病史。 3. 左侧肷窝明显凸出甚至高过脊柱。
			慢性继发		反复发作，病程长，发病缓慢。

(四)口腔、咽和食道的检查

1. 口腔检查

1)开口方法

(1)徒手开口法。检查牛时，检查者站于牛头侧方，可先用手轻拍牛的双眼，在其闭眼的瞬间，以一只手的拇指与食指捏住鼻中隔或握住鼻环向上提举，另一只手的食指与中指由口角伸入口内，将牛舌向外拉出即可。如牛骚动不安，可先用绳索固定牛角或头部(图 2-19)。针对羊的徒手开口法是用两手的拇指、中指分别自口的两侧将上、下唇自口角压入齿列间，同时上、下用力拉开口腔即可。

(2)开口器开口法。牛开口器开口法是当开口器前端达到牛口角时，将把柄旋转，即可打开口腔进行检查或处理。对猪用开口器开口时，由助手紧握猪的两耳进行保定，检查者将猪用开口器平直伸入猪口内，待开口器前端达到口角时，将把柄用力下压，即可打开口腔进行检查或处理(图 2-20)。

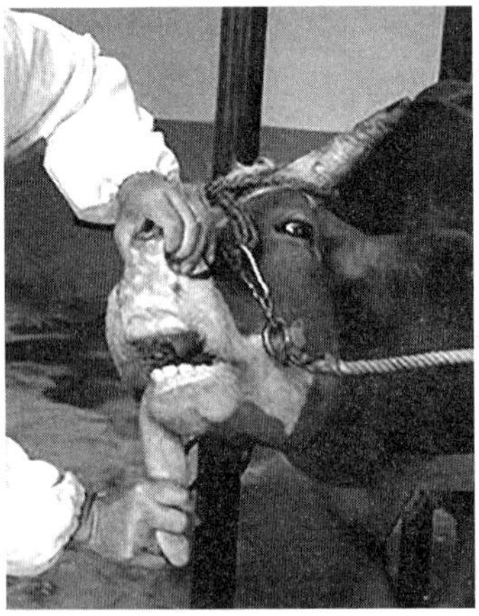

图 2-19　牛徒手开口法

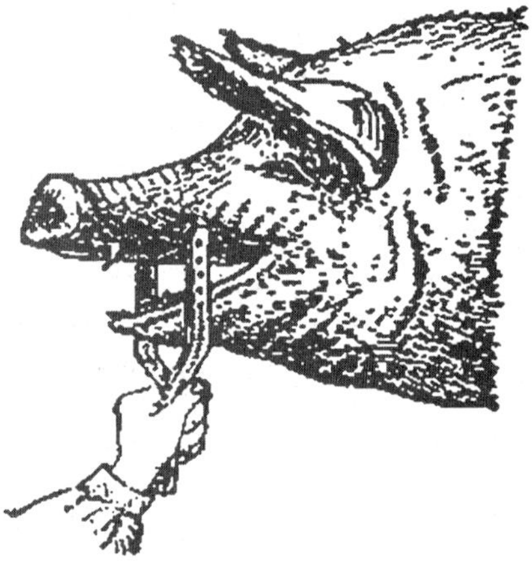

图 2-20　猪开口器开口法

2)口腔检查的内容

(1)口唇。除老龄家畜外，健康家畜两唇紧闭、对合良好。在病理情况下，动物口唇表现为唇下垂(见于面神经麻痹、马霉玉米中毒、狂犬病、唇舌损伤和炎症、下颌骨骨折及重剧性疾病)、唇歪斜(见于一侧性面神经麻痹、猪萎缩性鼻炎)、唇紧张性闭锁(见于破伤风、脑膜炎及士的宁中毒)、唇肿胀(见于口黏膜的深层炎症和血斑病)、唇部疱疹(见于口蹄疫、马传染性脓疱口炎、猪传染性水疱病)、唇部结节溃疡和瘢痕(见于口蹄疫、黏膜病、马鼻疽和流行性淋巴管炎)。

(2)流涎。动物表现口腔分泌物增多并自口角流出，主要是吞咽困难或唾液腺受到刺激分泌增加的结果。健康家畜口腔稍湿润，无流涎现象。动物大量流涎，乃是由异物刺激(如麦芒、金属等异物刺伤口腔)、口炎及伴发口炎的传染病(如传染性水疱病、口蹄疫)、吞咽或咽下障碍性疾病(如咽炎或食管阻塞)、中毒性疾病(猪的食盐中毒和鸡的有机磷中毒)及营养障碍(犬的烟酰胺缺乏、坏血病)所致。

(3)气味。动物在生理状态下，口腔内除在采食之后，可有某种饲料的气味外，一般无特殊臭味。当动物患消化机能障碍的某些疾病时，口腔上皮脱落及饲料残渣腐败分解而发生臭味，见于热性病、口腔炎、肠炎及肠阻塞等；当动物患有齿槽骨膜炎时，可发生腐败臭味；当奶牛患有酮血症时，可发生丙酮臭味。

(4)黏膜。口腔黏膜的检查包括温度、湿度、颜色和完整性。口腔温度升高见于口炎及各种热性病；口腔温度降低见于重度贫血、虚脱及病畜濒死期。口腔湿度降低见于一切热性病、马骡腹痛病及长期腹泻等；口腔湿度增加见于口炎、咽炎、狂犬病、破伤风等。口腔黏膜颜色的病理变化表现为潮红、苍白、黄染、发绀，其诊断意义与其他部位的可视黏膜(如结膜、鼻黏膜、阴道黏膜)颜色变化的意义相同，其中，口腔黏膜的极度苍白或高度发绀，提示预后不良。口腔黏膜的完整性表现为口腔黏膜出现红肿、发疹、结节、水疱、脓疱、溃疡、表面坏死、上皮脱落，牛、羊可见于口蹄疫、恶性卡他热及维生素缺乏症，猪可见于传染性水疱病、口蹄疫、痘疮，马可见于脓疱性口炎。鸡发生白喉、牛发生坏死杆菌病时，口腔黏膜上常附有伪膜。

(5)舌头。舌苔是舌表面上附着的一层灰白、灰黄、灰绿色上皮细胞沉淀物，是由胃肠消化不良引起的一种保护性反应。舌苔灰白见于热性病初期和感冒，舌苔灰黄见于胃肠炎；舌苔薄白，一般表示病情轻或病程短；舌苔黄厚见于病情严重和病程长久。

健康动物舌转动灵活且有光泽，其颜色与口腔黏膜相似，呈粉红色。当循环高度障碍或缺氧时，舌色深红或呈紫色；如果舌色青紫、舌软如绵则常提示病情危重、预后不良；木舌(舌硬如木，体积增大)致使口腔不能容纳而垂于口外，可见于牛放线菌病；舌麻痹可见于某些中枢神经系统疾病(如各型脑炎)的后期和饲料中毒(如霉玉米中毒、肉毒梭菌中毒)；舌体横断性裂伤多见于衔勒所致。猪的舌下和舌系带两侧有高粱米粒大乃至豌豆大的水疱状结节，是猪囊尾蚴的特征。

舌体咬伤是由中枢神经机能紊乱如狂犬病、脑炎引起的。马舌体横断性裂伤，多为外伤所致。

(6)牙齿。牙齿病患主要为对合不整齐、牙齿磨灭不整、尖锐齿、过长齿、赘生齿、波状齿、龋齿及牙齿松动、脱落、损坏。这些现象多为矿物质缺乏所致，常见于骨软症。牙齿上有黄褐色或黑色斑点的，多见于氟中毒。

2. 咽的检查

当病畜表现为吞咽障碍，尤其是伴随着吞咽动作有饲料或饮水从鼻孔流出时，应做咽部检查。检查方法主要是视诊和触诊，视诊注意其头颈姿势及咽部周围是否有肿胀；触诊可用两手在咽部左右两侧触压，并向周围滑动，以感知其温度、硬度、敏感性及肿胀的硬度和特点。

病畜头颈伸直，咽喉部肿胀，触诊有热痛反应，常见于咽炎，如幼驹发病且伴有附近淋巴结肿胀、发炎，可见于马腺疫；牛咽喉周围的硬肿，应注意结核、腮腺炎和放线菌病；猪应注意咽炭疽、链球菌病和急性肺疫；当发生咽麻痹时，黏膜感觉消失，触诊无反应而不出现吞咽动作。

3. 食道的检查

当病畜表现为吞咽障碍及怀疑食道阻塞时，应做食道检查，常用视诊、触诊和探诊的检查方法。

(1)食道视诊：注意观察吞咽动作、食物沿食管通过的情况、局部有无肿胀和波动；如果食道呈局限性膨隆，主见于食道阻塞、食道狭窄和食道憩室；如果食道呈腊肠样肿大，主见于食道扩张。

(2)食道触诊：检查者站在病畜左侧，左手放在右侧食道沟固定颈部，右手指端沿左侧颈部食道沟自上而下滑动检查，注意是否有肿胀、异物、内容物硬度、波动感及敏感反应等。当食道发炎时，触诊有疼痛反应和痉挛性收缩；当食道痉挛时，触诊食道紧张呈索状；当颈部食道阻塞时，触诊可感知阻塞物的大小、性状及性质；当胸部食道阻塞时，整个食道膨大如腊肠样，触诊呈捏粉状。

(3)食道探诊：通过胃管检查胸部食道疾病的一种方法，同时也是一种有效的治疗手段。根据胃管进入的长度和动物的反应，可确定食道阻塞、狭窄、憩室和炎症发生的部位，并可提示胃扩张的可疑。根据需要可借助胃管抽取胃内容物进行实验室检查，如食道阻塞时，则胃管到达阻塞部位即不能前进；食道憩室时，插入憩室内则不能前进，当反复提插胃管有时可以从憩室上方通过；食道扩张或狭窄时，则插入胃管困难，但饮水未见变化；食道痉挛时，则胃管前进阻力增大，如果缓慢操作有时可以通过；患食道炎时，食道探诊病畜表现为不安、咳嗽、虚嚼；急性胃扩张时，当胃管插入胃内后，可有大量酸性气体或黄绿色稀薄胃内容物从胃管排出。

4. 禽类嗉囊的检查

家禽嗉囊是食道在胸部入口前的突出部分，稍偏于右侧。嗉囊黏膜内分布有黏液腺，分泌黏液。嗉囊是积存、磨碎、浸润和软化食物的器官。其主要检查方法是触诊和视诊，注意形状、内容物的多少、软硬度及温度。嗉囊的病变可表现为软嗉、硬嗉和悬嗉。

(1)软嗉的特征：视诊嗉囊膨大，凸出于颈下部，触诊敏感并有波动，如将头部倒垂同时按压嗉囊时，可从口腔中排出液状或半液状黏性内容物并有特殊酸臭味，见于鸡新城疫及嗉囊卡他。当鸡有机磷中毒时，嗉囊可明显膨大。

(2)硬嗉的特征：坚硬或呈捏粉状，压迫时可排出少量未经消化的饲料，多见于雏鸡采食多量粗纤维饲料。如为异物阻塞时，可用触诊来确定。

(3)悬嗉的特征：嗉囊膨大而悬垂，是嗉囊阻塞、发炎的综合症状。

(五)腹部和胃肠的检查

1. 反刍动物的腹部及胃肠的检查

1)腹部的检查

母牛的内脏器官如图 2-21、图 2-22 所示。

腹部视诊，腹围增大：左腹侧上方膨大，肷窝凸出，腹壁紧张而有弹性，叩诊呈鼓音，见于急性瘤胃臌气；左腹侧下方膨大，肷窝消失，叩诊呈浊音，见于瘤胃积食；右侧腹肋弓后下方膨大，主要见于皱胃积食及瓣胃阻塞；腹部下方两侧膨大，触诊有波动感，叩诊呈水平浊音，见于腹水和腹膜炎。

腹部视诊，腹围缩小：主要见于长期饲喂不足、食欲紊乱、顽固性腹泻，以及慢性消耗性疾病，如贫血、营养不良、内寄生虫病、结核和副结核病。

腹部触诊，腹壁敏感性增强：见于急性腹膜炎和肠套叠，腹壁紧张度增高见于破伤风。

2)胃的检查

(1)瘤胃的检查。反刍动物的瘤胃占据左侧腹腔的绝大部分位置，与腹壁紧贴。瘤胃的检查通常用视诊、触诊、听诊及叩诊等方法。

视诊：在正常状态下，动物左侧肷窝部稍凹陷。如肷窝凸出与髋结节同高，见于急性瘤胃臌气；如凹陷较深，见于饥饿或长期腹泻。

触诊：瘤胃的外部触诊，目的是检查瘤胃蠕动的次数和力量。触诊时，检查者站于牛的左侧方，面向动物后方，左手放于动物背部作为支点，用右手手掌或拳放于左肷上部，用力反复触压瘤胃，或冲击触诊以判断瘤胃内容物性状，也可用恒定的力量按压感知其蠕动力量及蠕动次数。触诊正常时，瘤胃上部有少量气体，中、下部内容物较坚实。在病理情况下，瘤胃内容物性状、蠕动强度和次数，均可发生不同程度的改变。上腹壁紧张而有弹性，用力强压也不能感知胃中的内容物，表示瘤胃臌气；触诊内容物硬固或呈面团样，压痕久久不能消失，见于瘤胃积食；内容物稀软，瘤胃上部气体层增厚，蠕动减弱或消失，常见于前胃弛缓。

听诊：主要听取瘤胃蠕动音。听诊在左肷部进行，正常瘤胃蠕动音为弱的“沙沙”声，听到此音的同时，还可感觉到左肷窝部隆起，然后慢慢下降。听诊时要注意瘤胃蠕动音的强弱、蠕动次数和持续时间的长短。牛的胃的蠕动次数为每 2 min 2～5 次或每分钟 1～3 次；绵羊、山羊的胃的蠕动次数为每 2 min 3～6 次或每分钟 2～4 次，每次收缩持续时间为 15～30 s。瘤胃

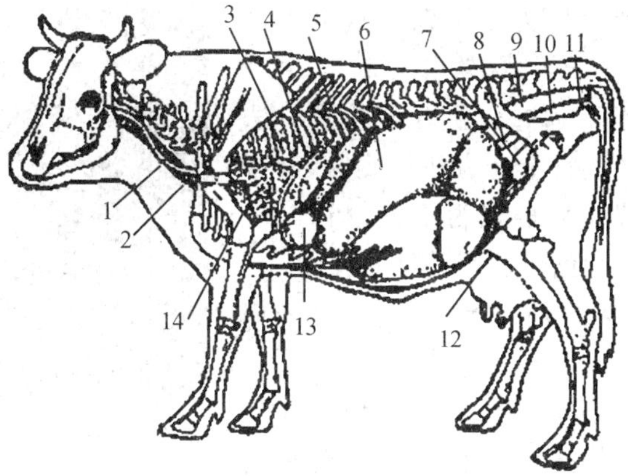

图 2-21　母牛的内脏器官(左侧)

1. 食管　2. 气管　3. 肺　4. 膈肌轮廓　5. 脾　6. 瘤胃　7. 膀胱　8. 左子宫角　9. 直肠　10. 阴道　11. 阴道前庭　12. 空肠　13. 网胃　14. 心脏

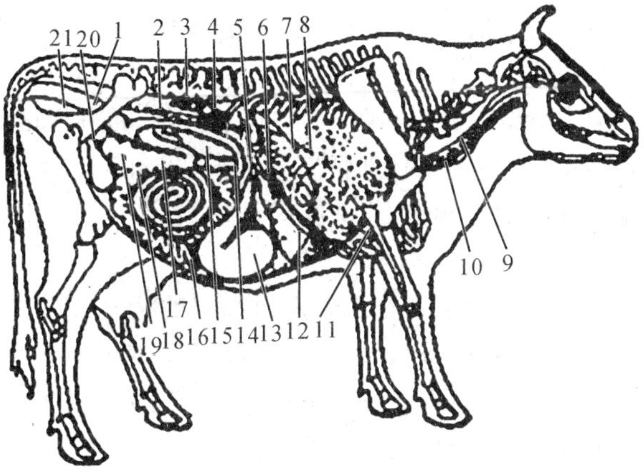

图 2-22　母牛的内脏器官(右侧)

1. 直肠　2. 腹主动脉　3. 左肾　4. 右肾　5. 肝　6. 胆囊　7. 膈肌轮廓　8. 肺　9. 食管　10. 气管　11. 心脏　12. 膈肌沿肋骨附着线　13. 真胃　14. 十二指肠　15. 胰腺　16. 空肠　17. 结肠　18. 回肠　19. 盲肠　20. 膀胱　21. 阴道

蠕动力量微弱,次数稀少,持续时间短促,或蠕动完全消失,见于前胃弛缓、瘤胃积食、热性病和其他全身性疾病;瘤胃蠕动加强,次数频繁,持续时间延长,见于急性瘤胃臌气初期,毒物中毒或给予瘤胃兴奋药物之后。

叩诊:健康牛左肷上部为鼓音,其强度依内容物及气体多少而异,由肷窝向下逐渐变为半浊音,至下部完全为浊音;如浊音范围扩大,为瘤胃积食,严重时肷窝部也为浊音;如鼓音范围扩大,则为瘤胃臌气。

(2)网胃的检查。网胃位于腹腔的下方剑状软骨突起的后方稍偏左,体表投影与第 6～7 肋间相对,前缘紧贴膈肌而靠近心脏。由于牛采食粗糙,时常将混入饲料中的金属异物吞食而沉积在网胃内,在腹压增高的情况下,造成网胃的损伤,引起损伤性网胃炎,严重的可造成创伤性心包炎。于网胃区行强力叩诊或用拳轻击;或采用蹲位姿势,将右肘支于右膝,右手握拳并抵在剑状软骨突起部，然后用力抬腿以拳顶网胃区（图 2-23）；或用一木棒横放于剑状软骨突起下，由 2 人用力上抬，然后迅速放下，通过以上几种检查方法观察动物的临床表现。在进行上述方法检查时，健康家畜无明显反应；相反若动物表现为不安、痛苦、呻吟、抗拒或企图卧地时，常为创伤性网胃炎的特征。

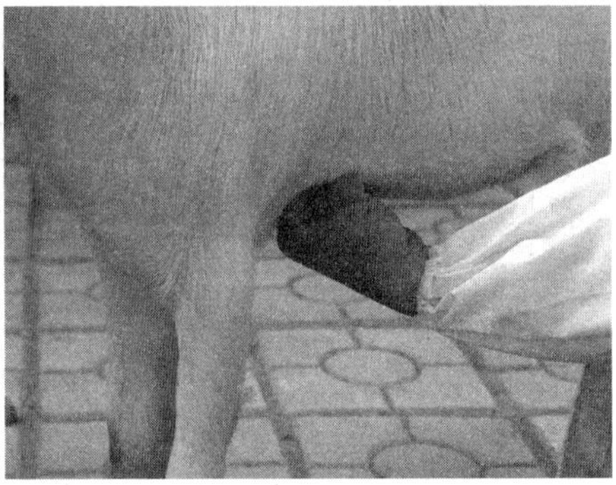

图 2-23　羊网胃的检查

视诊：非穿孔型病例表现前胃弛缓症状，且采用前胃弛缓症状治疗方法长时间不易治愈；在穿孔型病例中，动物表现为磨牙、沉郁、弓背站立、左侧肘头外展、肘后肌肉震颤、颈静脉怒张呈绳索状；在心包型病例中，动物喜欢呈前高后低站立姿势，严重时动物呈两前肢跨槽、两后肢下蹲的特殊姿势。

运动试验：驱赶病牛在陡峭的坡路上坡、下坡、急转弯等以观察动物的反应。

特殊检查：应用 X 线机和金属探测仪进行检查。

血液学检查：病初，动物白细胞总数增加，其中嗜中性白细胞增加，核左移，嗜酸性粒细胞、嗜碱性粒细胞和单核细胞减少或消失，红细胞和血红蛋白增加；后期白细胞总数降低，红细胞和血红蛋白减少，血沉加快，该法可作为该病的辅助检查方法。

病理变化：临床检查时，如病牛表现为呻吟、不安、反抗等，是网胃区疼痛反应；特殊检查为阳性结果，即可确诊创伤性网胃炎和创伤性网胃心包炎。

(3)瓣胃的检查。瓣胃在牛的右侧第 7～9 肋间，肩关节水平线上下各 3～5 cm 的范围内，一般在这个范围内进行检查。

听诊：正常瓣胃蠕动音是继瘤胃蠕动音之后发出细弱的捻发音或“沙沙”声，类似捻发音，于采食后更为明显。瓣胃蠕动音减弱或消失，见于瓣胃阻塞、严重的前胃疾病及热性病。

触诊：瓣胃的触诊法有两种：一是在右侧瓣胃区第 7～9 肋间用伸直的手指指尖实施重压触诊；二是在靠近瓣胃区的肋骨弓下部，用平伸的指尖进行冲击式或切入触诊法触诊。如动物出现疼痛不安、呻吟等敏感反应，提示瓣胃阻塞或创伤性炎症。瓣胃阻塞时瓣胃坚实、体积增大、胃壁后移。

(4)皱胃的检查。皱胃位于右腹部第 9～11 肋骨之间，沿肋骨弓下部区域直接与腹壁接触，可用视诊、触诊、叩诊和听诊的方法进行检查，其中以触诊和听诊最为重要。

视诊：检查者站在牛的正后方观察，皱胃严重阻塞扩张时，可以看到右侧腹壁皱胃区向外突出，左、右腹壁显得很不对称；皱胃右方变位时，可见右腹膨大或肋弓突出；皱胃左方变位时，可见左侧肋弓突出，而右侧原皱胃区则变得扁平。

触诊：将手指插入肋骨弓下方行强压触诊，如动物表现为回顾、躲闪、呻吟、后肢踢腹，则表示有皱胃炎、皱胃溃疡和皱胃扭转；如触诊皱胃区感到内容物坚实或坚硬，则表示为皱胃阻塞；如冲击触诊有波动感并能听到击水音，则提示皱胃扭转或幽门阻塞、十二指肠阻塞，此时应与瘤胃积液和腹腔积液相鉴别。

叩诊：在正常状态下，动物皱胃区叩诊为浊音；如叩诊出现鼓音，则提示皱胃扩张。

听诊：皱胃蠕动音类似肠蠕动音，呈流水音或含漱音；蠕动音增强，见于皱胃炎；蠕动音减弱或消失，则提示胃内容物干涸或机能减弱，见于皱胃阻塞。

3)肠的检查

反刍动物的肠管几乎全部位于体正中线的右侧。触诊若发现某段小肠变硬,形如香肠,触压时敏感疼痛,见于肠套叠。

听诊:健康反刍动物肠蠕动音短而稀少,声音也较微弱,小肠音类似含漱音、流水音,大肠音类似小的雷鸣声。

肠音增强:肠音高朗、连绵不断,见于急性肠炎、肠痉挛和内服泻剂之后;还见于肠结核、副结核、副伤寒、肝片形吸虫病等传染病和寄生虫病;另外有机磷农药中毒也可引起肠音增强。

肠音减弱:肠音短而弱、次数稀少,见于一切热性病、瓣胃阻塞引起消化道机能障碍的疾病。

肠音消失:肠音完全停止,为肠管麻痹的表现,见于肠套叠及肠便秘等。

2. 猪腹部及胃肠的检查(图 2-24)

(1)腹部的检查。腹部主要通过视诊和听诊进行检查。

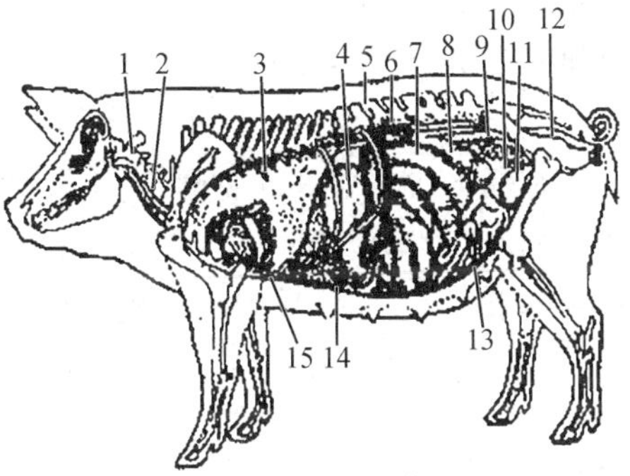

图 2-24 猪的内脏器官

1.食道 2.气管 3.肺 4.胃 5.脾 6.左肾 7.结肠 8.盲肠 9.左子宫角 10.左输卵管 11.膀胱 12.直肠 13.空肠 14.肝 15.心脏

视诊是观察腹围大小及外形有无变化。其中,腹部容积扩大除见于母猪妊娠后期及饱食不久等生理情况外,还可见于胃食滞或肠臌气、肠变位、肠阻塞、腹膜炎。腹部容积缩小见于长期饲喂不足、食欲减少、顽固性腹泻、慢性消耗性疾病(如仔猪营养不良、仔猪贫血、慢性副伤寒、猪霉形体肺炎、肠道寄生虫)及热性病。此外,视诊脐部有时可发现圆形囊状肿物,其多为脐疝。

听诊:用听诊器进行胃肠蠕动音的检查,听取胃肠蠕动音的变化。

(2)胃部的检查。猪胃的容积较大,位于剑状软骨上方的左季肋部,其大弯可达剑状软骨后方的腹底壁。视诊时如左肋下区突出,病猪呼吸困难、不安、呻吟、两前肢频频交替或呈犬坐姿势,触压胃部可引起呕吐,见于胃臌气或过食。当猪吞食刺激性食物及患某些传染病时,触压胃部也可引起呕吐。当触压猪的胃部时,如引起疼痛反应或呕吐,常提示伴发胃炎。

(3)肠管的检查。小肠位于腹腔右侧及左侧下部,结肠呈圆锥状位于腹腔左侧,盲肠大部分在右侧。肠管主要通过触诊和听诊进行检查。

触诊:检查瘦小而腹壁薄的猪时,可采取横卧保定,两手上下同时配合触压,当腹部隆起时表明有肠臌气;当结肠套叠或肠便秘时,可感知坚硬的粪串或呈块、盘状,同时伴有疼痛反应。

听诊:猪的肠音,如高朗、连绵不断,则见于急性肠炎及伴有肠炎的传染病(如大肠杆菌病、副伤寒、猪瘟及传染性胃肠炎等);肠音低沉、微弱或消失,见于肠便秘。视诊脐部有时可发现圆形囊状肿物，其多为脐疝，特点是触之柔软或有波动感，听诊可有肠音，经疝环可将肠管还纳。

3. 犬、猫胃肠的检查

因为犬、猫的腹壁较薄，常用触诊方法检查。通常用双手拇指以犬、猫的腰部做支点，其余四指伸直置于其两侧腹壁，缓慢用力感觉腹壁及胃肠的状态；也可将两手置于两侧肋骨弓的后方，逐渐向后上方移动，让内脏器官滑过指端，进行触诊。

(1)胃的检查。通常将犬、猫放在桌子上站立，也可横卧或提举前肢进行触诊。当犬、猫出现急性胃卡他、胃炎及胃溃疡时，均有胃的压痛反应，同时出现食欲减退乃至废绝及呕吐；患胃扩张时，视诊左侧肋骨后下方有膨隆，触诊时可在两侧肋下部摸到胀满、坚实的胃；患气胀性胃扩张时，经鼻腔或口腔将胃管(小犬和猫用人的导尿管)插入食管和胃进行探诊，从胃管内排出较多的酸臭气体。当胃内有异物时，胃部触诊会使犬、猫有疼痛反应，有时在其肋下部可摸到胃内的异物；胃扭转时，腹部触诊可摸到一个紧张的球状囊袋，插入胃管探诊，插入的胃管停于贲门附近，或者当用力而能推进于胃内时，则有带臭味的气体和带血的液体从管内逸出。

(2)肠管的检查。

视诊：令犬、猫站在桌子上，从后方观察腹部的轮廓、大小及性状。若犬、猫腹围膨大，见于肠臌气、肿瘤和腹腔积液。当犬、猫患结肠便秘时，于髂骨结节和季肋部之间出现局限性隆起。若犬、猫腹围缩小，见于重度腹泻、食欲废绝、慢性消耗性疾病及全身衰弱。当犬、猫患胃肠炎、高热性疾病时，营养明显不良，可见腹围极度缩小，肛门及后躯污秽不洁，且恶臭；患腹膜炎时，腹肌紧张，吊肷，弓背和后肢置于腹下；剧烈腹痛时则呈"祈祷"姿势。

触诊：通常使犬、猫原地站立，也可令其横卧或提举前肢，让主人将犬、猫的头部保定；检查者面对尾部将两手拇指置于腰部为支点，其余四指伸直于腹壁两侧，缓慢用力压迫，直至两手指端互相接触为止，以感觉腹壁、肠管及可触及的内脏器官的状态。如果将患病犬、猫的前后躯轮流高举，几乎可以触知全部腹腔的脏器。开始触压时，犬、猫的腹壁呈紧张状态，触压一会儿即行弛缓。

当犬、猫患肠炎、十二指肠虫症时，有过敏性压痛反应。当犬、猫肠秘结时，在脊柱之下和骨盆入口处之前可以摸到一根坚硬的香肠状粪条或粪块，有时可前达肝的后面或者延伸至右侧。肠套叠多发生于十二指肠与空肠、空肠与空肠、空肠与回肠之间。此时，可以摸到一个坚实而有弹性的、弯曲的、移动自如的圆柱形的肠管，有时甚至可以在一头摸到套入部的圆形末端，在另一头摸到鞘部的卷折之处，有一定弹性，此时病畜表现为剧痛反应。当犬、猫肠嵌闭时，可以在腹腔某处发现局部的触痛及臌气的肠管，有时还可以在嵌闭之处摸到一个结节；肠绞窄时，尤其与腹腔带蒂的肿瘤相缠结时，可摸到肿瘤及紧张的肿瘤蒂基部；肠扭转时，可以发现局部的触痛和臌气的肠管，有时可以摸到扭转的肠管或扭转的肠系膜；腹腔积液时，用一只手掌紧贴一侧腹壁，另一只手的手掌或手指从对侧腹壁压迫或轻轻冲击，贴于腹壁的手掌会感到波动，同时可听到水的振荡音。

听诊：健康犬、猫的肠音如捻发音。若犬、猫的肠音增强，见于急性肠卡他、胃肠炎的初期以及化学药物刺激等；肠音减弱，见于重度胃肠炎后期、肠便秘；肠音消失，见于肠麻痹、肠便秘及肠变位的后期；肠音不整，见于慢性胃肠卡他和大肠便秘的初期；肠音呈金属音，见于肠臌气。

(六)排粪动作检查及粪便的感观检查

1. 排粪动作

排粪是一种复杂的神经反射动作。在正常情况下,各种动物均采取固有的排粪动作和姿势,在病理情况下,常见于以下几种症状。

排便次数减少(便秘):由于肠道内水分减少,肠壁兴奋性降低,肠蠕动及分泌机能减弱,肠内容物向后运行速度变慢或受阻,表现为排粪费力,次数减少,粪便干硬且色深,外面附有黏液。其见于各种热性病、慢性胃肠卡他、肠阻塞、牛前胃弛缓、瘤胃积食、瓣胃阻塞。

排便次数增加(下痢):由于肠道内水分增多,肠壁兴奋性增高,肠蠕动及分泌机能亢进,肠内容物迅速通过肠道排出体外。其特点是粪呈粥状或水样,动物表现排粪频繁,见于各种类型的肠炎及伴发肠炎的各种传染病,如猪瘟、牛副结核、猪大肠杆菌病、仔猪副伤寒、传染性胃肠炎及某些肠道寄生虫病等。

排便失禁:动物表现为不自主地排出粪便,主要是肛门括约肌松弛或麻痹的结果。其见于腰荐部脊髓损伤和炎症或中枢性脑病、急性胃肠炎、长期顽固的腹泻性疾病等。

里急后重:动物屡呈排粪动作并强力努责,但每次仅排出少量的粪便或黏液,并呻吟。里急后重提示炎症已波及或侵害到直肠黏膜,见于直肠炎、结肠炎、顽固性腹泻、直肠及肛门周围的疾病。

排便疼痛:动物排粪时表现为疼痛、不安、惊恐、努责、呻吟,主要见于腹膜炎、直肠炎、结肠炎、胃肠炎和创伤性网胃炎。

2. 粪便的感官检查

即用检查者的感觉器官直接对粪便进行检查,要仔细观察粪便的气味、数量、形状、颜色及混杂物。

气味:若动物的粪便有特殊腐败味或酸臭味,见于肠炎、消化不良。

颜色:灰白色粪便,见于仔猪大肠杆菌病、雏鸡白痢;灰色粪便,见于重症小肠炎、胆管炎、胆道阻塞和蛔虫病;褐色和黑色粪便,见于胃和前部肠管出血;红色粪便,即粪球表面附有鲜红血液,见于后部肠管出血;黄色或黄绿色粪便,见于重症下痢和肝胆疾病。

混杂物:若粪便混有未消化的饲料,见于消化不良、骨软症和牙齿疾病;若粪便混有血液,见于出血性肠炎;若粪便混有呈块状、絮状或筒状纤维素,见于纤维素性肠炎;若粪便混有多量黏液,见于肠卡他;若粪便混有脓汁,见于化脓性肠炎;若粪便混有灰白色、成片状的伪膜,见于伪膜性肠炎和坏死性肠炎;若粪便混有虫卵,见于各种肠道寄生虫病。

(七)直肠的检查

直肠检查是手伸入直肠内隔着肠壁对腹腔及骨盆腔器官进行触诊的一种方法,简称直检。直检对大家畜发情鉴定、妊娠诊断、腹痛病、母畜生殖器官疾病、泌尿器官疾病具有一定的诊断价值,同时对某些疾病具有重要的治疗作用(如隔肠破结等)。

1. 准备工作

动物六柱栏站立保定,马的左、右后肢应分别以夹套固定于柱栏下端,以防后踢;为防卧下及跳跃,要加腹带及肩部压绳;尾部向上或一侧吊起。术者剪短并磨光指甲,穿胶靴,戴围裙,戴上一次性长臂薄膜手套,涂肥皂水或石蜡油润滑。对腹围增大的病畜应先行盲肠穿刺术或瘤胃穿刺术放气，否则腹压过高，不宜检查。对腹痛剧烈的病畜应先给予镇静剂，对心脏衰弱的病畜应先给予强心剂，然后再检查。

一般可先用适量的温肥皂水灌肠，排出积粪，松弛肠壁，以便于检查。

2. 操作方法

对动物进行直检时，术者站于病畜的左后方，以右手检查。检查时五指并拢呈圆锥形，先用手指触压肛门，给动物一个信号，然后旋转插入肛门并向前伸入直肠，如遇粪球可用手取出，如膀胱积尿，可下压膀胱，排出尿液；病畜骚动努责时可停止前进或稍后退，待其安静后再慢慢深入，直至将手伸到直肠狭窄部后（此部壁厚、结实、活动范围大），即可进行检查（努则退，缩则停，缓则进）；如病畜努责过甚，可用 1% 的普鲁卡因 10～30 mL 行后海穴封闭，使直肠及肛门括约肌松弛以便于检查。

3. 检查顺序与内容

（1）肛门及直肠检查。其主要检查动物肛门的紧张程度及其附近有无寄生虫、黏液、血液、肿瘤等，并注意直肠内容物的多少与性状，黏膜的温度及湿度等。

（2）骨盆腔内部检查。术者的手稍向前下方即可摸到动物的膀胱、子宫等，若膀胱空虚，可感知呈梨形的软物体；若膀胱过度充盈，感觉似一球形囊状物，有弹性和波动感。通过触诊检查动物的骨盆壁是否光滑，有无脏器充塞和粘连现象；如后肢呈现跛行，须检查有无盆骨骨折。

（3）腹腔内部检查。牛腹腔内部检查：肛门→直肠→骨盆→耻骨前缘→膀胱→子宫→卵巢→瘤胃→盲肠→结肠袢→左肾→输尿管→腹主动脉→子宫中动脉→骨盆部尿道。

4. 病理变化

若脾、胃后移，胃膨大，提示马胃扩张；若小结肠，大结肠的盆骨曲、胃状膨大部或左上、左下大结肠，盲肠，十二指肠等部位发现较硬的积粪，提示动物各部位的肠便秘；若大结肠及盲肠内充满气体，腹内压过高，提示肠臌气；若发现异常硬实肠段，触诊敏感，并有部分肠管呈臌气者，多疑为肠套叠或肠变位；若右侧腹腔触之异常空虚，可怀疑真胃左方变位。当动物发生肠系膜栓塞时，检查肠系膜动脉根部有明显的动脉瘤。

（八）肝和脾的检查

1. 肝的检查

肝是机体的重要代谢器官，其主要功能包括代谢功能、排泄功能和解毒功能。各种因素均可影响肝功能的改变。肝的检查，除用触诊、叩诊和肝功能化验外，必要时可进行穿刺及超声检查。

触诊：触诊肝区以观察动物反应，有时可感知肿大的肝边缘。马于右侧肋骨弓下强力触诊或冲击式触诊；牛于右侧肋骨弓下进行深部触诊；猪取左侧卧，检查者用手掌或并拢屈曲的手指沿右季肋下部进行深部触诊；犬从右侧最后肋骨后方，向前上方触压可以触知肝。

叩诊：大动物用槌板叩诊法，仔猪用指指叩诊法，于右侧肝区进行叩诊，以确定肝浊音区。

病理变化：肝区敏感，提示急性肝炎；于肋弓下深触诊感知肝的边缘，提示肝高度肿大，常见于高产奶牛的脂肪肝、犬的传染性肝炎等。叩诊肝浊音区扩大，提示肝肿大，见于肝炎、肝硬化、肝脓肿、肝片形吸虫病和肝中毒性营养不良。

2. 脾的检查

脾是动物体内最大的淋巴器官，是体内重要的免疫器官。其常用的检查方法是触诊和叩诊，必要时还可进行穿刺及实验室检查。

(1)牛的脾的检查：牛的脾由于紧贴在瘤胃的上壁，被肺后缘所覆盖，叩诊时不易发现特有的浊音区；当牛患脾炎、白血病、炭疽、恶性卡他热、血孢子虫病时，脾显著肿大，才可于肺与瘤胃上部之间出现较小狭长的浊音区。

(2)小动物的脾的检查：犬的脾位于左季肋部，可通过外部触诊检查。让犬右侧卧，左手托右腹部，右手在左肋下向深部压迫，借以感知脾的大小、形态、硬度和疼痛反应。犬的脾肿大，见于白血病、脾炎、炭疽等。

(九)消化器官、系统疾病的主要综合征

消化功能障碍是消化器官疾病的重要启示性症状，通常可见有饮、食欲的减少或废绝，采食方式的异常与咀嚼的困难或费力，吞咽障碍；呕吐、便秘或腹泻，或见于口黏膜或牙齿的变化而组成消化器官疾病的综合征。在这一综合征的基础上，结合对消化器官各部位的局部检查所见，通常可推断病变主要侵害的器官和部位。

1. 口腔、咽、食管疾病的综合征

采食与咀嚼障碍，兼有流涎或口腔分泌增多，同时口黏膜潮红、肿胀或有疱疹、溃烂，是组成口腔炎的基本综合征。

2. 胃肠疾病的综合征

猪(及其他杂食兽、肉食兽)的呕吐，常是胃部疾病的启示，同时触诊其胃区可有压痛反应。

食欲减少并因胃肠弛缓而便秘，通常可反映胃的机能障碍；而确切的诊断指标，要抽取胃液并做实验室分析，依其总酸度、游离盐酸、蛋白酶的含量等而判断其消化功能。

胃液中混有多量黏液、脱落上皮及白细胞，可提示胃卡他，慢性胃卡他常有异嗜现象；胃炎多与肠炎并发而表现为胃肠炎，以腹泻为主要临诊特征。

肠蠕动机能紊乱与便秘或腹泻，是提示肠炎的基本根据。频繁的下痢且肠音高朗、连绵，是急性肠炎的一般特征；肠音不整或低沉，兼有便秘与腹泻的交替出现，是慢性肠炎的特点。

肠音亢进似流水声，频繁而剧烈的腹泻，粪便稀薄如水或混有脓、血，病畜呈现轻度的腹痛不安，兼有发热、失水、内中毒等较重的整体变化，可提示急性胃肠炎。

3. 反刍动物前胃疾病的综合征

反刍、嗳气紊乱，前胃特别是瘤胃蠕动机能障碍，触诊前胃内容物的性状失常兼有某些整体变化，共同组成前胃疾病的综合征。

腹围膨大、左肷胀满，叩之如鼓，触诊瘤胃内容物有弹性，瘤胃蠕动失常兼有呼吸困难、腹痛不安，是急性瘤胃臌气的特征。

在长期病程经过中，表现有逐渐发生、反复发作和顽固性的前胃功能紊乱现象，注意提示创伤性网胃炎及其继发症。

在食欲、反刍紊乱等一般性前胃病的综合征的同时，发现真胃的临诊变化，应注意真胃溃疡、真胃积食或扩张、真胃变位或扭转等真胃疾病。

4. 马属动物腹痛病的综合征

马属动物腹痛不安通常表现为一系列的反常姿态，如前肢刨地，后肢踢腹等，在采食、饮水废绝的同时，伴有排便功能紊乱或呕吐与做呕吐状动作；在腹围变形时，伴有胃肠蠕动音明显改变。

总之，以腹痛不安并呈各种反常姿势及肠蠕动机能紊乱为主，而伴有一系列消化、呼吸、循环及整体状态变化的症状、现象，共同组成腹痛症的综合征。

5. 腹膜炎的综合征

临床上腹壁紧张，触诊敏感有疼痛反应，病畜不愿卧地或卧下时小心，肠音频繁或兼有腹泻，有发热及全身变化，提示腹膜炎的诊断。

6. 肝病的综合征

皮肤、黏膜的黄疸色，是肝、胆疾病的启示性症状，通常以巩膜、瞬膜、舌系带等处最为明显。触诊肝区的压痛（敏感反应）与肝边缘的肿胀，叩诊肝浊音区的扩大，是提示肝炎诊断的重要依据。

四、泌尿生殖系统的检查

从动物整体而言，泌尿器官与全身的机能活动有密切关系。一方面，肾是机体最重要的泌尿器官，不仅排泄、代谢最终产物种类多、数量大，而且不定期参与体内水、电解质和酸碱平衡的调节，维持体液的渗透压。肾还分泌某些生物活性物质，如肾素促红细胞生成素、维生素 D_3 和前列腺素等。如果肾和尿路的机能活动发生障碍，代谢最终产物的排泄将不能正常进行，水、电解质和酸碱平衡的代谢就会发生障碍，内分泌功能也会失调，从而导致机体各器官的机能紊乱。另一方面，泌尿器官与心脏、肺、胃肠、神经及内分泌系统有着密切的联系，当这些器官和系统发生机能障碍时，也会影响肾的排泄机能和尿液的理化性质。因此，掌握泌尿器官和尿液的检查和检验方法及泌尿系统患病的症状学，不仅对泌尿器官本身，而且对其他各器官、系统疾病的诊断和防治都具有重要意义。

单纯的泌尿生殖系统疾病在临床上少见，常见的是其他疾病继发的，所以在临床检查的时候，很容易被表面现象所掩盖而忽视原发病。泌尿系统的检查方法，主要有问诊、视诊、触诊（外部或直肠内触诊）、探诊、肾机能检查、排尿障碍的检查，必要时还可应用膀胱镜、X 线等特殊检查方法。

生殖是保证动物种属延续的各种生理过程的总称。哺乳动物的生殖是通过两性生殖器官的活动来实现的。生殖系统检查主要是指对外生殖器官和乳腺的检查。生殖系统的检查方法，主要有视诊和触诊，其中以触诊较为重要。

（一）排尿障碍的检查

排尿障碍的检查，包括排尿姿势、排尿次数和尿量的检查。

1. 排尿姿势的检查

在正常状态下，各种家畜因种类和性别不同，其排尿姿势也不尽相同，但大都取站立姿势。母畜排尿时，停止采食及行动，后肢向后侧方展开，后躯稍下沉，尾上举；公马排尿时，四肢向前后张开站立，背腰下沉，伸出阴茎，举尾排尿，最后部分尿液借腹肌收缩而断续排出；公牛、公羊不做排尿准备工作，腹肌也不参与，仅借助会阴尿道部的收缩，在行走及采食中均可排尿，静止时排尿也不改变姿势；公猪排尿时，自然站立，不改变姿势，尿液呈急促而断续的射出；公犬采取坐姿排尿。

2. 排尿姿势的病理变化

尿淋漓：特征是病畜排尿不畅，排尿困难，尿呈点滴状、线状或断续排出，见于尿闭、尿失禁、排尿疼痛及神经性排尿障碍的疾病；有时也见于老龄体衰、胆怯和神经质的动物。

排尿疼痛：病畜排尿时拱腰，腹肌强烈收缩，反复用力，前肢刨地，后肢踢腹，头不断后盼或摇尾、呻吟，屡呈排尿姿势，但无尿液排出，或尿液呈点滴状或线状排出，排尿完后，仍较长时间保持排尿姿势，见于膀胱炎、尿道炎、尿道阻塞、阴道炎、生殖道炎症及腹膜炎等。

3. 排尿次数及尿量的检查

排尿次数和尿量多少与肾的分泌机能、尿路状态、饲料含水量及家畜饮水量、气温、季节及使役程度等因素有密切的关系。在正常生理状态下，各种动物每天的排尿次数及尿量见表2-9。

表2-9　排尿次数及尿量

畜种	排尿次数/(次/d)	尿量/(L/d)
羊	2～5	0.5～2
猪	3～5	2～5
马	5～8	3～6
牛	5～10	6～12

在病理状态下，动物排尿次数及尿量变化如下所示。

1)多尿

多尿是指动物总排尿量增加，表现排尿次数增多，而每次排尿量增多或不减少，是肾小球滤过机能增强或肾小管重吸收能力减退的结果。其见于慢性肾炎初期(因肾小管上皮受损伤，重吸收能力减退)，渗出性胸膜炎、腹膜炎的吸收期(由于尿液中溶质浓度增高超过肾小管重吸收能力)及糖尿病(因尿糖增多影响水的重吸收)。

排尿次数增多，每次尿液减少的，又称频尿。频尿表现为尿液不断呈点滴状排出的，是由膀胱、尿道、阴门黏膜敏感性增高引起的，见于膀胱炎、尿道炎、肾盂肾炎及阴道炎。

2)少尿和无尿

少尿是指总排尿量减少，表现为排尿次数减少，尿量也少，是肾泌尿机能降低或机体脱水引起的。直检时膀胱无尿液，导尿也无尿液排出或排出量很少。

无尿即不见排尿，主要是由肾泌尿机能衰竭，输尿管、膀胱、尿道阻塞及膀胱破裂引起的，见于急性肾小球炎症的初期或慢性肾炎的后期，因肾小球不能滤过尿液发生；尿道及输尿管阻塞、膀胱破裂或膀胱麻痹等。

少尿和无尿常密切相关。按其病因一般可分为肾前性、肾性及肾后性少尿或无尿。肾前性少尿或无尿，见于脱水、休克、心力衰竭、组织内水分潴留；肾性少尿或无尿，见于急性肾小球肾炎、各种慢性肾病(如慢性肾炎、肾盂肾炎、肾结核、肾结石等)引起的肾功能衰竭；肾后性少尿或无尿，见于肾盂、输尿管或尿道被结石、血块、脓块、脱落的组织块所阻塞，或由炎性肿胀、肿瘤使管腔变狭小的疾病。

3)尿闭(尿潴留)

肾泌尿机能正常，而膀胱充满尿液不能排出的，称为尿闭。此时完全不能排尿或尿液呈点滴状流出，这多是由尿路受阻引起的。其见于尿道阻塞、膀胱麻痹、膀胱括约肌痉挛或腰荐部脊髓损伤等，通过直检可确定诊断。

4)尿失禁

不受意识控制的排尿，称为尿失禁。尿失禁的病畜不取排尿姿势，尿液不自主地排出。其见于腰荐部脊髓疾患、膀胱括约肌麻痹、脑病昏迷和濒死期病畜。

4. 尿液的感观检查

1)尿液的采集

观察或检验尿液时，可在家畜自然排尿时用清洁容器收集，或用导尿管采取。导尿管除用于导尿外，也可用于膀胱的洗涤治疗，以及尿道阻塞时的探诊。

母牛和母马导尿管插入法：母畜导尿或尿道探诊时，可取站立保定，用 0.1% 的高锰酸钾溶液消毒术者的手、开膣器、导尿管及动物外阴，然后将消毒过的右手伸入阴道内，手指在阴道前庭下壁摸到尿道外口，左手持涂润滑剂的橡皮导尿管沿右手指缓慢插入其中；也可用开膣器打开阴门，借助自然光或手电光，在阴道的下方看见尿道口，将导尿管插入其中，之后再继续送入 10 cm 左右即达膀胱内。如其膀胱内有尿液，即可流出。

公马导尿管插入法：一般采用站立保定，并固定其后肢。术者蹲在马的右侧，右手伸入包皮内，握住龟头，或用拇指与食指捏住龟头窝，把阴茎拉出，交左手固定(如拉出有困难时应肌内注射 5% 的静松灵 10 mL)；用温水洗去污垢后，再以 2% 的硼酸液、0.1% 的新洁尔灭溶液等无刺激性消毒液拭净尿道外口；右手持已消毒并涂润滑剂的导尿管，缓慢插入尿道内；当导尿管前端达坐骨切迹处遇有阻力时，可由助手在该部稍加压迫，使导尿管前端弯向前下方，转向骨盆腔，再向前推进约 10 cm，即可进入膀胱。如其膀胱有尿液，即见尿液流出；如遇膀胱括约肌痉挛，导尿管送入困难时，可行直肠按摩，或以温水灌肠，或向导尿管内灌入 0.1% 的普鲁卡因溶液，以解除膀胱括约肌痉挛。

2)尿液的颜色

家畜由于种类不同，其尿液的颜色也不一样。一般来说，马的尿液呈深黄色；黄牛及奶牛的尿液呈淡黄色；水牛及猪的尿液呈水样。在病理情况下，动物尿液的颜色常见于以下几种。

红尿：尿液呈红色，虽然红色物质不同，来源不同，但在直观检查中均以红色为特征。红尿见于尿液中含有血液、血红蛋白、肌红蛋白或某些药物等。

血尿：尿液中混有血液。血尿在家畜中较多见，血尿的诊断首先应确定是否为血尿和出血部位及病变性质。若为全程血尿，则表示肾出血，尿液呈洗肉样均匀色。尿液沉渣镜检有红细胞、管型及肾上皮细胞。若为初始血尿，则表示尿道出血，尿沉渣内有细条凝血丝，镜检有尾状上皮细胞或扁平上皮细胞，见于重症尿道炎。若为终末血尿，则表示膀胱出血，尿沉渣内有大小不等的凝血块，镜检有大量扁平上皮细胞，见于重症膀胱炎。

血红蛋白尿：尿液内含有游离的血红蛋白。尿液呈葡萄酒红色，透明。尿沉渣镜检无红细胞或仅有少许红细胞。其见于溶血性疾病，如幼驹溶血病、犊牛水中毒、焦虫病及败血症等。

肌红蛋白尿：尿液内含有肌红蛋白。尿液呈红色或茶色，见于马麻痹性肌红蛋白尿病。

黄褐色尿：当尿液内含有一定量胆红素或尿胆元时，则尿液呈黄褐色或绿色，主见于实质性肝炎及阻塞性黄疸。另外，当动物服用了呋喃类药物、核黄素、四环素和土霉素时，尿液也呈黄色。

蓝色尿：在动物服用某些药物时出现，如亚甲蓝、溶石素等。

黑色尿：在对动物注射石炭酸和酚类制剂时出现。

白色尿：白色尿可见于乳糜尿及饲喂钙质过多；脓尿见于肾、膀胱和尿道的化脓性炎症及猪的肾虫病。

3)尿液的气味

在正常情况下,大家畜的尿液呈厩舍味,猪的尿液呈大蒜味,猫的尿液呈腥臭味。在病理情况下,尿液的气味有以下几种。

氨臭味:尿液在膀胱内停留时间过久造成氨发酵,主见于尿道结石、膀胱炎、膀胱括约肌痉挛和膀胱平滑肌麻痹。

腐臭味:主要见于尿路、膀胱的坏死性炎症和溃疡以及尿毒症。猪应注意于猪瘟。

丙酮臭味:主要见于反刍兽酮血病和奶牛的生产瘫痪。

4)尿液的透明度和黏稠度

在正常情况下,马属动物的尿液混浊、不透明、有一定的黏稠度,静置后沉淀;如果马属动物的尿液变得透明且黏稠度降低,除过劳、过量饲喂精料外,主见于酸中毒和骨软症。反刍兽的尿液透明、不混浊且黏稠度低,静置后不沉淀;如果反刍兽的尿液变得混浊、不透明,主见于肾和尿路的疾患。

(二)泌尿器官(肾、膀胱及尿道)的检查

1. 肾的检查

1)肾的位置

肾是一对实质性器官,位于脊柱两侧腰下区,包于肾脂肪囊内,右肾一般比左肾稍在前方。

牛的肾:具有分叶结构,左肾位于第3～5腰椎横突的下面,不紧靠腰下部,略垂于腹腔中,当瘤胃充满时,可完全移向右侧;右肾呈长椭圆形,位于第12肋间及第2～3腰椎横突的下面。

羊的肾:表面光滑,不分叶,左肾位于第1～3腰椎横突的下面,右肾位于第4～6腰椎横突下面。

马的肾:左肾呈长豆形,位于最后胸椎及第1～3腰椎横突的下面;右肾呈圆角等边三角形,位于最后2～3胸椎及第1腰椎横突的下面。

猪的肾:左右两肾几乎在相对位置,均位于第1～4腰椎横突的下面。

犬的肾:较大,蚕豆外形,表面光滑,左肾位于第2～4腰椎横突的下面;右肾位于第1～3腰椎横突的下面。右肾因胃的饱满程度不同,其位置也常随之改变。

禽的肾:两个肾都较大,占体重的1%～2.6%,嵌入在腰间椎两侧横突之间,使肾背面形成相当深的压迹,其间有气囊作为缓冲带,将肾与椎骨横突隔开。肾分为前、中、后三叶,有时还分出一侧叶。

2)肾的检查方法

动物的肾一般虽可用触诊和叩诊等方法进行检查,但因其位置和动物种属关系,有一定局限性,大动物比较可行的方法是通过直肠进行触诊;体格较小的大动物可触得左肾的全部,右肾的后半部。

诊断肾疾病最可靠的方法还是尿液的实验室检查。一般临床检查中,如发现排尿异常、排尿困难以及尿液的性状发生改变时,应详细询问病史,重视泌尿器官,特别是肾的检查,也可结合肾患病所引起的综合症状,尿液的实验室检查,以及必要时的肾功能检查等方法,以判定肾的机能状态和病理变化。

视诊:动物患某些肾疾病(如急性肾炎、化脓性肾炎等)时,由于肾的敏感性增高,肾区疼痛明显,病畜常表现出腰背僵硬、拱起,运步小心,后肢向前移动迟缓。其中,牛有时在腰肾区呈

膨隆状；马或呈现轻度肾性腹痛；猪患肾虫病时，拱背、后躯摇摆。此外，应特别注意肾性水肿，通常多发生于动物的眼睑、腹下、阴囊及四肢下部。

触诊：触诊为检查肾的重要方法。大动物可行外部触诊、叩诊和直肠触诊；小动物则只能行外部触诊。外部触诊时，用双手在腰肾区捏压或用拳锤击，注意观察动物有无压痛反应。肾的敏感增高则可能表现出不安、拱背、摇尾和躲避压迫等反应。直肠触诊应注意检查动物的肾的大小、形状、硬度、有无压痛反应、活动性、表面是否光滑等。

在病理情况下，肾的压痛反应可见于急性肾炎、肾盂肾炎、肾硬化、肾肿瘤、肾结石、肾及其周围组织发生化脓性感染、肾肿胀等，在急性期压痛反应更为明显。直肠触诊如感到肾肿胀、增大、压之敏感，并有波动感，提示肾盂肾炎、肾盂积水、化脓性肾炎等；肾质地坚硬、体积增大、表面粗糙不平，可提示肾硬变、肾肿瘤、肾结核、肾石及肾盂结石。动物患肾肿瘤时，触诊常呈菜花状；肾萎缩时，其体积显著缩小，多提示为先天性肾发育不全或萎缩性肾盂肾炎及慢性间质性肾炎。

2. 肾盂及输尿管的检查

肾盂位于肾窦之中，输尿管是一细长而可压扁的管道，起自肾盂，终至膀胱。健康动物的输尿管很细，经直肠难于触及。当动物肾盂积水时，可能发现一侧或两侧肾增大，呈现波动，有时还可发现输尿管扩张；当牛患肾盂肾炎时，直肠触诊肾盏部，病畜可呈现疼痛反应；当动物输尿管严重发炎时，由肾至膀胱的路径上可感到输尿管呈粗如手指、紧张而有压痛的索状物。在严重的肾盂或输尿管结石的病例中，当直肠触诊时，可发现肾的触痛，有时还能在肾盂中触摸到坚硬的石块和感到石块相互之间的摩擦，或经直肠触诊到输尿管中的豌豆大至蚕豆大、坚硬的结石，同时病畜呈现疼痛反应。

3. 膀胱的检查

膀胱为贮尿器官，上接输尿管，下连尿道。因此膀胱疾病除膀胱本身原发外，还可继发于肾、尿道及前列腺疾病等。

大动物的膀胱位于盆腔的底部。膀胱空虚时触之柔软，大如梨状；中度充满时，轮廓明显，其壁紧张，且有波动感；高度充满时，可占据整个盆腔，甚至垂入腹腔，手伸入直肠即可触知。对于牛、马等大动物的膀胱检查，只能行直肠触诊；对小动物的膀胱检查，可将食指伸入直肠进行触诊，或在腹部盆腔入口前缘施行外部触诊。肉食动物的膀胱，位于耻骨联合前方的腹腔底部，在膀胱充满时，可能达到脐部，检查时可由腹壁外进行触诊，感觉如球形而有弹性的光滑物体。

检查膀胱时，应注意其位置、大小、充满度、膀胱壁的厚度以及有无压痛反应等。

在病理情况下，膀胱疾患所引起的临床症状表现有尿频、尿痛、膀胱压痛反应、排尿困难、尿潴留和膀胱膨胀等；直肠触诊时，膀胱可能增大、空虚、有压痛反应，其中也可能含有结石块、瘤体物或血凝块等。

膀胱增大多继发于尿道结石、膀胱括约肌痉挛、膀胱麻痹、前列腺肥大、膀胱肿瘤以及尿道的瘢痕和狭窄等，有时也可由于直肠便秘压迫而引起，此时触诊，膀胱呈高度膨胀。当膀胱麻痹时，在膀胱壁上施加压力，可有尿液被动地流出，随着压力停止，排尿也立即停止。

膀胱空虚除肾性无尿外，常因肾功能不全或膀胱破裂造成，临床上常见于膀胱破裂。膀胱破裂多为外伤引起，或为膀胱壁坏死炎症（如溃疡性破溃）所致。膀胱破裂多发生于牛、羊、驹和猪，此时病畜长期停止排尿，腹部逐渐增大，下腹侧向下、向外膨大，腹腔积尿；直肠检查时，膀胱完全空虚,膀胱呈现浮动感;腹腔穿刺时,可排出大量淡黄、微混浊、有尿臭气味的液体,或为浊红色的、混浊的液体;镜检此液体中有血细胞和膀胱上皮细胞。病情严重时,动物在膀胱破裂之前,有明显的腹痛症状,有时持续而剧烈,破裂后因尿液流入腹腔往往引起腹膜炎和尿毒症,有时皮肤可散发尿臭味。

膀胱压痛见于急性膀胱炎、尿潴留或膀胱结石等。当动物患膀胱炎时,膀胱多空虚,但可感到膀胱壁增厚;患膀胱结石时,在膀胱过度充满的情况下触诊,可触摸到坚硬如石的硬块物或沉积于膀胱底部的砂石状尿石。

在膀胱的检查中,更好的方法是膀胱镜检查,借此可以直接观察到膀胱黏膜的状态及膀胱内部的病变,也可根据观察尿管口的情况,判定血尿或脓尿的来源。此外,小动物也可用 X 线造影术进行检查。

4. 尿道的检查

母畜尿道较短,开口于阴道前庭的下壁,可将手指伸入阴道,在其下壁直接触摸到尿道外口,也可用开膣器对尿道口进行视诊,探诊尿道。

对公畜进行尿道检查时,对其位于骨盆腔内的部分,连同贮精囊和前列腺进行直肠内触诊;对位于坐骨弯曲以下的部分,进行外部触诊。尿道的常见异常变化是尿道结石,多见于公牛、公羊和公猪;此外,还有尿道炎、尿道损伤、尿道狭窄、尿道阻塞。

检查方法:对尿道可通过外部触诊、直肠内触诊和导管探诊进行检查。公牛、公马位于骨盆腔部分的尿道,可通过直肠内触诊,位于骨盆腔及会阴以下的部分,可行外部触诊;公牛及公猪的尿道有“S”状弯曲,导尿管探查较为困难;公马可行导尿管探查。

病理变化:患急性尿道炎时,病畜呈现尿频和尿痛,尿道外口肿胀,常有黏液或脓性分泌物排出;公畜患尿道结石时,表现为尿淋漓或无尿,触诊结石部位膨大、坚硬并有疼痛反应,导管探查会遇到梗阻。

(三)外生殖器的检查

1. 公畜外生殖器的检查

(1)检查方法:观察动物的阴囊、阴筒、阴茎有无变化,并配合触诊进行检查。

(2)睾丸及阴囊检查:检查时注意阴囊及睾丸的大小、形状、硬度以及有无肿胀、发热和疼痛反应。阴囊一侧性显著膨大,触诊时无热,柔软而呈现波动,似有肠管存在,有时经腹股沟管可以还纳,提示为阴囊疝。阴囊肿大,睾丸实质肿胀,触诊时发热,有压痛反应,睾丸在阴囊中的移动性很小,见于睾丸炎等。

(3)阴茎和包皮检查:阴茎脱垂,常见于支配阴茎肌肉的神经麻痹或中枢神经机能障碍、阴茎损伤;包皮的肿胀,见于龟头局部肿胀及肿瘤;阴茎肿胀,触诊指压留痕,多为皮下浮肿的表现。

2. 母畜外生殖器的检查

(1)检查方法:观察分泌物及外阴部有无变化;必要时可用开膣器进行阴道深部检查,观察黏膜颜色、有无疱疹、溃疡等病变,同时注意子宫口状态。

(2)阴门检查:检查时如发现动物的阴门红肿,为发情期或有阴道炎;如阴门流出腐败坏死组织块或脓性分泌物时,常为产后排恶露、产后子宫的感染、胎衣不下的腐败、阴道炎、子宫炎;如阴门周围肿胀,见于肿瘤。

(3)阴道检查:当发现阴门红肿或有异常分泌物流出时,应借助开膣器,详细观察阴道黏膜的颜色、湿度、损伤、炎症、肿物、溃疡及阴道分泌物的变化,同时注意子宫颈的状态。健康母畜阴道黏膜呈粉红色,光滑而湿润。在病理状态下,阴道黏膜潮红、肿胀、糜烂或溃疡,分泌物增多,流出黏性或黏稠脓性、污秽腥臭液体,见于阴道炎;阴道黏膜的黄染同结膜黄染的意义;子宫口潮红、肿胀,为子宫颈炎;子宫口松弛,有多量分泌物不断流出,则提示子宫炎。阴道分泌物增多,流出黏液或脓性液体,阴道黏膜潮红、肿胀、溃疡,见于阴道炎、子宫炎。猪、牛的阴户肿胀,见于镰刀菌、赤霉菌中毒。阴道或子宫脱出时,在阴门外有脱垂的阴道或子宫;母牛胎衣不下时,阴门外吊着部分胎衣。

(四)乳腺的检查

乳腺的检查对乳腺疾病的诊断具有很重要的意义。检查乳腺主要用视诊、触诊以及乳汁的感观检查。

视诊应该注意乳腺大小、形状、颜色以及有无外伤、水疱、结节、脓疱等。如果牛、羊的乳腺上出现水疱、结节和脓疱多为痘疹、口蹄疫。

触诊可确定乳腺皮肤的薄厚、温度、软硬度及乳腺淋巴结的状态,有无肿胀及其硬结部位的大小和疼痛程度。当发生乳腺炎时,炎症部位肿胀、发硬,皮肤呈现紫红色,有热痛反应,有时乳腺淋巴结也肿大,挤奶不畅。炎症可发生于整个乳区或某一乳区。如发生乳腺结核时,乳腺淋巴结显著肿大,形成硬结,触诊常无热痛反应。

乳汁的感观检查,除隐性乳腺炎外,临床型乳腺炎乳汁性状都有变化。检查时可将各乳区的乳汁分别挤入手心或盛于器皿内进行观察,注意乳汁颜色、黏稠度和性状。如果乳汁黏稠且内含絮状物,或纤维蛋白性凝块,或脓汁、带血,可为乳腺炎的重要症状。必要时可进行乳汁的化学成分分析和显微镜检查。

(五)泌尿和生殖器官、系统疾病的主要综合征

排尿活动异常与泌尿功能障碍,尿液数量及性质的改变,泌尿器官检查有相应的整体状态变化,共同组成泌尿器官疾病的综合征。

1. 尿道和膀胱疾病的综合征

动物屡屡呈排尿姿势、活动,仅有少量尿液滴流,排尿时伴有痛苦、不安现象,是尿路刺激的综合征,可见于尿道炎、膀胱炎以及尿结石等。

动物有尿路刺激综合征,尿液混浊或混有脓、血,触诊膀胱呈敏感反应,提示膀胱炎。必要时可进行尿液的实验室检验,某些动物(中、小)可应用膀胱镜诊断。

动物排尿失禁或淋漓,触诊膀胱膨大,尿液潴留,压之而尿液被动地流出,应当考虑膀胱麻痹。

动物屡呈排尿姿势、活动,排尿困难或尿闭,伴有轻度腹痛、不安现象,应注意尿结石、尿道阻塞或膀胱括约肌痉挛。

动物长期不见排尿且腹围增大,要注意于膀胱破裂。

动物尿液呈红色,在排除因药物而引起者外,则为血尿或血红蛋白尿的标志。

2. 肾疾病的综合征

尿少、色深或混有脓、血,同时触诊肾区敏感,兼有皮下浮肿,动脉血压升高,主动脉口第二

心音加重，提示急性肾炎。

有肾区局部症状，多尿，尿沉渣中主见少量上皮细胞与透明圆柱，宜注意肾病。

有肾功能高度肿胀的病史和表现，病畜精神由沉郁转为昏迷，食欲废绝兼有呕吐或腹泻，有时呈阵发性痉挛，常怀疑是尿毒血症的表现。

尿液的实验室检验（血尿、蛋白尿、尿沉渣中的红细胞和白细胞，特别是管型尿等），可作确诊根据。肾功能试验，可作诊断考虑。

3. 生殖器官疾病的综合征

公畜睾丸肿胀、硬结，伴有热痛反应，全身体温升高、精神沉郁、食欲减退，运步时后肢强拘，是睾丸炎的特征。

母畜阴道分泌物增多，或混有脓、血并有恶臭，如同时阴道黏膜潮红、肿胀或有溃疡，则是阴道炎的特征。

在阴道流出脓性分泌物的同时，子宫口弛缓甚至张开，直肠检查感知子宫体增大并有波动感，全身反应明显（如发热、沉郁、减食等），提示化脓性子宫炎或子宫蓄脓症。

乳腺呈红、肿、热、痛的局部反应，泌乳减少，乳汁易凝固，呈絮状或混有脓、血，是乳腺炎的特征。急性重症病例，可见动物明显的全身反应；慢性病例，伴有乳腺淋巴结慢性肿胀，应注意乳腺结核。

五、神经系统的检查

神经系统在机体生命活动中起着主导作用，它调节机体与外界环境的平衡，保护机体内部各器官相互联系与协调，使机体成为统一的整体。因此，神经系统疾病，必然会出现一系列神经症状。其他系统疾病、器官疾病也都会侵害神经系统，出现这样或那样的神经机能障碍。临床上神经系统疾病的症状虽然较复杂，但不论中枢神经或外周神经机能障碍，其表现不外乎意识障碍、感觉障碍与反射障碍等。根据这些障碍情况，可推断其发病部位及病性。

神经系统检查方法与其他系统不同，主要是用呼唤、针刺、触摸被毛、搬动肢体、光照眼球及强迫运动等检查病畜有无异常；其他视诊、触诊及叩诊检查是次要的，但在一定脑病经过中，也有诊断意义；必要时可选择地进行脑脊液穿刺诊断、实验室检查、X 线、检眼镜、脑电波等辅助诊断。

（一）中枢神经系统机能的检查

中枢神经系统机能的检查，是指家畜精神状态的检查（意识状态），是指动物对于刺激是否具有反应，以及如何反应。家畜的意识障碍，提示中枢神经系统机能发生改变，主要表现为精神兴奋或抑制。

其检查的方法有问诊，观察和检查动物的面部表情、眼、耳、尾、四肢及皮肌的动作，身体姿势，运动时的反应。

1. 精神兴奋

精神兴奋是中枢神经系统机能亢进的结果。动物临床表现不安、易惊、轻微刺激可产生强烈反应，甚至挣扎脱缰，前冲、后撞，暴眼凝视，乃致攻击人、畜，有时癫狂、抽搐、摔倒而骚动不安。兴奋发作，常伴有心率增快，节律不齐，呼吸粗厉、频率加快等症状。依其兴奋程度分为恐怖、异常敏感、不安、躁狂和狂乱，多提示脑膜充血、脑膜炎、颅内压升高、代谢障碍，以及各种中毒性疾病。其可见于脑神经疾患(如脑膜充血、脑膜炎及颅内压升高)、代谢障碍(如酮血病、维生素缺乏),以及微生物毒素、化学药品或有毒植物等中毒、日射病和热射病、传染病(如传染性脑脊髓炎、狂犬病、流脑、犬瘟热等)。

2. 精神抑制

精神抑制是中枢神经系统机能抑制过程占优势的表现。根据程度不同可分为以下几种类型。

(1)精神沉郁:为中枢神经系统轻度抑制的现象。病畜呈现嗜睡状态,对周围事物注意力降低,离群呆立,低头奋耳,眼睛半闭,但对外界刺激尚能迅速发生反应。其可见于各种热性病、缺氧等多种疾病过程中。

(2)昏睡:为中枢神经系统中度抑制的现象。病畜处于不自然的熟睡状态,对外界刺激反应迟钝,只在强烈的刺激(如针刺)下才能使之觉醒,但很快又陷入沉睡状态。其见于脑膜炎、脑室积水及中毒性疾病后期等。

(3)昏迷:为中枢神经系统高度抑制的现象。病畜意识完全丧失,对外界刺激全无反应,角膜反射、瞳孔反射消失,卧地不起,全身肌肉松弛,呼吸、心跳节律不齐。其见于各种热射病、脑水肿、脑损伤、贫血、出血、脑炎、流脑、细菌或病毒感染及中毒如酒精、吗啡等,及营养代谢疾病如酮血病、低血糖、生产瘫痪等。

(4)昏厥:不同于昏迷,是突然发生的、短暂的意识丧失状态,因心输出量减少或血压突然下降引起急性脑贫血所致。其常提示心衰、心脏传导阻滞、贫血、低血糖、大脑出血、脑震荡、脑血栓、电击或日射病等。

(二)头颅和脊柱的检查

由于脑和脊髓位于颅腔及脊柱管内,不可能进行直接检查,故只得利用头颅和脊柱检查以推断脑、脊髓可能发生的变化。临床上多用视诊、触诊、叩诊检查头颅和脊柱。

1. 头颅检查

局部隆突:可见于局部外伤、脑肿瘤、脑包虫以及鼻旁窦蓄脓。

异常增大:多见于先天性脑室积水、骨软症和佝偻病。

骨骼变形:多因骨质疏松、软化、肥厚所致,常提示某些骨质代谢疾病,如骨软症、佝偻病、纤维性骨营养不良等。

局部增温:除局部外伤、炎症所致外,常提示热射病、脑充血、脑膜和脑的炎症,如猪乙脑、马传染性脑脊髓炎、牛结核性脑膜炎、恶性卡他热等。

头颅部压疼:见于外伤、炎症、肿瘤及多头蚴病。

头盖部变软:多提示为多头蚴病或颅壁肿瘤,但也见于鼻旁窦炎或积脓。

头颅叩诊浊音或半浊音:见于脑肿瘤、多头蚴病和骨软症等。

2. 脊柱检查

脊柱变形是临床上较为重要的症状。脊柱变形主要有脊柱上弯、下弯和侧弯,是由支配脊柱的上、下或左、右肌肉不协调引起的,或骨质代谢障碍疾病、骨质剧烈疼痛性疾病所致。

脊柱下弯:主要见于骨软症,是骨质疏松的结果。

脊柱侧弯:常见于脊髓炎、脊髓脱臼。

颈部脊柱下弯、侧弯:甚至造成身体翻转的,见于鸡维生素 B_1 缺乏症和新城疫。

颈部脊柱向后弯曲(角弓反张):见于脊髓疾病和某些中毒。

脊柱局部肿胀、疼痛:常为外伤所致,如骨折。

脊柱僵硬:为椎间隙骨质增生或硬化所致,见于破伤风、番木鳖碱中毒、腰肌风湿症、肾炎、肾虫病等。

(三)感觉障碍的检查

动物的感觉机能是由感觉神经所完成,它包括 3 个神经元。在临床上,将感觉机能分为浅感觉、深感觉和特殊感觉 3 类。

1. 浅感觉

浅感觉是指皮肤和黏膜感觉,包括触觉、痛觉、温觉和电的感觉等。但在临床上,温觉、电的感觉等有一定局限性,故不常用。由于家畜没有语言,其感觉如何只能根据运动形式加以推断。检验时要尽可能先使动物安静,最好由经常饲养、管理或调教的人员在旁,并采用温柔的动作进行检查。由于病变部位不同,感觉障碍有末梢性、脊髓性和脑性之分,从临床表现则分为以下几种。

感觉过敏:轻微刺激或抚触即可引起强烈反应。除起因于局部炎症外,一般是感觉神经或其传导路径被损伤所致,多提示脊髓膜炎,脊髓背根损伤,视丘损伤,或末梢神经发炎、受压,局部组织的炎症等。但脊髓实质、脑干或大脑皮层患病时均不引起感觉过敏。另外,感觉过敏见于牛的神经型酮血症、牛低磷血症的代谢障碍。

感觉减退及缺乏:感觉能力降低或感觉程度减弱被称为感觉减退。感觉减退是由感觉神经末梢、传导路径或感觉中枢障碍所致。局部性感觉迟钝或消失,是支配该区域内的末梢感觉神经受侵害。

感觉迟钝或消失:见于脊髓的横断性损伤(如挫伤、脊柱骨折、压迫和炎症)。一侧性体躯感觉消失,多见于延脑和大脑皮层传导路径受损伤;引起对侧肢体感觉消失,见于多发性神经炎和某些传染病。

感觉异常:动物有发痒、蚁走感和烧灼感,不断啃咬、搔抓、摩擦,使部分皮肤严重损伤,见于狂犬病、伪狂犬病、羊的痒病、神经性皮炎、荨麻疹等。

2. 深感觉

深感觉是指位于皮下深处的肌肉、关节、骨、腱和韧带等,将关于肢体的位置、状态和运动等情况的冲动传到大脑,产生深部感觉,即所谓的本体感觉,借以调节身体在空间的位置、方向等。因此,临床上根据动物肢体在空间的位置改变情况,可以检查其本体感觉有无障碍或疼痛反应等。深感觉障碍多同时伴有意识障碍,提示大脑或脊髓被侵害,例如慢性脑室积水、脑炎、脊髓损伤、严重肝疾病和中毒性疾病等。

3. 感觉器官的检查

感觉器官包括视觉、听觉、嗅觉、味觉等器官。某些神经系统疾病,可破坏感觉器官与中枢神经系统之间的正常联系,导致相应感觉机能障碍。通过感觉器官的检查,有助于发现神经系统的病理过程。但应将其与非神经系统病变引起的感觉器官异常相区别。

视觉器官:检查时,应注意眼睑肿胀、角膜完整性(如角膜混浊、创伤)、眼球凸出或凹陷等变化。动物视力减弱甚至完全消失即所谓的目盲,除因为某些眼病外,也可因视神经异常所引起,见于山道年、野萱草根等中毒。动物视觉增强,表现为畏光,除发生于结膜炎、角膜炎等眼科疾病外,还见于颅内压升高、脑膜炎、日射病、热射病、牛恶性卡他热、牛瘟等。视觉异常的动物,有时出现"捕蝇样动作",如狂犬病、脑炎、眼炎初期等。

听觉器官:内耳损害所引起的听觉障碍,在内科疾病诊断上,具有一定意义。听觉增强,是如有一点轻微声音,病畜立即将耳转向声音来源一方,或两耳前后来回移动,同时惊恐不安,乃至肌肉痉挛,见于脑和脑膜疾病,有时可见于反刍兽患酮血病时。听觉迟钝或完全缺失,除因耳病所致外,也见于延脑或大脑皮层颞叶受损伤时;某些品种特别是白毛的犬和猫有时为遗传性,是由其螺旋器发育缺陷所致,有人认为是一氧化碳中毒的后遗症。

嗅觉器官:犬、猫、牛、马、猪、羊的嗅觉高度发达,而禽类的则不发达。用动物熟悉的饲料、饲养护理人员的随身物品气味,或有芳香气味的物质,让动物嗅,但应防止被看见,以观察其反应。此时健康动物则表现为寻食,出现咀嚼动作,唾液分泌增加。对犬,则检查其对一定气味的辨识方向。尤其是警犬和猎犬常因嗅觉障碍失去其经济价值。当嗅神经、嗅球、嗅传导路径和大脑皮层受害时,动物嗅觉减弱或消失,但应排除鼻黏膜疾病引起的嗅觉障碍。

(四)运动机能的检查

动物的协调运动,是在大脑皮层的控制下,由运动中枢的传导路径及外周神经元等部分共同完成。运动中枢和传导路径由椎体系统、椎体外系统、小脑系统 3 部分组成。临床上家畜出现各种形式的运动障碍除因运动器官受损伤外,常由一定部位的脑组织受损伤而运动中枢和传导路径的功能障碍所引起。在病理情况下,动物的运动障碍表现为以下几种。

1. 强迫运动

强迫运动是指不受意识支配和外界环境影响,而出现的强制发生的有规律的运动。任其自由运动,观察其运动情况。常见的强迫运动有以下几种。

回转运动:病畜按同一方向做圆圈运动,圆圈的直径不变者称圆圈运动或马场运动;以一肢为中心,其余三肢围绕此肢而在原地转圈者称为时针运动。当一侧的向心兴奋传导中断,以至对侧运动反应占优势时,便引起时针运动。如牛、羊患多头蚴病、脑脓肿、脑肿瘤等占位性病变时,常以圆圈运动或时针运动为特征。另一个原因是病畜头颈或躯体向一侧弯曲,以致无意识地随着头、颈部的弯曲方向而转动,如一侧前庭神经、迷路、小脑受损,一侧颈肌瘫痪或收缩过强,一侧额叶区受损,或纹状体、丘脑体、丘脑后部、苍白球或红核受损等。

盲目运动:病畜呈无目的地徘徊,又称强制彷徨。其表现为病畜不注意周围事物,对外界刺激缺乏反应,或不断前进,或头顶障碍物不动。此乃脑部炎症、脑室水肿、大脑皮层额叶或小脑等局部病变或机能障碍所致,如狂犬病、伪狂犬等。

暴进暴退:病畜将头高举或下沉,以常步或速步踉跄地向前狂进,甚至落入沟塘内而不躲避,称之为暴进,见于纹状体或视丘损伤或视神经中枢被侵害而视野缩小时。病畜头颈后仰,颈肌痉挛而连续后退,后退时常颠颤,甚至倒地,则称之为暴退。暴进或暴退常见于大脑皮层运动区、纹状体、丘脑等受损害,暴退见于小脑损伤、颈肌痉挛。

滚转运动:病畜向一侧冲挤、倾倒、强制卧于一侧,或循身体长轴一侧打滚,这称为滚转运动。其见于延脑、小脑脚、前庭神经、内耳迷路受损的疾病,小动物易发。对于大动物,应与腹痛引起的滚转或共济失调引起的一侧性倾倒相区别,由大脑皮层运动中枢、中脑、脑桥、小脑、前庭核、迷路等部位受损害,特别是一侧性损害时所致,常见于脑炎、脑脓肿、脑肿瘤、急性脑室积水,以及牛和羊的脑棘球蚴病。

2. 共济失调

动物各个肌肉收缩力正常，但在运动时肌群动作相互不协调，则导致动物体位和各种运动异常。病畜站立时，呈现体位平衡失调，如站立不稳、四肢叉开、依墙靠壁似醉酒状；病畜运动时，步态失调、后躯摇摆、行走如醉、高抬肢体似涉水状。共济失调见于小脑和前庭神经疾患、马传染性脑脊髓炎、中毒性疾病、某些寄生虫病（如脑脊髓丝虫病）等。按病变性质分类，共济失调可分为以下几种。

静止性失调：动物在站立状态下出现共济失调，而不能保持体位平衡。动物临床表现头部摇晃，体躯左右摇摆或偏向一侧，四肢肌肉软弱、战栗、关节屈曲，向前、后、左、右摇摆；常四肢分开而广踏；运步时，步态踉跄不稳，易倒向一侧。其常提示小脑、小脑脚、前庭神经或迷路受损害。

运动性失调：为运动时出现的共济失调，动作缺乏节奏性、准确性和协调性。其表现为运步时整个身躯摇晃，步态笨拙，举肢很高，用力踏地如"涉水样"步态，提示深部感觉障碍。运动性失调见于大脑皮层、小脑、前庭或脊髓的传导路径受损伤时，由于深部感觉障碍，外部随意运动的信息向中枢传导受阻。按病变部位分类，运动性失调可分为以下几种。

脊髓性失调：其特征是运动时躯体左右摇摆，但头不歪斜，静止不失调，是脊髓背侧根损伤的结果。

前庭性失调：其特征是病畜头向患侧歪斜，步样不稳，常伴有眼球震颤，遮眼时失调严重，不仅静止时失调，而且运动时也失调。其主要是由迷路、前庭神经或前庭核受损伤引起的，常见于家禽维生素 B 族缺乏症、慢性鸡新城疫等。

小脑性失调：多发生于大家畜，不仅静止时失调，而且运动时也失调。其特征是动物在运动时头向患侧歪斜，体躯摇晃，只有当整个身躯依靠在墙壁上，失调才消失。这种失调，不伴有眼球震颤，不因遮眼而加重；在脑病过程中，当小脑受到损害时出现。当一侧性小脑损伤时，患侧前、后肢失调明显。

大脑性失调：其特征是病畜虽能直线行进，但体躯向健侧偏斜，甚至转弯时跌倒。其见于大脑皮层的额叶或颞叶受损伤时。

3. 痉挛

痉挛：指横纹肌不随意的急剧收缩。按肌肉收缩形式不同，痉挛可分为阵发性痉挛、强直性痉挛和癫痫。

阵发性痉挛：表现为个别肌肉或肌组织发生短而快的不随意收缩，呈现间歇性。根据病因不同，其可分为：中枢性痉挛，见于脑炎、脑肿瘤、脑结核、中暑；发烧性痉挛，见于持续性发高烧的疾病过程；局部贫血性痉挛，见于肿瘤等压迫血管或突然受到寒冷刺激，是血管收缩造成局部贫血引起的痉挛；中毒性痉挛，见于有机磷中毒、士的宁中毒；疲劳性痉挛，见于动物过度使役的过程中；矿物质缺乏性痉挛，见于钙、磷等矿物质缺乏的疾病；剧烈疼痛性痉挛，见于马的胃破裂。单个肌纤维束阵发性收缩，而不波及全身的痉挛，称为纤维性痉挛（战栗）；波及全身的强烈阵发性痉挛，称为惊厥（搐搦）。

强直性痉挛：表现为肌肉长时间均等地持续性收缩，见于脑炎、脑脊髓炎、破伤风、有机磷农药及士的宁中毒等。

癫痫：表现为大脑皮层性的全身性阵发性痉挛，伴有意识丧失、大小便失禁，见于脑炎、脑肿瘤、尿毒症、仔猪维生素 A 缺乏症、仔猪副伤寒、仔猪水肿病等。

4. 麻痹(瘫痪)

麻痹是指动物的随意运动减弱或消失。

根据病变部位不同，麻痹可分为：中枢性麻痹，临床特征为腱反射增加，皮肤反射减弱和肌肉紧张性增强，肌肉萎缩不明显，常见于狂犬病、马的流行性脑炎、某些中毒性疾病等；末梢性麻痹，临床特征为肌肉显著萎缩，其紧张性减弱，软弱而松弛，皮肤和腱反射减弱，常见的有面神经麻痹、坐骨神经麻痹、桡神经麻痹等。

根据发生部位不同，麻痹可分为：单瘫，临床特征为某一肌肉、肌群或一肢体肌肉运动机能丧失，见于支配这些部位肌肉的神经麻痹；偏瘫，临床特征为一侧躯体的肌肉运动机能丧失，见于支配这些部位肌肉的神经麻痹；对称截瘫，临床特征为躯体两侧对称部位瘫痪，见于脊髓炎、脊髓肿瘤、脊髓挫伤与脊髓震荡。

(五)反射机能的检查

机体对内、外环境的刺激所产生的一切反应，都是神经系统的反射活动。反射活动依赖于完整的反射弧和高级神经中枢的调节而实现。因此反射弧路径上任何部分的损害，都会使反射发生障碍。对反射机能的检查有助于神经系统疾病的定位诊断。

1. 皮肤反射

鬐甲反射：轻触动物鬐甲部被毛，在正常状态下其肩部及鬐甲皮肤收缩、抖动；反射中枢在第 7 颈髓及第 1～2 胸髓段。

腹壁反射和提睾反射：用针轻刺动物的腹部皮肤，在正常状态下其相应部位的腹肌收缩、抖动，即为腹壁反射；刺激大腿内侧皮肤时，睾丸上提，即为提睾反射；反射中枢均在胸、腰髓段。

肛门反射：刺激动物的肛门周围皮肤时，在正常状态下其肛门括约肌迅速收缩；反射中枢在第 4～5 荐髓段。

会阴反射：轻刺激动物的会阴部或尾根下方皮肤时，在正常状态下会引起其向会阴部缩尾的动作；反射中枢在腰荐髓段。

蹄冠反射：用针轻触蹄冠，在正常状态下动物会立即提肢或回缩。

2. 黏膜反射

喷嚏反射：刺激动物的鼻黏膜则引起其打喷嚏。

咳嗽反射：刺激动物的喉、气管和支气管黏膜时，引起其咳嗽反射；反射中枢在延脑。

角膜反射：用手指、纸片或羽毛轻触动物的角膜时，在正常状态下动物会立即闭眼；反射中枢在脑桥。

3. 深部反射

膝反射：令动物横卧，使上侧后肢肌肉保持松弛状态，当叩击其髌骨韧带时，由于股四头肌牵缩，而下腿伸展；反射中枢在第 4～5 腰髓段。

跟腱反射：令动物横卧，叩击跟腱，则引起附关节伸展与球关节屈曲；反射中枢在荐髓段。

反射减弱或消失是反射弧的传导路径受损所致。反射弧的感觉神经纤维、反射中枢、运动神经纤维的任何一部分受损伤时，或反射弧虽无器质性损害，而其兴奋性降低时，均可导致反射减弱，甚至反射消失。这提示有传入神经、传出神经、脊髓背根、脊髓腹根，或脑、脊髓灰白质受损伤。此外，在动物处于意识丧失、麻醉或昏迷状态下，由于高级神经中枢兴奋性降低，也会引起反射减弱或消失，常提示脊髓背根(感觉根)、腹根(运动根)或脑、脊髓灰质的病变，见于脑积水、多头蚴病等。极度衰弱的病畜反射也减弱，昏迷时反射消失，这是由于高级中枢兴奋性降低的结果。

反射亢进是反射弧或中枢兴奋性增高或刺激过强所致，见于脊髓背根、腹根或外周神经的炎症、受压和脊髓炎等。大脑对低级反射弧的抑制作用减弱甚至消失时，也引起反射亢进。在患破伤风、士的宁中毒、有机磷中毒、狂犬病时，常见全身反射亢进。当脊髓损伤时，由于失去大脑对损伤以下脊髓节段的控制，使脊髓反射活动加强，则出现腱反射增强。

（六）植物性神经机能的检查

自主神经机能障碍的症状表现为以下 3 种情况。

(1)交感神经紧张性亢进：交感神经异常兴奋，可表现为心搏动亢进，外周血管收缩，血压升高，口腔干燥，肠蠕动减弱，瞳孔散大，出汗增加（马、牛）和高血糖等症状。

(2)副交感神经紧张性亢进：可呈现与前者相拮抗的症状，即心动徐缓，外周血管紧张性降低，血压下降，腺体分泌机能亢进，口腔过湿，胃肠蠕动增强，瞳孔缩小，低血糖等。

(3)交感、副交感神经紧张性均亢进：交感神经和副交感神经两者同时紧张性亢进时，动物出现恐怖感，精神抑制，眩晕，心搏动亢进，呼吸加快或呼吸困难，排粪与排尿障碍，子宫痉挛，发情减退等现象。当动物患自主神经系统疾病时，发生运动和感觉障碍，主要的机能变化为呼吸、心跳的节律，血管运动神经的调节，吞咽，呕吐，消化液，肠蠕动，排泄和视力调节异常等。

（七）神经系统疾病的主要综合征

兴奋、狂躁或沉郁、昏迷等精神状态的异常，盲目运动或共济失调的行为表现，痉挛与麻痹等运动机能障碍，是组成神经系统疾病综合征的基础。

1. 脑及脑膜疾病的综合征

兴奋、狂躁，沉郁、昏迷以及两者的交替出现，伴有盲目运动或共济失调现象，多为脑病的综合征。

脑的循环紊乱，可表现为脑贫血、脑充血或脑出血。病畜突然发生站立不稳、走路摇摆、共济失调，并进而倒地、昏迷，伴有痉挛现象，提示急性脑贫血。

动物急性脑充血时，会导致其兴奋、昏迷与共济失调。

由急性心力衰竭而致的心动急速等组成的综合征，兼有大量出汗、黏膜发绀、静脉充盈及高热等症状，应注意日射病、热射病的可能。

以慢性经过为主的，表现为盲目运动的，反复出现或在长期的病程经过中有反复出现的癫痫样发作的病理的，提示脑的占位性病变。

2. 脊髓疾病的综合征

脊髓疾病一般以运动机能障碍及感觉、反射机能的失常为主要临床特征。

如动物腰背敏感、脊柱僵硬、步态强拘，乃至后肢的轻瘫，应考虑脊髓膜炎；如有腰荐部的挫伤、震荡等致病原因可查，应提示脊髓挫伤，此时，后肢轻瘫甚至可呈截瘫，同时多伴有后躯的感觉、反射机能障碍以及排尿、排粪功能的紊乱。

3. 外周神经疾病的综合征

三叉神经、面神经的麻痹，以耳、上眼睑、鼻翼、口唇的单侧弛缓、下垂及头面部歪斜为特征。舌咽神经麻痹，主要表现为咀嚼、吞咽机能紊乱；四肢的外周神经麻痹，则表现为肢体运动机能障碍的特有症状——跛行。

【复习与思考】

1. 根据来诊动物的不同，询问对象的不同，应该如何有目的、有针对性地进行问诊？

2. 在临床检查时，当动物出现全身多系统症状时，如何区分原发和继发，找到问题的关键？

3. 在临床实践中，呼吸系统和消化系统发病率最高，通过学习制订一份预防计划。

【知识链接】

中华人民共和国动物防疫法

《中华人民共和国动物防疫法》为加强对动物防疫活动的管理，预防、控制和扑灭动物疫病，促进养殖业发展，保护人体健康，维护公共卫生安全制定本法。本法由1997年7月3日第八届全国人民代表大会常务委员会第二十六次会议通过，自1998年1月1日起施行。

第七章　动物诊疗

第六十一条　从事动物诊疗活动的机构，应当具备下列条件：

（一）有与动物诊疗活动相适应并符合动物防疫条件的场所；

（二）有与动物诊疗活动相适应的执业兽医；

（三）有与动物诊疗活动相适应的兽医器械和设备；

（四）有完善的管理制度。

动物诊疗机构包括动物医院、动物诊所以及其他提供动物诊疗服务的机构。

第六十二条　从事动物诊疗活动的机构，应当向县级以上地方人民政府农业农村主管部门申请动物诊疗许可证。受理申请的农业农村主管部门应当依照本法和《中华人民共和国行政许可法》的规定进行审查。经审查合格的，发给动物诊疗许可证；不合格的，应当通知申请人并说明理由。

第六十三条　动物诊疗许可证应当载明诊疗机构名称、诊疗活动范围、从业地点和法定代表人（负责人）等事项。

动物诊疗许可证载明事项变更的，应当申请变更或者换发动物诊疗许可证。

第六十四条　动物诊疗机构应当按照国务院农业农村主管部门的规定，做好诊疗活动中的卫生安全防护、消毒、隔离和诊疗废弃物处置等工作。

第六十五条　从事动物诊疗活动，应当遵守有关动物诊疗的操作技术规范，使用符合规定的兽药和兽医器械。

兽药和兽医器械的管理办法由国务院规定。

第八章　兽医管理

第六十六条　国家实行官方兽医任命制度。

官方兽医应当具备国务院农业农村主管部门规定的条件，由省、自治区、直辖市人民政府农业农村主管部门按照程序确认，由所在地县级以上人民政府农业农村主管部门任命。具体办法由国务院农业农村主管部门制定。

海关的官方兽医应当具备规定的条件，由海关总署任命。具体办法由海关总署会同国务院农业农村主管部门制定。

第六十七条 官方兽医依法履行动物、动物产品检疫职责，任何单位和个人不得拒绝或者阻碍。

第六十八条 县级以上人民政府农业农村主管部门制定官方兽医培训计划，提供培训条件，定期对官方兽医进行培训和考核。

第六十九条 国家实行执业兽医资格考试制度。具有兽医相关专业大学专科以上学历的人员或者符合条件的乡村兽医，通过执业兽医资格考试的，由省、自治区、直辖市人民政府农业农村主管部门颁发执业兽医资格证书；从事动物诊疗等经营活动的，还应当向所在地县级人民政府农业农村主管部门备案。

执业兽医资格考试办法由国务院农业农村主管部门商国务院人力资源主管部门制定。

第七十条 执业兽医开具兽医处方应当亲自诊断，并对诊断结论负责。

国家鼓励执业兽医接受继续教育。执业兽医所在机构应当支持执业兽医参加继续教育。

第七十一条 乡村兽医可以在乡村从事动物诊疗活动。具体管理办法由国务院农业农村主管部门制定。

第七十二条 执业兽医、乡村兽医应当按照所在地人民政府和农业农村主管部门的要求，参加动物疫病预防、控制和动物疫情扑灭等活动。

第七十三条 兽医行业协会提供兽医信息、技术、培训等服务，维护成员合法权益，按照章程建立健全行业规范和奖惩机制，加强行业自律，推动行业诚信建设，宣传动物防疫和兽医知识。

任务三

实验室检查技术

【任务描述】

实验室检查是指采取病畜的血液、尿液、粪便或其他体液、分泌物及病理产物(如胃液、脑脊液、胸腹腔积液等),在实验室特定的设备与条件下,测定其物理性状,分析其化学成分或借助于显微镜观察其形态的方法。实验室检查可以补充临床检查的不足,是兽医临床诊断学的重要组成部分。本任务主要对兽医临床上常用的实验室检查技术进行详细的介绍。

【技能目标】

通过对本任务的学习,学生会使用实验室检查相关仪器设备,能够进行一般的实验室检查操作。

技能一　血液检查技术

一、血液的采集与处理

采血的用具均应事先消毒灭菌、干燥处理。采血部位应剪毛,并按常规消毒。采取少量血液时,一般可在耳尖处采取。采取多量血液时,马、牛直接从颈静脉采取;猪从耳静脉采取,也可在前腔静脉处采取;禽类在鸡冠或翅内静脉处采取,必要时可进行心脏穿刺采取。血液采取后放入含抗凝剂的瓶中振摇均匀,备用。

(一)采血方法的选择

采血方法的选择,决定于实验的目的、需血量以及动物种类。凡需血量较少的检验,如红细胞、白细胞计数,血红蛋白的测定,血液涂片以及酶活性微量分析法等,可刺破组织取毛细血管的血。当需血量较多时,可选择静脉采血,如研究毒物对肺功能的影响、血液酸碱平衡、水盐代谢紊乱时,需要比较动、静脉血氧分压,二氧化碳分压和血液 pH 以及 K^+、Na^+、Cl^- 浓度,则必须采取动脉血液。

(二)采血方法

1. 猪的采血方法

(1)耳缘静脉采血(图 3-1)。使猪站立保定,在猪的耳根用力捏压静脉的近心端,手指轻弹后,用酒精棉球反复涂擦耳缘静脉使血管怒张;沿血管刺入,见有血液回流,缓慢抽取所需血液或接入真空采血管；采血完毕后，用棉球按压止血。

(2)前腔静脉采血(图 3-2)。使猪站立保定，让猪头仰起，露出右腋窝，从右侧向心脏方向刺入，回抽见有回血时，即把针芯向外拉，使血液流入采血针。或使猪仰卧保定，把其前肢向后方拉直；其穿刺部位在胸骨端与耳基部的连线上胸骨端旁开 2 cm 的凹陷处，一般用装有 20 号针头的注射器，向后内方且与地面呈 60°刺入 2～3 cm；当刺入约 2 cm 时，可一边刺入一边回抽针管内芯，可见血液进入针管内；采血完毕后，用棉球按压止血，局部消毒。

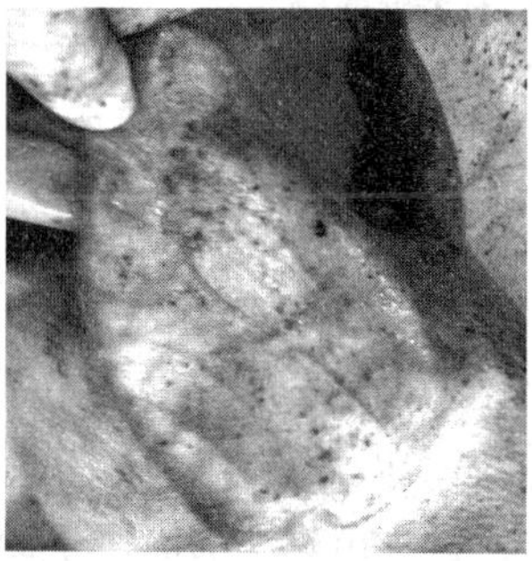

图 3-1 猪的耳缘静脉

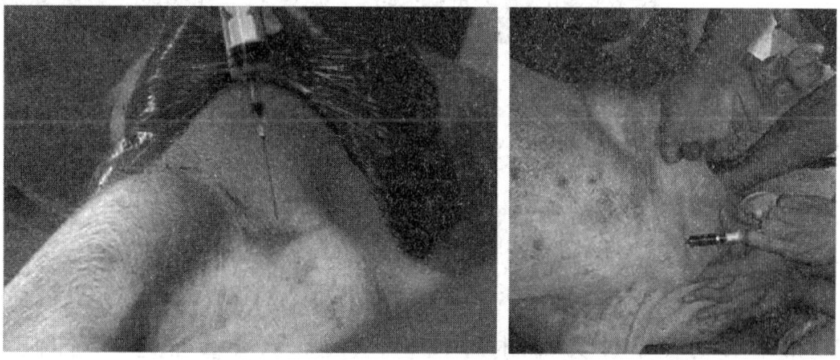

图 3-2 猪前腔静脉采血

2. 牛、羊的采血方法

(1)牛、羊颈静脉采血(图 3-3)。将动物保定，稍抬其头颈，于颈静脉沟上 1/3 与中 1/3 交界部剪毛、消毒；一只手的拇指按压采血部位下方颈静脉沟血管，促使颈静脉怒张，另一只手执针头，与皮肤呈 45°由下向上方刺入，使血液顺器壁流入容器内，防止气泡产生；待血量达到要求后，拔下针头，用棉球按压止血。

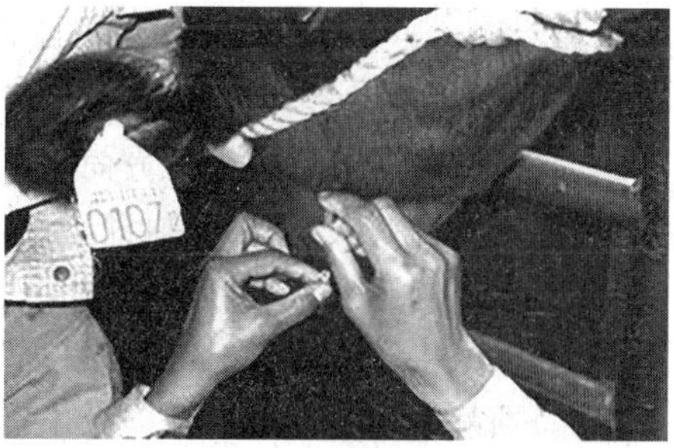

图 3-3 牛颈静脉采血

(2)牛尾静脉采血(图 3-4)。固定动物，使牛尾往上翘，手离尾根部约 30 cm；在离尾根 10 cm 左右中点凹陷处，先用酒精棉球消毒，然后将采血针垂直刺入(约 1 cm 深)；在针头触及尾骨后再退出 1 mm 进行抽血；采血结束后，消毒针眼并按压止血。

3. 犬、猫的采血方法

(1)后肢外侧小隐静脉和前肢内侧头静脉采血(图 3-5)。此法最常用，且方便。后肢外侧小隐静脉在后肢胫部下 1/3 的外侧浅表的皮下，由前侧方向后行走。采血前，由助手将犬保定，将胶皮带结扎在犬股部，采血部位剪毛，先使用碘酒后使用酒精消毒皮肤；待下肢静脉充盈后，将针头迅速刺入静脉，进行采血；采集前肢内侧头静脉血时，操作方法基本与上述相同。一般采血量为 5～10 mL。

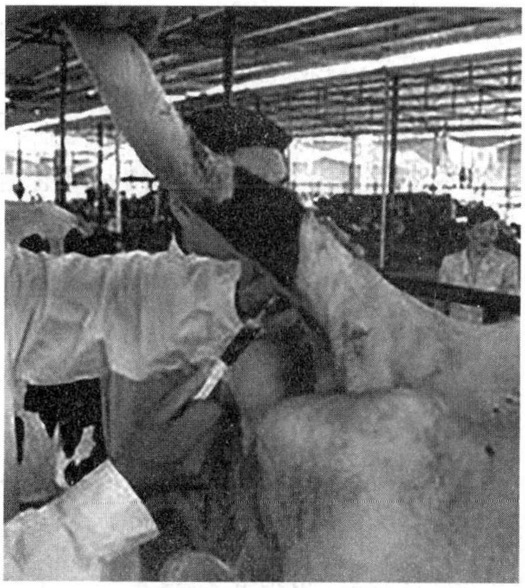

图 3-4 年尾静脉采血

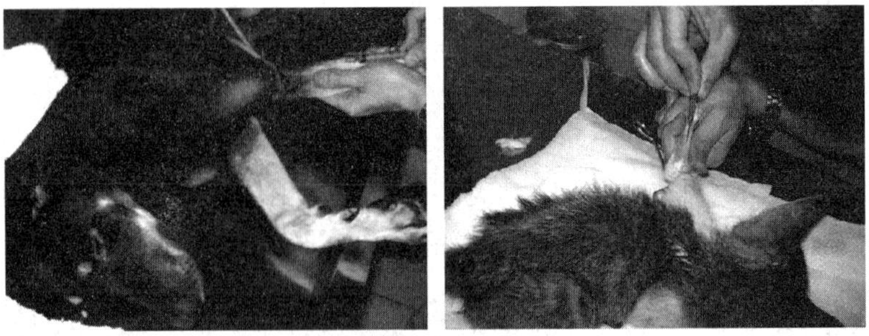

图 3-5 犬、猫前肢内侧头静脉采血

(2)股动脉采血。本法为采取犬动脉血最常用的方法，操作也较简便。对于稍加以训练的犬，在其清醒状态下将犬仰卧保定；伸展其后肢向外伸直，暴露腹股沟三角区动脉搏动的部位，剪毛、消毒；左手中指、食指探摸股动脉跳动部位，右手持注射器，针头由动脉跳动处直接刺入血管；若刺入动脉一般可见鲜红血液流入注射器，若未见动脉血流出，还需微微转动一下针头或上下移动一下针头，有时往往刺入静脉，必须重抽之；待抽血完毕，迅速拔出针头，用干药棉压迫止血 2～3 min。

(3)心脏采血。本法最好在麻醉下进行。将犬仰卧固定在手术台上，前肢向背侧方向固定，暴露胸部，将左侧第3～5 肋间的被毛剪去，先使用碘酒后使用酒精消毒皮肤。采血者用左手触摸左侧第3～5 肋间处，选择心跳最明显处穿刺，一般选择胸骨左缘外 1 cm 第 4 肋间处；取连有针头的注射器，由上述部位进针，并向动物背侧方向垂直刺入心脏；采血者可随针接触心跳的感觉，随时调整刺入的方向和深度，摆动的角度尽量小，避免损伤心肌，或造成胸腔大出血；当针头正确刺入心脏时，血即可进入注射器，可抽取多量血液。

(4)耳缘静脉采血。本法宜取少量血液进行血常规或微量酶活性检查等。经过训练的犬不必绑嘴，剪去其耳尖部短毛，即可见耳缘静脉，采血手法基本与兔相同。

(5)颈静脉采血(图 3-6)。犬不需要麻醉，经过训练的犬不需要固定，未经训练的犬应予以固定、绑嘴；取侧卧位，剪毛、消毒；将犬颈部拉直，头尽量后仰；用左手拇指压住颈静脉入胸部位，使颈静脉怒张，右手取连有针头的注射器，针头沿血管平行方向，向远心端刺入血管；由于颈静脉在皮下易滑动，针刺时刺入要准确；取血后注意压迫止血。采用此法一次可取较多量的血。猫的采血法基本与犬相同，常采用前肢皮下头静脉、后肢的股静脉、耳缘静脉取血；需大量血液时可从颈静脉取血，方法见前述。

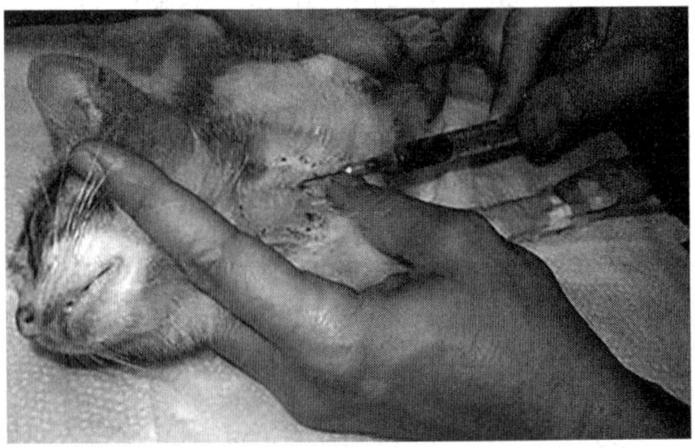

图 3-6 猫颈静脉采血

4. 兔的采血方法

(1)耳静脉采血。本法为最常用的取血法之一，常用于多次反复取血。因此，保护兔的耳缘静脉，防止发生栓塞特别重要。采血时，将兔放入仅露出头部及两耳的固定盒中，或由助手以手扶住；选耳静脉清晰的耳朵，将耳静脉部位的毛拔去，用 75%的酒精局部消毒，用手指轻轻摩擦兔耳，使静脉怒张；用连有针头的注射器在耳缘静脉末端刺破血管取血；取血完毕后，用棉球按压止血。此种采血法一次最多可采血 5 mL。

(2)耳中央动脉采血。进行耳中央动脉采血时，将兔置于兔固定盒内，在兔耳的中央可见一条较粗、颜色较鲜红的中央动脉；左手固定兔耳，右手取注射器，在中央动脉的末端，沿着与动脉平行的向心方向刺入动脉，即可见动脉血进入针筒；取血完毕后注意止血。此法一次抽血可达 15 mL。但抽血时应注意，由于兔耳中央动脉容易发生痉挛性收缩，因此抽血前，必须先让兔耳充分充血，当动脉扩张，未发生痉挛性收缩时立即进行抽血，如果等待时间过长，动脉经常会发生较长时间的痉挛性收缩；取血用的针头一般用 6 号针头，不要太细；针刺部位从中央动脉末端开始；不要在近耳根部取血，因耳根部软组织较多，血管位置略深，易刺透血管造成皮下出血。

(3)心脏采血。进行心脏采血时，先将兔仰卧固定，在第 3 肋间胸骨左缘 3 mm 处将注射针垂直刺入心脏，血液即进入针管。此法一次可采血 20～25 mL。

注意事项：动作宜迅速，以缩短在心脏内的留针时间和防止血液凝固；如针头已进入心脏但抽不出血时，应将针头稍微后退一点；在胸腔内针头不应左右摆动，以防止伤及心、肺。

(4)后肢胫部小隐静脉采血。进行后肢胫部小隐静脉采血时，先将兔仰卧固定于兔固定板上，或由一人将兔固定好；拔去胫部被毛，在胫部上端股部扎以橡皮管，则在胫部外侧浅表皮下可清楚地看到小隐静脉；用左手两指固定好静脉，右手取带有 5(1/2)号针头的注射器沿皮下静脉平行方向刺入血管，抽一下针栓，如血进入注射器，表示针头已刺入血管，即可取血。此法一次可采血 2～5 mL。要注意的是，采完血后必须用棉球按压止血；时间要略长些，因此处不易止血；如止血不妥，可造成皮下血肿，影响连续多次采血。

(5)股静脉、颈静脉采血。采血前，需先进行股静脉和颈静脉暴露分离手术。

股静脉采血：注射器平行于血管，从股静脉下端向近心方向刺入，徐徐抽动针栓即可采血。抽血完毕后要注意止血。股静脉较易止血，用于纱布轻压采血部位即可。若连续多次采血，采血部位宜尽量选择远心端末端。

颈外静脉采血：注射器由近心端(距颈静脉分支 2～3 cm 处)向头侧端顺血管平行方向刺入，使注射针至颈静脉分支叉处，即可取血。此处血管较粗，很容易采血，采血量也较多，一次可采血 10 mL 以上。采血完毕后，拔出针头，用干纱布轻轻压迫采血部位。兔急性实验的静脉取血，用此法较方便。

5. 禽的采血方法

翅静脉采血(图 3-7)：在翅下静脉处消毒，手持采血针，从无血管处向翅静脉丛刺入，见有血液回流，即把针芯向外拉使血液流入采血针。

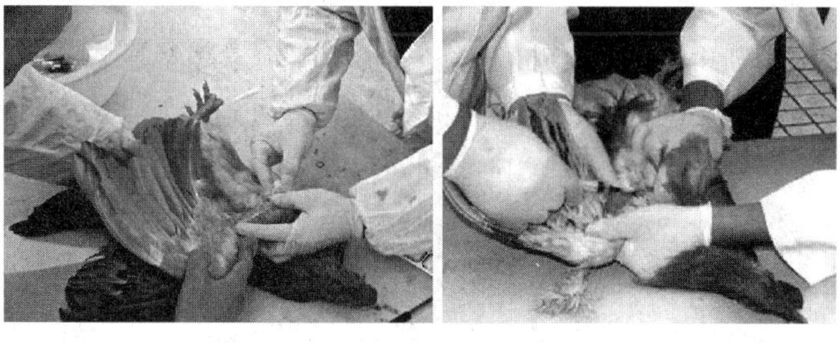

图 3-7 鸡翅静脉采血

也可保定禽只，使翅膀展开，露出腋窝部，拔掉羽毛，用消毒棉消毒；拇指压近心端，待血管怒张后，用装有细针头的注射器，由翼根向翅方向平行刺入静脉，放松对近心端的按压，缓慢抽取血液；采血完毕后用棉球按压止血。

（三）采血时的注意事项

（1）采血场所要有充足的光线；室温应保持稳定，以夏季 25～28℃，冬季 15～20℃为宜。

（2）采血用具及采血部位需要进行消毒。

（3）采血用的注射器和采血管必须保持清洁、干燥。

（4）若需抗凝，在注射器或采血管内应预先加入抗凝剂。

（四）抗凝血的制备

采取的血液应立即进行检验。但是临床上常在室外将动物的血液采好后，方能送到实验室检验。所以，血液采取后必须要加入一定量的抗凝剂以防止血液凝固，也可以选择带有抗凝剂的采血管。

（五）血样的处理

1. 保存

不能立即送检的血样，首先应把血涂片予以固定，其余血液放入冰箱冷藏；需要血清的，应将凝固的血液放入室温或 37℃恒温箱内，待血块收缩后，分出血清，并将血清冷藏；需要血浆的，将抗凝的全血及时电动离心，分出血浆并冷藏。

2. 血检项目与血液保存的最长时限

血检项目与血液保存的最长时限：白细胞计数为 2～3 h，红细胞计数为 24 h，血红蛋白测定为 2～3 h，红细胞沉降率为 2～3 h，血小板计数约为 1 h，网状红细胞计数为 2～3 h，血细胞比容测定为 24 h。

3. 送检

根据血检要求，分别送检抗凝全血、血清或血浆。如果要做白细胞分类计数或检查血孢子虫，应附送固定好的血液涂片；血样均需装在冰瓶内，下垫泡沫塑料或棉花，切勿剧烈振摇，以免溶血，影响血细胞计数。

二、血液常规检验

在动物疾病临床诊断中，血液检测是疾病诊断过程中重要的辅助手段之一，对大部分系统、器官疾病，尤其是造血功能相关的器官疾病判断具有决定性意义；同时也有助于对动物传染病、内外科病、产科病等疾病的诊断。血液常规检验项目很多，这里主要介绍以下几种主要的血常规检验方法。

（一）血液分析仪的使用

血液分析仪（图 3-8）目前是兽医临床，尤其是宠物临床，血液检验应用非常广泛的仪器之一。血液分析仪不仅提高了实验结果的准确性，还提供了许多实验指标，对疾病的诊断和鉴别起了重要的作用。

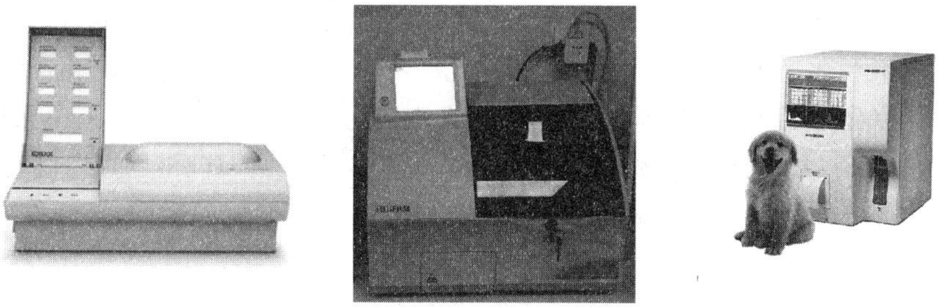

图 3-8　不同品牌的血液分析仪

(二)血涂片的制作与染色

1. 血涂片的制作

左手持载玻片两端，右手持推片；取被检血一滴(直接涂片时第一滴血不要)滴于载玻片一端，推片一端呈 45°与血接触，并使其血液自由沿推片边缘扩散；待均匀后，以同等速度轻轻向另一端推动，使血均匀地涂抹在载玻片上(图 3-9、图 3-10)；让其自然干燥，待染(良好的血片以薄而均匀为宜)。

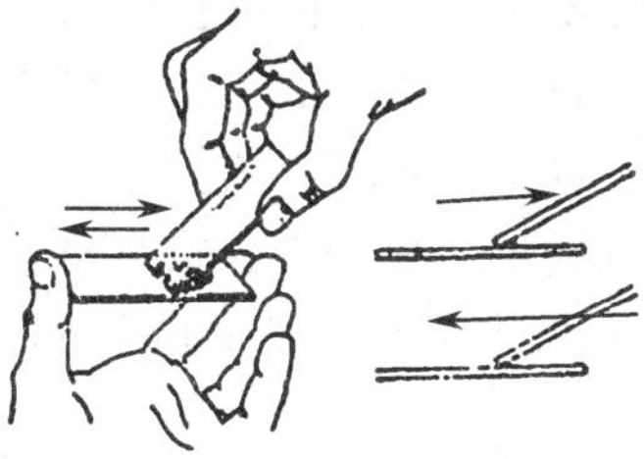

图 3-9　血涂片的制作

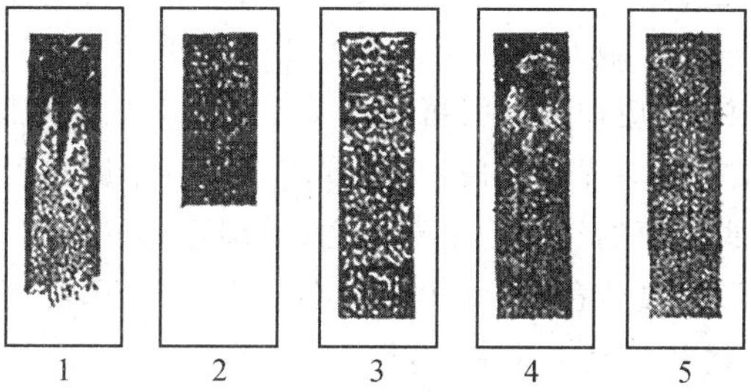

图 3-10　制作良好与不良的血涂片

1. 玻片表面有油脂　2. 血膜太短　3. 血膜不均　4. 前端太厚　5. 良好的血涂片

注意：载玻片必须清洁、干燥，最好用硫酸重铬酸钾溶液浸泡洗净后，烘干备用；冬季或寒冷情况下，宜将玻片烘热到 40℃左右，这样血液干燥速度快，血细胞形态变形小；如不能立即检验，可用甲醇数滴加以固定。

2. 血涂片的染色

为了观察细胞内部结构，识别各种细胞及其异常变化，要将血涂片进行染色。常用的染色方法有瑞氏染色法、吉姆萨染色法和瑞-吉氏复合染色法等。

(三)红细胞(RBC)计数

红细胞数量的临床意义如下。

(1)红细胞增多，绝大多数为相对性增多，也称为假性红细胞增多症，是血浆容量减少，血液浓缩所致，见于各种脱水情况，如下痢、呕吐、多尿、大出汗、急性胃肠炎、肠便秘、肠变位、牛的瓣胃或真胃阻塞、胸膜炎的渗出期、腹膜炎、日射病、热射病、某些传染病及发热性疾病等。绝对性红细胞增多是红细胞增生所致。原发性红细胞增多症与促红细胞生成素产生过多有关，比较少见，见于某些肾病、肝细胞癌等。继发性红细胞增多，是由于各种原因的缺氧，代偿性地使红细胞绝对数增多。

(2)红细胞减少，见于各种贫血，比如血液原虫病、溶血性疾病、牛的血红蛋白尿症、造血原料不足、造血功能障碍、红细胞破坏过多或慢性失血等；禽的马立克氏病、淋巴性白血病、鸡白痢等。

健康动物的红细胞参考值如表 3-1 所示。

表 3-1 健康动物的红细胞参考值 个/L

动物	RBC 参考值	动物	RBC 参考值
猪	$(5.51\pm0.34)\times10^{12}$	犬	$(6.57\pm0.34)\times10^{12}$
乳牛	$(5.97\pm0.86)\times10^{12}$	猫	$(8.71\pm0.50)\times10^{12}$
山羊	$(15.23\pm1.03)\times10^{12}$	兔	$(5.87\pm0.32)\times10^{12}$
绵羊	$(8.42\pm1.00)\times10^{12}$	鸭	$(2.90\pm0.50)\times10^{12}$
鸡	$(3.04\pm0.28)\times10^{12}$	鹅	$(2.98\pm0.15)\times10^{12}$

(四)红细胞形态的检查

通过对动物红细胞计数及血红蛋白含量的测定，可确定有无贫血以及贫血的程度。而进一步观察红细胞大小、形状、染色性、结构等方面的变化能大致做出贫血的形态学诊断，并由此推断病因，相应地采取妥善的治疗。通常，在白细胞分类计数时，一并观察红细胞的形态。为便于观察，血涂片应厚薄适宜，要求其中红细胞排列均匀，无堆叠现象，并染色良好。

健康家畜的红细胞呈双凹盘状、圆形、无核，家禽的红细胞则呈椭圆形、有核；经瑞氏染色法染色后呈橘红色，中央稍淡。在病理情况下，红细胞形态的改变表现在以下几个方面。

1. 红细胞大小改变

红细胞直径相差悬殊(大小相差 1 倍以上)的，称为红细胞大小不均症，见于贫血(尤其是营养不良性贫血)而骨髓造血机能增强时。大红细胞增多，中央淡染区消失，见于缺乏钴、叶酸、维生素 B_{12} 等成熟因子。小红细胞增多，且中央淡染区扩大，见于缺铁性贫血。

2. 红细胞形状改变

异性红细胞症，即红细胞呈梨形、镰形、星形、半月形等不规则的形态，见于重度贫血而骨髓造血机能异常时。红细胞直径缩小，厚度增加，成为球形，且染色较深，称为球形红细胞，见于自身免疫性溶血性贫血。红细胞扁而薄，其边缘部分或中心部位有血红蛋白着色，二者之间有一苍白区域，形似射击之靶，称之为靶形红细胞，多见于各种低色素性贫血。

3. 红细胞染色性改变

低色素性或淡染性红细胞，表现为中央淡染区扩大，是由于血红蛋白量明显减少，多与小红细胞同时出现，见于缺铁性贫血。高色素性或浓染性红细胞，表现为中央淡染区消失，整个红细胞浓染，是由于其胞体大、直径增厚所致，多与大红细胞同时出现，见于缺乏叶酸、维生素 B_{12} 等物质时。嗜多色性或多染性红细胞，是由于红细胞未完全成熟而染成灰蓝色，说明骨髓造血机能活跃，见于各种再生性贫血。

4. 红细胞中的异常结构

嗜碱性红细胞是含有蓝黑色、大小不一颗粒的红细胞，由红细胞在成熟过程中受毒物的影响所致，见于重金属盐类中毒(尤其是铅中毒)。何-乔氏小体，在红细胞内的紫红色点状小体，可能是核萎缩形成的残余物，见于重度贫血或脾切除后。卡伯环，在红细胞内染成紫红色，呈细线圈状或"8"字形，可能是核膜的残余，见于铅中毒或溶血性贫血。

海思兹小体，必须用新配制的亚甲蓝染色液进行活体染色才易发现，即血涂片自然干燥后，直接用0.5%的亚甲蓝生理盐水染色，盖上盖玻片，立即检查。在显微镜下，成熟红细胞染色模糊，而此种小体则为蓝黑色小点，在一个红细胞内存在一个或多个，通常位于边缘，也有从边缘向外凸出的，有折光性。此种小体是变性珠蛋白的沉淀物，见于硒缺乏病，牛、羊的甘蓝中毒和洋葱中毒、慢性铜中毒及马的硫化二苯胺中毒等。

(五)红细胞比容的测定

红细胞比容(HCT)，是指抗凝血在一定条件下离心后，红细胞在全血中所占体积的百分比。红细胞比容的测定可反映红细胞的增多或减少，但是受血浆容量改变的影响。其测定目的是诊断贫血、真性红细胞增多症和红细胞增多、测定血液稀释和血液浓缩的变化。HCT结合其他血液流变学指标，可用于监测血栓前状态。健康动物的红细胞比容参考值如表3-2所示。

表3-2　健康动物的红细胞比容参考值　%

动物	HCT参考值	动物	HCT参考值
猪	36～47	犬	38～58
乳牛	32～55	猫	39～55
山羊	23～39	兔	38～46
绵羊	29～39	鸡	23～55

红细胞比容的临床意义如下。

(1)红细胞比容增高：①生理性偏高，主要见于应激、血浆量减少如大量出汗、多尿和红细胞增多。②病理性偏高，见于各种原因引起的脱水，造成血液黏稠、红细胞相对增加的结果，如急性胃肠炎、液胀性胃扩张、肠阻塞、胃肠破裂、渗出性腹膜炎等。测定红细胞比容以了解血液浓缩程度，可作为计算补液的参考指标。真性红细胞增多症有时可高达80%左右。继发性红细胞增多症是体内氧供应不足引起的代偿反应如新生动物、慢性心肺疾患等。在真性红细胞增多症、肺气肿末期、暂时性脑缺血、肿瘤、甲状腺功能亢进(轻度)；慢性充血性心力衰竭、先天性或后天性心脏病在缺氧时可致红细胞比容增加。对于缺氧所致的红细胞增多，常以此检查作为判断疗效的参考指标。③非病理性偏高，离心速度较低或离心时间过短，可能会导致红细胞比容偏高。

(2)红细胞比容降低，见于各种原因引起的贫血。

(3)血浆颜色改变有助于判断某些疾病，如颜色深黄，为血浆中直接胆红素或间接胆红素增加，见于肝疾病、胆道阻塞、溶血性疾病等；颜色呈淡红或暗红色，为溶血性疾病的特征。

(六)血红蛋白的测定

血红蛋白(HGB)的测定是指测定血液中各种血红蛋白的总质量浓度，用g/L表示。健康动物的血红蛋白参考值如表3-3所示。

表 3-3 健康动物的血红蛋白参考值 g/L

动物	HGB 参考值	动物	HGB 参考值
猪	112.3±13.7	犬	133.6±13.5
乳牛	83.7±7.0	猫	115.5±13.6
山羊	92.6±5.1	兔	92.6±9.5
绵羊	92.0±7.0	鸡	84.9±30.4

血红蛋白浓度的临床意义如下。

(1)血红蛋白增加:一般为相对性地增加,见于各种原因引起的脱水,如腹泻、大汗、肠阻塞、肠变位、胸腹腔的渗出炎症等。此外,真性红细胞增多症及继发性红细胞增多症(如肺的慢性疾病、充血性心力衰竭衰竭等)均可使血红蛋白含量增加。

(2)血红蛋白减少:血红蛋白减少比较常见,多见于出血性贫血、溶血性贫血、营养不良性贫血、梨形虫病,营养衰竭症、钩端螺旋体病、胃肠道寄生虫病、溶血性毒物中毒等。

(3)血色指数:

$$血色指数=\frac{被检动物血红蛋白量}{健康动物平均血红蛋白量}:\frac{被检动物红细胞数}{健康动物平均红细胞数}$$

正常时血色指数为1或接近于1(0.8～1.2),依其指数大于1或小于1而分为高色素性贫血与低色素性贫血。一般来说,动物出血后贫血多为低色素性贫血,而患某些溶血性贫血、恶性贫血、猫传染性贫血时,常呈高色素性贫血。

(七)平均红细胞血红蛋白浓度(MCHC)的测定

平均红细胞血红蛋白浓度(MCHC),即平均每升血细胞中所含血红蛋白克数,以g/L表示。正常参考值(g/L):犬为310～340,猫为300～360。MCHC的临床意义如下。

(1)MCHC增多:表现为高色素性贫血、严重呕吐、频繁腹泻、真性红细胞增多症、心力衰竭等,见于免疫介导性贫血(球形红细胞增多)和一些溶血性贫血,由于增加了细胞外血红蛋白,产生假性增多;还见于脂血症和海因茨小体增多时以及人为溶血。

(2)MCHC减少:表现为小细胞低色素性贫血,见于铁缺乏症、网织红细胞增多、慢性失血性贫血。

(八)白细胞(WBC)计数

动物发生炎症、感染、组织损伤和患白血病时,常引起白细胞(WBC)数量的变化。因此,白细胞计数是临床上最常用的检验项目之一。健康动物的白细胞参考值如表3-4所示,白细胞分类正常平均值如表3-5所示。

白细胞分类:白细胞分为嗜碱性粒细胞(正常时少见)、嗜酸性粒细胞(2%～10%)、嗜中性粒细胞(66%～77%)、淋巴细胞(12%～30%)和单核细胞(3%～10%)。嗜中性粒细胞是严重感染和炎症初期最活跃的细胞,通过吞噬作用来消灭入侵的细菌。嗜酸性粒细胞常出现在抗原-抗体反应的部位,能抑制组织胺等有毒物质的产生,并有解毒作用。嗜碱性粒细胞的嗜碱性微粒具有抗凝作用。淋巴细胞与浆细胞可产生抗体,参与免疫反应。单核白细胞属于巨噬细胞,其特殊的酶系统可以对付顽强的病原体。

表 3-4　健康动物的白细胞参考值　　个/mm^3

动物	WBC 参考值	动物	WBC 参考值
猪	11 000～16 000	犬	6 800～11 800
牛	7 000～9 000	猫	5 000～15 000
山羊	7 000～130 000	兔	7 000～9 000
绵羊	8 000～9 500	鸡	18 000～30 000

表 3-5　健康动物的白细胞分类正常平均值　　%

动物	嗜碱性粒细胞	嗜酸性粒细胞	嗜中性粒细胞			淋巴细胞	单核细胞
			幼年型	杆核型	分叶核		
猪	0.5	2.5	1.0	5.5	32.0	55.0	3.5
牛	0.5	4.0	0.5	3.0	33.0	57.0	2.0
羊	0.5	2.5	3.0	33.5	55.5	3.5	
犬	0.2	2.6		0.2	66.5	27.7	2.7
猫	0.2	6.9		0.2	59.0	31.0	2.9

白细胞计数的临床意义如下。

1)白细胞的数量变化

白细胞总数增多：一时性或症状性增多的称为白细胞增多症，持续性、进行性增多的称为白血病。

白细胞总数减少：多数是嗜中性粒细胞减少引起的。

2)嗜中性粒细胞的数量变化

(1)嗜中性白细胞增多，见于某些急性传染病、化脓性疾病、急性疾病、慢性传染病、大手术后、外伤、酸中毒前期、烫伤等；分析时，要结合白细胞总数的增减变化。嗜中性粒细胞增多分为生理性增多、应激性增多、炎症性增多。

生理性增多：主要是由于内源性肾上腺素释放进入血液后，边缘池的嗜中性粒细胞减少，循环池的嗜中粒细胞增多。

应激性增多：主要是由皮质类固醇增多引起的。内源性皮质类固醇的释放增多，见于疼痛、麻醉、外科手术、创伤及肾上腺功能亢进时。外源性皮质类固醇增多，也可引起应激性反应，如长期应用类固醇治疗，在停止治疗后 48～71 h 内仍可持续呈现其效应。应激性增多在犬常见。

炎症性增多：机体对炎症刺激的一种防御性反应，见于某些急性传染病(如炭疽、出血性败血症等)、某些化脓性疾病(化脓性腹膜炎、化脓性子宫内膜炎、肺脓肿等)、某些急性炎症(肺炎、胃肠炎等)及外伤、酸中毒的前期等。

(2)嗜中性粒细胞减少，见于病毒性疾病及各种疾病的垂危期，也可见于造血器官机能的抑制和衰竭。嗜中性粒细胞减少分为过度使用性减少、生成减少性减少和循环池减少性减少等。

过度使用性减少：骨髓释放嗜中性粒细胞的速度增加，赶不上组织的过度使用，外周血液中常出现许多未成熟的嗜中性粒细胞，见于犬瘟热、传染性肝炎等。

生成减少性减少：由骨髓造血功能不足所致，常见于磺胺类药物中毒、X 线照射和弓形体感染等。

循环池减少性减少：嗜中性粒细胞一时性减少，又称嗜中性粒细胞假性减少症。

3）嗜酸性粒细胞的数量变化

嗜酸性粒细胞增多：见于某些内寄生虫病，过敏性疾病、湿疹、疥癣等皮肤病。

嗜酸性粒细胞减少：见于毒血症、尿毒症，严重创伤，中毒、饥饿及过劳等。

4）淋巴细胞的数量变化

淋巴细胞增多：见于某些慢性传染病、急性传染病的恢复期、某些病毒性疾病及血孢子虫病等。

淋巴细胞减少：见于内源性皮质类固醇释放增多时，如感染，肝、肾、胰和消化衰竭，以及消化道阻塞、休克、外科手术、肾上腺皮质功能亢进、淋巴液外渗和放射线照射时。

（九）血小板计数

血小板（PLT）计数是指计数单位容积血液中血小板的数量。健康动物的血小板参考值如表 3-6 所示。

表 3-6 健康动物的血小板参考值 个/mm^3

动物	PLT 参考值	动物	PLT 参考值
猪	$(13\sim45)\times10^4$	鸡	$(2\sim4)\times10^4$
牛	$(26\sim70)\times10^4$	羊	$(27\sim51)\times10^4$
犬	$(20\sim90)\times10^4$	山羊	$(31\sim102)\times10^4$
猫	$(30\sim70)\times10^4$	绵羊	$(17\sim98)\times10^4$

血小板计数的临床意义如下。

（1）血小板增多，见于流行感冒、传染性胸膜炎、肺炎。

（2）血小板减少，会引起出血时间延长，严重损伤或应激状态下发生出血。血小板严重减少时，常有自发性出血，手术后出血。其见于马传染性贫血、血斑病、焦虫病、药物中毒、急性白血病、败血性疾病、再生障碍性贫血、X 线照射后。

三、血液生化检查

（一）全自动生化分析仪的使用

全自动生化分析仪（图 3-11）是根据光电比色原理来测量体液中某种特定化学成分的仪器。由于其测量速度快、准确性高、消耗试剂量小，现已在动物临床尤其是宠物临床得到广泛使用。

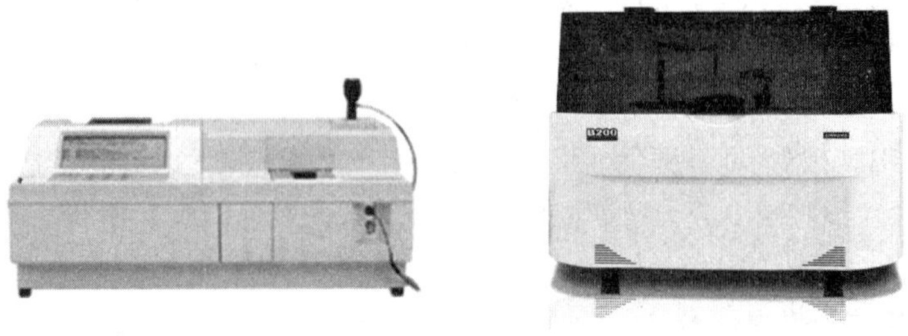

图 3-11 不同品牌的全自动生化分析仪

（二）测定指标的临床意义

1. 谷丙转氨酶（ALT）

ALT是谷氨酸和丙酮酸之间的转氨酶，主要存在于肝、心脏和骨骼肌中。肝细胞或某些组织损伤或坏死，都会使血液中的谷丙转氨酶升高。临床上有很多疾病可引起转氨酶异常，如急性软组织损伤及严重的创伤，剧烈运动或运动过度，感染性疾病如肺炎、结核等，心脏疾病如心力衰竭、心肌炎等，胆囊炎，应用一些药物等非肝因素。所以临床生化检查见到ALT的轻度升高不应只怀疑肝问题，要综合考虑动物病情并全面分析化验单。

ALT主要大量存在于肝细胞的胞浆中，其浓度高于血清的1 000～3 000倍，故肝细胞的轻度损伤就可使其升高，极其敏感，有研究表明1%的肝细胞损伤可造成ALT升高一倍。因此，只要肝有轻微损伤，就能引起ALT的明显变化，而因黄疸怀疑早期及中期的肝病，没有ALT的升高是不成立的。ALT的降低目前未证明其有临床意义。

2. 谷草转氨酶（AST）

AST存在于各组织细胞中，肌肉组织中含量很高，其中心肌细胞中的含量明显高于肝细胞，所以AST伴随CK（肌酸激酶）的明显升高常提示骨骼肌损伤或心脏疾病。此外，能引起ALT升高的非肝因素均能引起AST升高。

肝内的AST有两种同工酶，分别存在于肝细胞的胞浆内（sAST）和肝细胞线粒体内（mAST）。所以当肝轻度损伤时，肝细胞只是胞浆破裂，胞浆中的ALT和sAST都进入血液，引起血清ALT及AST同时基本等比例升高；而当肝有严重损伤时，细胞线粒体破裂，mAST释放入血，此时血清中AST值为sAST与mAST的总和，故AST升高的比例要高于ALT，升高的比例越高，提示肝损伤的程度越重。

3. 总胆红素（TBIL）

TBIL是直接胆红素和间接胆红素的总和，正常血清中的胆红素基本是衰老的红细胞破碎后产生的血红蛋白衍化而成，在肝内经葡萄糖醛酸化的叫作直接胆红素，未在肝内经葡萄糖醛酸化的叫作间接胆红素。总胆红素升高的原因包括溶血性疾病、微生物感染引起间接胆红素过多，来不及被肝转化为直接胆红素和胆汁而引起间接胆红素升高，导致直接胆红素升高。当动物患肝病时，胆红素不能转化为胆汁或因肝细胞肿胀而导致肝内胆汁淤积，引起直接胆红素和间接胆红素同时升高，造成肝细胞性黄疸。发生胆囊炎、胆总管阻塞时，胆汁排入十二指肠障碍而引起阻塞性黄疸。

总胆红素降低一般提示缺铁性贫血、缺锌或仪器误差。

4. 乳酸脱氢酶（LDH）

LDH是一种糖酵解酶，几乎存在于所有组织细胞的细胞质内，催化乳酸和丙酮酸的相互转换。LDH由5种同工酶组成，同工酶分布有明显的组织特异性，因此可根据其组织特异性来协助诊断疾病。由于LDH几乎存在于所有细胞中，且在机体组织中的活性普遍很高，所以血清中LDH的增高对任何单一组织或器官都是非特异的，无明确诊断意义。

5. 碱性磷酸酶（ALP）

ALP由6种同工酶组成，广泛存在于机体各组织中，肝、肾、骨骼、肠道、胎盘及某些肿瘤组织内都存在，但主要存在于肝和骨骼中。

在犬、猫幼龄阶段的骨骼发育期、骨折愈合期、妊娠期均可引起ALP轻度的生理性升高；

患骨软症、佝偻病、骨质疏松、骨肿瘤、肝脓肿、肝硬化、肝肿瘤、甲亢时，ALP 轻至中度升高；患肝外胆道阻塞、胆囊疾病、胆汁淤积型肝炎时，肝细胞过度产生 ALP，经淋巴道和肝窦进入血液，同时由于胆汁排泄障碍，反流入血液，引起血清 ALP 明显升高。

6. 肌酸激酶(CK)

CK 可在体内催化肌酸和磷酸肌酸之间的相互转化，广泛存在于心肌和骨骼肌中，也存在于脑、胃肠道、前列腺、肺等组织中。在兽医临床上，CK 的明显升高主要提示心肌、骨骼肌或脑组织的病变。

7. Y-谷氨酰转肽酶(GGT)

GGT 是将其他氨基酸转化为谷氨酸的酶，广泛分布在机体各组织中，但在肾、胰腺、肝中分布较多。GGT 轻中度升高提示各种情况的肝炎、脂肪肝、胰腺炎(犬)、胰腺癌、糖皮质激素或巴比妥类药物的使用；GGT 重度升高提示胆囊炎、胆道阻塞、胆汁淤积性肝炎引起的阻塞性黄疸，原发性和继发性肝癌；GGT 高于正常值 4 倍以上时要考虑肝癌或严重的肝胆感染，尤其是发生在犬身上时。

8. 总蛋白(TP)

TP 是指肝产生的白蛋白和含量极少的纤维蛋白原，α、β 球蛋白，凝血酶原，凝血因子，浆细胞产生的 γ 球蛋白共同组成的复杂混合物。TP 的升高常见于各种原因引起的脱水、中毒、休克、慢性感染、淋巴肉瘤、浆细胞瘤等；TP 降低主要见于各种原因引起的白蛋白下降。

9. 白蛋白(ALB)

ALB 是机体维持血浆胶体渗透压的主要力量，它能转运胆红素、长链脂肪酸、胆汁酸盐、前列腺素、类固醇和部分药物及重金属离子，还具有一定的球蛋白保护作用。ALB 升高主要见于急性重度脱水和休克，但这在临床上并不常见。

ALB 降低有两种原因，一是 ALB 合成不足，即由长期饥饿、营养不良、肠道吸收不良等原因引起的原料不足或严重的肝病导致 ALB 产生不足或停止；二是 ALB 过度流失，肾小球病变、肾病、蛋白丢失性肠病、大量炎症性胸腹腔渗出均能导致 ALB 的丢失性降低。

10. 球蛋白(GLOB)

机体球蛋白包括 α 球蛋白、β 球蛋白及 γ 球蛋白，以 γ 球蛋白为主，另两种球蛋白的含量极低。球蛋白的升高发生在犬身上时，常见于全身性慢性感染，如全身性脓皮症、艾利希氏体、心丝虫、蠕形螨、慢性跳蚤过敏等；还可见于淋巴肉瘤、浆细胞瘤、多发性骨髓瘤等高蛋白血症及自身免疫病。

球蛋白降低一般不会发生在猫身上。成年犬球蛋白降低可能与慢性失血、蛋白丢失性肠病有关。

11. 白蛋白：球蛋白(A/G)

TP 高、A/G 低是由于球蛋白偏高，见于慢性炎症、免疫性疾病、多发性骨髓瘤等；TP 低、A/G 低是由于白蛋白偏低，见于肾病，营养不良等能够引起白蛋白流失的疾病；如果 A/G 低，并且白蛋白低、球蛋白高的话，提示严重肝病。

12. 尿素氮(BUN)

BUN 是机体内氨在肝中代谢产生的，主要通过肾排出体外。BUN 升高在临床上称为氮质血症，分为肾前性、肾中性、肾后性 3 种。肾前性见于充血性心力衰竭、高热、休克、消化道出血、脱水、严重感染、糖尿病酮症酸中毒、严重的肌肉损伤、应用糖皮质激素或四环素、阿蒂森氏症、高蛋白饮食、肝肾综合征等因素；肾中性常见于急性肾炎、慢性间质性肾炎、严重肾盂肾炎、先天性多囊肾和肾肿瘤等肾疾病引起的肾功能障碍；肾后性见于各种原因导致的尿路梗阻使肾小球滤过压降低，常见于尿道结石、难产、便秘、前列腺肿瘤、盆腔肿瘤、双侧输尿管结石等。

血中 BUN 降低常见于过量摄入水分、蛋白质摄入过少、应用促蛋白合成的同化激素、妊娠晚期及严重的肝疾病。

13. 肌酐(CREA)

肌酐是机体肌肉代谢的产物。在肌肉中，肌酸主要通过不可逆的非酶脱水反应缓缓地形成肌酐，再释放到血液中，随尿液排泄。因此血液中肌酐的量与体内肌肉总量关系密切，不易受饮食影响。肌酐是小分子物质，可通过肾球滤过，在肾小管内很少被吸收，每天体内产生的肌酐，几乎全部随尿液排出，正常时一般不受尿量影响。肌酐升高的主要原因为肾功能不全，当肾功能下降至正常的 1/4～1/3 时肌酐开始上升。在严重感染、剧烈运动、生长激素过盛、患糖尿病时可引起血中 CREA 升高。

肌酐的降低见于妊娠晚期、严重的肌营养不良、重度的充血性心衰、应用雄性激素或噻嗪类利尿药等。

14. 血钙(Ca)

血钙以离子钙和结合钙两种形式存在，血浆钙中只有离子钙才直接起生理作用。离子钙有降低神经肌肉应激性的作用，当离子钙过低时神经肌肉应激性升高，可发生手足搐搦；过高时可使神经、肌肉兴奋性降低，表现为乏力、呕吐、对外界刺激漠然、腱反射减弱，严重时可出现精神障碍、木僵和昏迷。动物血清钙正常值如表 3-7 所示。

表 3-7　动物血清钙正常值　　mmol/L

动物	血清钙正常值	动物	血清钙正常值
猪	102.91(99.91～104.9)	绵羊	3.03±0.17
牛	2.9	犬	2.53±0.51
乳牛	2.89(2.42～3.03)	猫	1.55±0.24

血清钙升高，见于甲状旁腺机能亢进、内服和注射维生素 D 过多、多发性骨髓瘤、胃肠炎和由于脱水而发生酸中毒时。

血清钙降低，见于甲状旁腺机能减退、维生素 D 缺乏、骨软症与佝偻病、产后低钙血症及慢性肾炎与尿毒症等。

15. 血磷(P)

血磷主要是指血清中的无机磷，它以无机磷酸盐的形式存在。血浆中钙与磷的浓度保持着一定的比例关系。动物血清磷正常值如表 3-8 所示。

高血磷可引起厌食、骨骼异常及疼痛、血管及软组织钙化等问题。血清中无机磷含量升高，见于肾炎，尤其是晚期尿毒症阶段；甲状旁腺功能过低症；维生素 D 过多中毒期；低蛋白白血症；幼年动物骨折愈合期；全血长期贮存造成酯化的磷酸盐被分解，磷被释放出来；长期摄入高磷低钙的饲料等。

低血磷可引起动物贫血、无力、惊厥。血中无机磷降低，见于营养缺乏及吸收不良、甲状旁腺机能亢进、维生素过多症、骨软症、佝偻病、糖尿病酸中毒阶段等。

表 3-8　动物血清磷正常值　mmol/L

动物	血清磷正常值	动物	血清磷正常值
猪	2.42(1.29～3.55)	绵羊	94.92～102.91
黄牛	101.87(83.36～120.39)	犬	1.0(0.71～1.29)
绵羊	1.22±0.25	猫	2.07±0.38

16. 血钾(K)

动物体内绝大部分钾存在于细胞内，为维持细胞活动的重要阳离子。细胞外液中一定浓度的钾盐含量也是维持肌肉神经的正常功能所必需的物质。钾盐被胃肠吸收，约 90% 由尿液排出体外。某些疾病可因钾摄入过少或排除过多，或排出障碍使钾盐潴留，或在体内分布失常而形成血钾增高或减低。动物血清钾正常值如表 3-9 所示。

表 3-9　动物血清钾正常值　mmol/L

动物	血清钾正常值	动物	血清钾正常值
猪	5.88(4.39～6.69)	绵羊	3.89～5.39
牛	4.60(3.89～5.79)	兔	4.09(2.81～5.12)
犬	4.60(4.36～5.64)	猫	3.07(2.81～4.09)

血清钾增高，见于肾上腺机能不全、肠阻塞、尿毒症及注射肾上腺素之后。

血清钾减低，见于酸中毒、昏迷、呕吐、腹泻、大手术后或因钾盐不足等。

17. 淀粉酶(AMY)

血清淀粉酶主要来源于胰腺，另外也有少量分泌于近端十二指肠、肺、子宫、泌乳期的乳腺等器官。血清淀粉酶在急性胰腺炎及慢性胰腺炎的急性发作胰腺损伤期升高 2～3 倍(主要发生于犬)，肾衰竭、胰腺囊肿、胰腺肿瘤时中度升高，肝疾病及胃肠道疾病如肠梗阻、肠管坏死、便秘、胃肠穿孔、腹膜炎等，应用噻嗪类、糖皮质激素及羟乙基淀粉也可引起血清淀粉酶升高。血清淀粉酶的下降无重要的临床意义。

18. 脂肪酶(LIPA)

血清脂肪酶的升高主要见于急性胰腺炎、胰腺癌。患急性胰腺炎时，血清淀粉酶升高持续的时间较短，而脂肪酶升高持续时间很长，故临床诊断意义较大。另外，肠梗阻、十二指肠穿孔、胆总管阻塞也能引起血清脂肪酶升高。

19. 总胆固醇(CHOL)

胆固醇广泛存在于动物体内，尤以脑及神经组织中最为丰富，在肾、脾、皮肤、肝和胆汁中含量也高，是机体组织细胞不可缺少的重要物质，不仅参与形成细胞膜，而且是合成胆汁酸、维生素 D 以及甾体激素的原料。

血清胆固醇升高可见于糖尿病、单纯的阻塞性黄疸、肥胖、高脂肪饮食、甲状腺功能减退、肾病综合征等疾病。

血清胆固醇降低可见于严重的营养不良、恶性肿瘤、肝细胞严重受损、蛋白丢失性肠病等。

20. 血钠(Na)

各种动物血清钠的正常值为 0.13～0.17 mol/L。

在正常状态下，钠盐自肠道吸收进入血液，然后自尿液排出。动物体内的钠主要以氯化钠的形式存在于血清中。在红细胞内钠的含量极少。钠离子的主要功能为调节细胞外液及细胞内液的正常分布，维持体液的渗透压及酸碱平衡。

血钠增高，主要见于肾上腺皮质机能亢进以及补入过多的钠盐。

血钠减少，见于严重的胃肠炎、液胀性胃扩张、热射病、大出汗等情况。此外，慢性肾小球肾炎并发尿毒症、代谢性酸中毒等，也可引起大量的钠、钾及氯化钠由尿丢失。

21. 血清氯化物

氯化物主要功能为维持血液与组织间渗透压的平衡，以及维持细胞外液的容量。氯化物进入畜体主要靠饮食摄入，由尿排出。动物血清氯化物正常值如表 3-10 所示。

氯化物增加，见于氯化物排出减少，如急性或慢性肾小球肾炎、尿结石、心力衰竭等；氯化物摄入过多主要见于静脉输入高渗盐水或生理盐水过多而肾排泄功能不良时。

氯化物减少，见于剧烈腹泻、呕吐、多尿症等。

表 3-10 动物血清氯化物正常值 mmol/L

动物	血清氯化物正常值	动物	血清氯化物正常值
猪	102.91(99.91～104.9)	绵羊	94.92～102.91
黄牛	101.87(83.36～120.39)	鸡	29.29(18.19～40.39)
犬	105.9(98.91～109.91)	猫	119.9(116.9～122.89)

22. 血糖(GLU)

血糖的正常参考值：犬为 3.30～6.70 mmol/L；猫为 3.89～7.50 mmol/L。

血糖的临床意义如下。

(1)GLH 升高：由肝糖原分解的速度加快或组织对葡萄糖利用的降低所致。病理性血糖升高，多见于糖尿病、胰腺炎、甲状腺功能亢进、肾上腺皮质功能亢进、肾上腺嗜铬细胞瘤、癫痫等；生理性或暂时性血糖升高，见于饲喂后 2～4 h 内、精神紧张、全身麻醉后、肺炎、肾炎、颅内压增高、颅脑外伤、缺氧窒息。

(2)GLH 降低：由肝糖原分解的速度降低或组织对葡萄糖的利用增加所致。病理性血糖降低，多见于胰岛细胞腺肿大或过多投给胰岛素、胰腺癌、胰岛细胞瘤、严重贫血、肾功能衰竭的慢性肾炎、肾上腺皮质功能减退、甲状腺功能减退、脑垂体功能减退；生理性血糖降低，多见于长时间剧烈运动之后、过分饥饿及哺乳期等。

四、血气与酸碱平衡

(一)电解质与血液气体分析仪的使用

血气分析(BG)是应用电解质与血液气体分析仪(图 3-12)，通过测定血液的 H^+ 浓度和溶解在血液中的气体(主要指 CO_2、O_2)，来了解动物体呼吸功能与酸碱平衡状态的一种手段，它能直接反映肺的换气功能及其酸碱平衡状态。

(二)指标测定

1. 酸碱度(pH)

血液中存在碳酸氢根与碳酸一对缓冲体系，当它们的量发生变化时，血液 pH 也就发生变化。健康动物血液 pH 参考值为 7.35～7.45；低于 7.35 的为酸血症，而高于 7.45 的为碱血症；极端值为低于 6.8 和高于 7.8。当碳酸氢根浓度降低，而碳酸浓度增高时，则 pH 降低，产生酸中毒；当碳酸氢根浓度增高，而碳酸浓度降低时，则 pH 增高，产生碱中毒。血液的 pH 只决定是否有酸血症或碱血症，而 pH 正常并不能排除酸碱平衡失调，且单凭 pH 不能区别是代谢性还是呼吸性酸碱平衡失调。

图 3-12　不同品牌的电解质与血液气体分析仪

2. 二氧化碳分压

二氧化碳分压（P_{CO_2}）是指物理溶解于血浆中的 CO_2 所产生的张力。健康动物动脉血 P_{CO_2} 参考值为 4.65～5.98 kPa；低于 4.65 kPa 的为低碳酸血症，高于 5.98 kPa 的为高碳酸血症；极端值为低于 1.33 kPa 和高于 17.29 kPa。P_{CO_2} 增高提示存在肺泡吸气不足，体内 CO_2 滞留；P_{CO_2} 降低提示通气过度，体内 CO_2 排除过多。

3. 氧分压

氧分压（P_{O_2}）是指物理溶解于血浆中的 O_2 所产生的张力。健康动物动脉血 P_{O_2} 参考值为 10.64～13.3 kPa，低于 7.31 kPa 即为呼吸衰竭。

4. 二氧化碳含量的改变

二氧化碳含量的测定，就是测定与钠结合的碳酸氢根内所含有的二氧化碳容量。通过测定二氧化碳含量来计算机体内碱的储备量，以推断酸碱平衡的情况，从而为治疗提供依据。

（1）二氧化碳含量增加：代谢性碱中毒（由于碳酸氢钠过多所致），如胃酸分泌过多、小肠阻塞、呕吐、摄入碱过多等；或呼吸性酸中毒（由二氧化碳过多所致，当呼吸发生障碍时，二氧化碳不能自由呼出，血液中碳酸浓度增加），见于肺气肿、肺炎、心力衰竭等。

（2）二氧化碳结合力降低：代谢性酸中毒（由碳酸氢钠不足所致），见于长期饥饿、肾炎后期、严重腹泻、服用氯化铵过多等；或呼吸性碱中毒（由二氧化碳不足所致，如换气过度呼出二氧化碳过多），见于发热性疾病、脑炎等。

五、血凝测定

（一）血液凝固分析仪的使用

血液凝固分析仪（图 3-13）是血栓与止血分析的专用仪器，可检测多种血栓与止血指标，为出血和血栓性疾病诊断、溶栓与抗凝治疗监测及疗效观察提供了有价值的指标，是目前实验室中经常使用的设备。

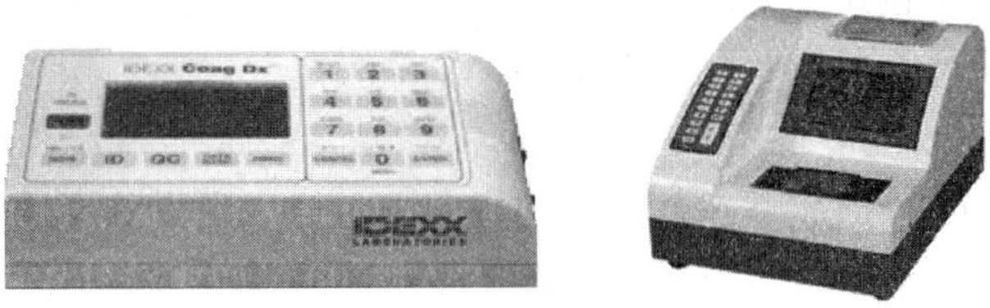

图 3-13　不同品牌的血液凝固分析仪

(二)指标测定

使用新鲜的或柠檬酸钠抗凝全血。

基本检测指标为:凝血酶原时间(PT)、活化部分凝血活酶时间(APTT)。

临床意义:目的是在对患病动物进行下一步处理之前,先进行筛查是否患有凝血障碍,避免治疗的中期或后期出现出血综合征,在那个时候补救措施将难以实施。

技能二　尿液检查技术

一、尿液的采集与处理

尿液通常在早上采集。尿样在送检的过程中,要用清洁干净的容器盛装。采集到的尿液应该立即检验,如果检验时间超过 30 min,在夏天可用冷藏的方法保存,也可加入防腐剂保存。供微生物检验时,在尿液采集的过程中要注意术部、操作过程和器皿消毒。

采集尿液通常用清洁的容器在家畜自然排尿时接取,必要时用人工导尿法或膀胱穿刺收集尿液标本。但膀胱穿刺采得的尿液一般不得用作血液检验。

二、尿液的常规检查

(一)尿液的物理性质检查

1. 尿液的气味

各种家畜的尿液都有其特殊的气味,在病理状态下,尿液的气味会发生改变。当动物患膀胱炎、尿道阻塞和尿液长期潴留时,尿液呈刺鼻的氨臭味;当膀胱有溃疡、坏死或化脓性炎症时,尿液呈腐败臭味;当牛患酮血病时,尿液呈丙酮臭味。

2. 尿液的颜色

在正常生理状态下,马的尿液为黄白色;牛和羊的尿液为稻草黄色;猪的尿液如水样;犬的尿液呈黄色。

内服或注射某些药物时,常引起尿液改变。如内服核黄素、呋喃类药物后,尿液呈黄色;用大黄、氨基比林、芦荟、刚果红后,尿液变红。

尿液中混有血液时可呈淡红、暗红或棕红色等。尿液混浊而不透明,静置后上层清亮,底部则出现沉渣,镜检有红细胞存在,见于急性肾炎、膀胱炎及尿道的出血性炎症和肾结石等;尿液内含有血红蛋白时,尿液呈酱油色、均匀、透明,镜检看不到红细胞,见于牛的血红蛋白尿病、血孢子虫病、新生幼驹溶血病；尿液中含有大量色素时呈红黄色或淡绿色，振荡后可产生黄色或黄绿色泡沫，见于阻塞性黄疸及肝实质性黄疸。

3. 尿液的透明度

在正常生理状态下，马的尿液混浊不透明，牛、羊、猪、犬等动物新排出的尿液澄清透明。马的尿液若变透明，是因喂精料过多或劳役过度；其他家畜的尿液若变混浊，常是肾和尿路疾病的象征。

4. 尿液的相对密度

临床意义：尿液的相对密度增高，见于急性肾炎、热性病、大下痢、呕吐、心脏衰竭及渗出性疾病的渗出期等；尿液的相对密度降低，见于慢性肾炎、渗出性炎症的吸收期及一切引起尿量降低的疾病。健康动物尿液的相对密度变动范围如表 3-11 所示。

表 3-11 健康动物尿液的相对密度变动范围

动物	相对密度变动范围	动物	相对密度变动范围
猪	1.010～1.030(1.051 5)	羊	1.015～1.045(1.030)
牛	1.025～1.045(1.035)	猫	119.9(116.9～122.89)
犬	1.010～1.030(1.025)		

(二)尿液分析仪的使用

尿液分析仪(图 3-14)是测定尿中某些化学成分的自动化仪器，是兽医实验室尿液自动化检查的重要工具，具有操作简单、快速等优点。常用尿液分析仪检测酸碱度(pH)、白细胞、蛋白质、糖、酮体、尿胆原、尿胆红素、红细胞。

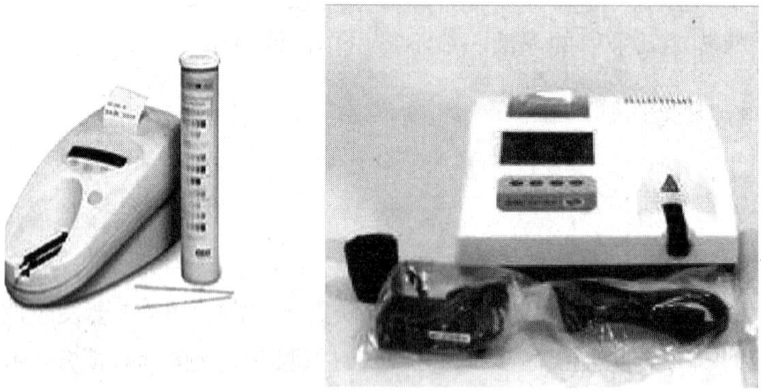

图 3-14 不同品牌的尿液分析仪

1. 酸碱度(pH)

在正常生理状态下，草食动物的尿液呈碱性反应，肉食动物的尿液呈酸性反应，杂食动物的尿液可呈两性反应(表 3-12)。草食动物的尿液变为酸性，多见于大出汗、某些发热性疾病、长期食欲不振、长期营养不良(骨软症等)、胃肠炎和牛的酮血病等；肉食动物的尿液变为碱性，见于膀胱炎、尿道阻塞等；杂食动物的尿液显著偏酸或偏碱都是病理性反应。

表 3-12　健康动物尿液的 pH

动物	pH	动物	pH
猪	6.5～7.8	山羊	8.0～8.5
牛	7.7～8.7	羔羊	6.4～6.0
犬	6.0～7.0		

2. 白细胞

尿液中的白细胞主要为嗜中性分叶核白细胞及少量淋巴细胞和单核细胞；脓细胞是指在炎症过程中死亡的嗜中性粒白细胞。在健康动物的尿液中，仅有个别白细胞，无脓细胞；若尿液内发现多量白细胞，表示泌尿道有化脓性炎症，如肾盂肾炎、膀胱炎、尿道炎等。

3. 蛋白质

被饲喂大量蛋白饲料的家畜、怀孕母畜和吃奶幼畜，有时尿中会出现蛋白质。

病理性蛋白尿见于肾炎、肾病综合征、膀胱炎、尿道炎、流感、猪瘟、猪丹毒、猪肾虫病。由有机磷、四氯化碳及汞引起中毒性疾病时，也出现蛋白质。

4. 糖

病理性糖尿见于糖尿病、生产瘫痪、某些肾、肝疾病及化学药品中毒(如汞、水合氯醛等)。

5. 酮体

尿中出现酮体主要见于乳牛的酮血病和羊的妊娠毒血症。在生产瘫痪、发热病、恶病质、前胃弛缓、真胃扭转或变位时，也可出现酮尿。

6. 尿胆原

尿中尿胆原增加，见于实质性黄疸、肝炎、肝硬化、肺炎、肺脓肿、子宫炎等。体内红细胞破坏过多时(如溶血性黄疸、幼驹溶血病、子虫病、血斑病及四氯化碳中毒和二硫化碳中毒等)尿胆原也见增多。尿液中尿胆原减少，见于阻塞性黄疸、肾病等。

7. 尿胆红素

在正常生理状态下，尿液内胆红素定性为阴性，若出现阳性，表示血液内结合胆红素增高及胆汁向十二指肠排出受障碍，见于阻塞性黄疸、实质性黄疸以及磷、氟化物、二硫化碳或四氯化碳中毒等。

8. 红细胞

尿液中出现红细胞，见于肾及尿路的出血性疾病、肾小球肾炎、肾盂肾炎、膀胱炎、尿道炎、肾结石等，也见于溶血性疾病(如血孢子虫病、新生仔畜溶血病和马麻痹性肌红蛋白尿病等)。

三、尿沉渣的检查

(一)尿沉渣标本的制作和镜检

1. 尿沉渣标本的制作

取新鲜尿液 5～10 mL 注入离心管内，以 1 000～1 500 r/min 的速度离心 5～10 min，倾去或用吸管小心将上清液吸出弃掉，摇匀其沉淀物，取沉渣一小滴置于载玻片上涂匀，加盖玻片即可镜检。

2. 镜检

对尿沉渣标本镜检时，使视野稍暗，先用低倍镜将涂片全面检视一遍，找出需要详细检查的区域，再换高倍镜检视 5～10 个视野，仔细观察和辨认各种成分。

在报告检查结果时，对细胞成分可按各个高倍视野内最少至最多的数值报告，对管型及其他结晶成分，则按“偶见少量”“中等”及“多量”等报告之；无病理意义的不报告。

(二)尿液中有机沉渣的检查

1. 细胞成分

尿液中常见的细胞如图 3-15 所示。

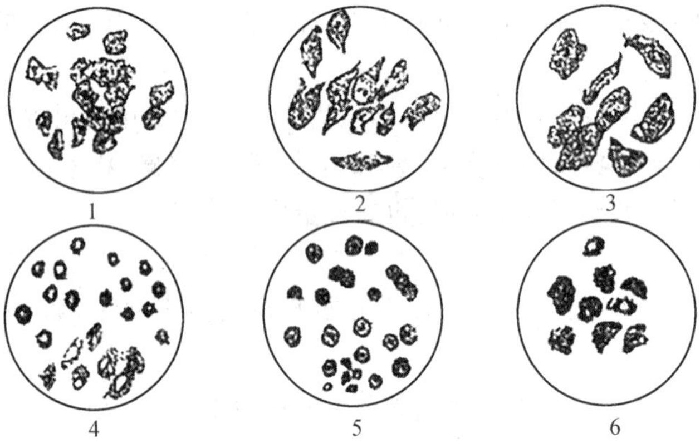

图 3-15 尿液中常见的细胞

1. 肾上皮细胞 2. 尿路上皮细胞 3. 扁平上皮细胞 4. 红细胞
5. 白细胞 6. 发生脂肪变性的肾上皮细胞

(1)红细胞：新鲜尿液中的红细胞比白细胞稍小，呈圆形，淡黄绿色，为略带折光的无核细胞；在酸性尿液中的红细胞常皱缩呈星形(边缘呈锯齿状)；在碱性和低渗尿液中的红细胞则膨胀；在放置过久的尿液中红细胞常被破坏，甚至呈大小不等的空环，称“红细胞残影”。在正常生理状态下，尿液中无红细胞或偶见几个红细胞，若每个高倍镜视野内红细胞数超过 4 个，应考虑肾、输尿管、膀胱或尿道的出血性疾病。

(2)肾上皮细胞：呈多角形或不正圆形，比白细胞大 1/3 左右，散在或数个集聚在一起，细胞中央有一个较大的圆形核，细胞质内有小颗粒(当细胞发生脂肪变性时，可在细胞质中见到有屈光性的脂肪颗粒及小空泡)。在正常生理状态下，尿液内少见此类细胞，一旦出现较多，即为肾小管病变。

(3)尿路上皮细胞：呈梨形、菱形或高脚杯状，比脓细胞大 2～4 倍，有一个大的圆形或椭圆形核。若尿液中有多量尿路上皮细胞出现，见于肾盂肾炎或其他尿路炎症。

(4)扁平上皮细胞(膀胱上皮细胞)：细胞大而扁平，外形不规则，核小而圆，细胞边缘有时折叠，有时几个细胞聚集在一起。如此细胞大量出现，说明膀胱有炎症。

2. 管型(尿圆柱)

在病理状态下，蛋白质在肾小管内凝聚或由蛋白质与某些细胞相结合而形成的圆柱形物体，称为尿圆柱或管型。根据构造不同，管型可分下列几种(图 3-16)。

(1)透明管型：无色，透明或半透明，构造均匀，较窄而两端圆，有时含有少许颗粒，镜检时光线宜暗。当肾有轻度或暂时性肾功能不全时(如高热、轻度肾病、全身麻醉时)，尿液内可见少量透明管型。

(2)细胞管型：透明管型内含有多量细胞，在透明或颗粒管型的基质中含有多量红细胞，通常细胞已残缺，显微镜下为淡绿色或黄绿色，见于肾的出血性炎症(如急性肾炎及慢性肾炎发作期)；白细胞或脓细胞管型(透明内含有许多白细胞或脓细胞，表示肾有化脓性炎症)和上皮细胞管型(管型内含有许多肾上皮细胞，如不能确认时，可滴加稀醋酸溶液，使细胞核明显可辨)，尿液中出现上皮细胞管型，表示肾小管细胞脱离变性，见于肾炎、发热性疾病等。

(3)颗粒管型：在透明管型内含有粗大或细小的颗粒，根据颗粒大小可分为粗粒管型和细粒管型。其见于急、慢性肾炎，尤其是肾小管损伤时更容易出现颗粒管型。

(4)蜡样管型：处于肾小管内很久时间的透明管型所形成，短粗、质较厚、末端不整齐，有时呈折断状或扭转状，色较灰暗，外观如蜡状，见于严重的肾小球性肾炎、慢性肾炎的末期或肾淀粉样变性。

(5)脂肪管型：以透明管型内含有多量脂肪滴为特征，脂肪滴可被苏丹Ⅲ染成红色，脂肪滴主要是上皮细胞脂肪变性后细胞破碎的产物，临床上多见于类脂肪性肾病及慢性肾炎等，常为病情严重的标志。

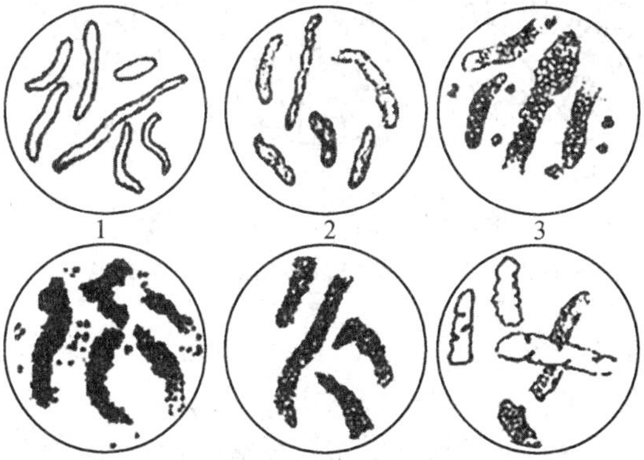

图 3-16　管型

1. 透明管型　2. 颗粒管型　3. 上皮细胞管型　4. 红细胞管型
5. 白细胞管型　6. 脂肪管型和蜡样管型

(三)尿液中主要的无机沉渣

尿液中的无机沉渣主要是指盐类结晶和一些非结晶性物质。沉渣受尿液浓度、温度、酸碱反应的影响，因此，临床上诊断意义不大。

1. 碱性尿中的无机沉渣

碱性尿中的无机沉渣如图 3-17 所示。

(1)碳酸钙结晶：为草食动物(尤其是马)的尿液中的正常成分，其结晶多为球形，有放射条纹或黄色；有时呈磨刀石状、哑铃状和十字形的无色小结晶；加醋酸后生成二氧化碳气泡而溶解。草食动物尿液中缺乏碳酸钙，为尿液变酸的特征。

(2)磷酸钙结晶:多为单个、无色的三棱形结晶,或呈束状、星状等;加醋酸溶解,但不产生气体;多量出现时,可提示慢性膀胱炎、慢性肾盂肾炎等。

(3)马尿酸结晶:为棱柱结晶,不溶于盐酸或醋酸,但溶于氨水及酒精,是马尿的正常成分。

(4)磷酸铵镁结晶:为无色而两端带有斜面的三角棱柱体,或为六角、多角棱柱体,偶有呈雪花状或羽毛状者;易溶于醋酸中,但不溶于碱性液和热水中。若在新鲜尿液中发现磷酸铵镁结晶,说明尿液在膀胱或肾盂中发酵分解产生氨,是氨与磷酸镁结合的结果,见于膀胱炎或肾盂肾炎及化脓性肾炎。

(5)尿酸铵结晶:呈黄色或褐色球状,表面布满刺状突起,似曼陀罗果样,有时呈放射状,可在盐酸及磷酸中分解,形成棱柱状结晶。若在新鲜尿液中出现尿酸铵结晶,表明有化脓性感染,见于膀胱及肾盂肾炎。

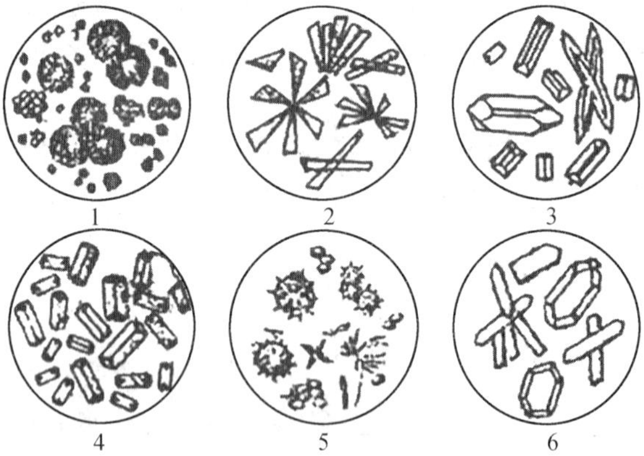

图 3-17 碱性尿中的无机沉渣

1.碳酸钙结晶 2.磷酸钙结晶 3.磷酸铵镁结晶 4.尿酸铵结晶 5.马尿酸结晶

2. 酸性尿中的无机沉渣

酸性尿中的无机沉渣如图 3-18 所示。

(1)草酸钙结晶:呈无色而屈光力强的四角八面体,有两条明亮的对角线构成西式信封状,结晶大小差别很大,呈哑铃状、球形或各种八面体形态的较少见,溶于盐酸而不溶于醋酸。此沉渣为酸性尿中主要成分。

(2)硫酸钙结晶:为无色细长的棱柱状或针状结晶,常呈放射状或扇形排列,不溶于醋酸及氨水,但溶于苏打水中,临床诊断意义不大。

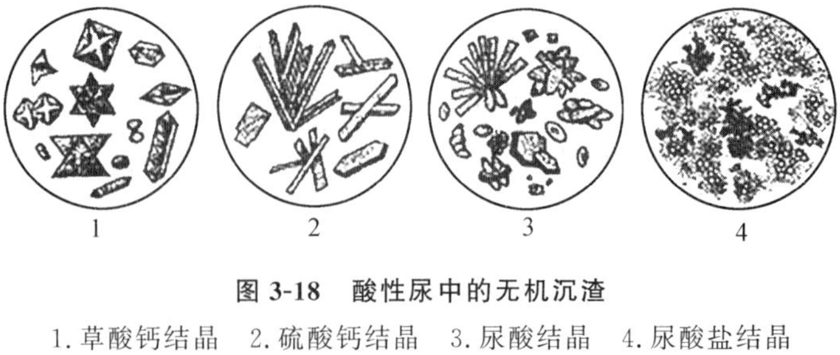

图 3-18 酸性尿中的无机沉渣

1.草酸钙结晶 2.硫酸钙结晶 3.尿酸结晶 4.尿酸盐结晶

(3)尿酸结晶：为黄褐色，呈磨刀状、块状、针状等；不溶于水及酸，但溶于苛性钾溶液中。其是肉食动物的尿液中的正常成分；草食动物在肾机能不全、发热性疾病、某些传染病及寄生虫病时，也会有尿酸结晶形成。

(4)尿酸盐结晶：为尿酸的钾盐或钠盐，呈细小棕色小颗粒，常聚成堆；加热溶解，遇冷后又析出，可溶于苛性钾(或钠)溶液中；加醋酸后形成尿酸结晶；蛋白质分解旺盛时，在尿液中的含量增加。

3. 病畜尿液中的沉渣

病畜尿液中的沉渣如图 3-19 所示。

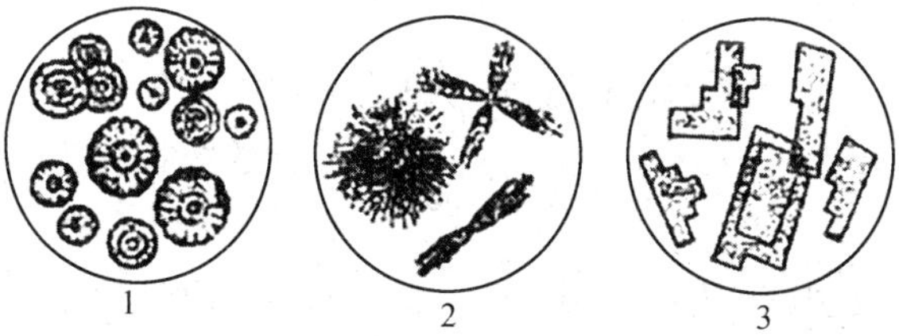

图 3-19　病畜尿液中的沉渣

1. 亮氨酸结晶　2. 酪氨酸结晶　3. 胆固醇结晶

技能三　粪便检查技术

一、粪液的采集与处理

粪便采集前要明确目的。寄生虫检查时应将全部粪便送检；细菌学、病毒学检验时，应将标本放于消毒的清洁器皿口内，做化学和显微镜检验时，应采集新排出且未接触地面的部分，放入清洁的器皿。必要时可用清洁玻璃棒挑取新鲜粪便或用棉拭子伸入直肠内掏取，也可刮取直肠黏膜送检。采集粪便样品的操作是否正确将直接影响检查结果的准确性，因此，留取样品应注意以下事项。

(1)留取粪便样品的盛器要洁净。

(2)粪便样品内不得混有尿液、消毒药及污水。

(3)标本采集后应于 1 h 内送检，以免导致有形成分的破坏、分解。

二、粪液的显微镜检查

将采集的少许粪便，放在结晶的载玻片上，加少量的生理盐水，用牙签混合并涂成薄层，不需要加盖玻片，用低倍镜检视。遇到水样粪便时，因其含有大量的水分，检查前让其自行沉淀或低速离心片刻，然后用吸管吸取沉渣，制片进行镜检。

粪便中的肉眼可见的异常混合物，如血液、脓汁、脓块、肠道黏膜及伪膜等，应仔细将其挑选出来，移到载玻片上，覆盖盖玻片，随后用低倍镜或高倍镜镜检。

1. 寄生虫及虫卵

寄生虫病的诊断主要依靠实验室检查。动物体内的多种寄生虫(如球虫、线虫、绦虫、吸虫等)的虫卵、卵囊及幼虫，都可随粪便排出体外。因此，粪便检查是内寄生虫诊断的主要手段，并且以虫卵检查为主。虫卵检查常用涂片法、沉淀法和漂浮法。

2. 细菌

健康动物的粪便中细菌较多，检查细菌时应用棉拭子采取。临床上，若动物长期使用广谱抗生素、免疫抑制剂及患慢性消耗性疾病及伪膜性肠炎时，可导致肠道菌群失调。在动物患细菌性肠炎时，通过粪便涂片及细菌培养，可初步确定病原。

3. 红细胞

在动物粪便中发现大量红细胞时，可能为后部肠管出血、胃出血(呕吐物)；有少量散在、形态正常的红细胞，同时有多量白细胞者，说明动物存在胃炎、胃肠炎或肠炎。

4. 白细胞及脓球

白细胞为圆形、有核、构造清晰的细胞，常分散存在；脓球的构造不清晰，常聚集在一起甚至成堆存在。粪便中发现多量白细胞及脓球时，表明动物的肠管有炎症或溃疡。

5. 上皮细胞

上皮细胞有扁平上皮细胞和柱状上皮细胞，前者来自肛门附近，后者来自肠黏膜。当粪便中有少量柱状上皮细胞，同时有白细胞、脓球及黏液时，为肠管的炎症性疾患。

6. 脂肪颗粒及其他食物残渣

植物细胞及植物组织有厚而有光泽的细胞膜及叶绿素。当给动物饲以混合性食物时，可在其粪便中见到植物细胞、淀粉颗粒及脂肪滴等；粪便中的脂肪滴多呈圆形，颜色淡黄，可被苏丹Ⅲ染成红色，粪便中出现过多的脂肪滴为消化障碍、脂肪吸收不全的特征。未被消化的淀粉颗粒滴加稀碘溶液后变为蓝色；消化不完全的淀粉颗粒滴加稀碘溶液后变为蓝色；消化不完全的淀粉颗粒滴加稀碘溶液后变为紫色或淡红色。

7. 伪膜

镜下见有黏液及丝状物，缺乏细胞成分者，实为纤维蛋白渗出后变成的纤维蛋白膜，多见于牛、马和猪的黏液膜性肠炎。检查此项目，可与重剧性肠炎时由肠管脱落的肠黏膜相区别。

三、酸碱度测定

1. 方法

(1)广泛 pH 试纸法：取试纸一小条，放在粪便的表面，等到纸条被粪便的水分湿润后，取下纸条与 pH 标准色板进行比较，记下与它相似的 pH，然后把粪球或粪块打开，用同样的方法检验粪便内部的酸碱反应。

(2)溴麝香草酚蓝法：取粪球表面和粪球内部的粪块(大小如玉米粒)各一块，分别放在一张洁净的载玻片的两端，载玻片下面衬放一块白纸。在每块小粪块上，各加 1～2 滴 0.04%的溴麝香草酚蓝溶液，1 min 后观察反应并记录结果。

2. 判断

广泛 pH 试纸法：pH 等于 7 时为中性反应，pH 低于 7 时为酸性反应，pH 越小表明酸度越大；反之，pH 高于 7 时为碱性反应，pH 越高表明碱度越大。

溴麝香草酚蓝法：试纸呈现绿色的为中性反应，呈现黄色的为酸性反应，呈现蓝色的为碱性反应。

3. 临床意义

草食动物的正常粪便，都呈弱碱性反应，如果粪便变为酸性反应，则表明胃肠内的食物发酵产酸，常见于胃肠卡他；肉食动物的正常粪便呈弱碱性反应，当粪便呈较强的碱性反应时，则表明胃肠内产生了炎性渗出物，多见于胃肠炎。健康动物的呕吐物均为酸性。

四、潜血的检查

粪便中不能用肉眼看出来的血液称为潜血。检查潜血时，正常无潜血的粪便不呈现颜色反应。整个消化系统不论哪一部分出血，都可以使粪便含有潜血。这项检验对于消化系统的出血性疾病的诊断、治疗及预后都有意义。肉食动物应禁食 3 d，方可进行这项检验。

技能四　瘤胃内容物检查技术

一、瘤胃内容物的采集与处理

采取牛、羊的瘤胃内容物，可在其反刍时，当食团从食道逆入口腔时，即刻用一只手抓住舌头，另一只手伸入口腔，便可采取少量瘤胃内容物。如不见其反刍，可将胃导管插入瘤胃内，外端连接吸引器的负压瓶上，开动马达抽取瘤胃液。在用量较少时，可用封闭针头，在左侧肷部穿刺，连接注射器抽取胃液。瘤胃液用双层纱布过滤后，送检。

二、瘤胃内容物的检查

(一)瘤胃内容物的一般性状

(1)气味：正常的瘤胃内容物为芳香气味或草料味。瘤胃内容物异常发酸时，呈腐败臭味；饲喂浓厚饲料时，呈酸臭味。

(2)颜色：正常的瘤胃内容物为浅绿色或绿色。饲喂青贮料过多时，呈黄褐色；瘤胃酸中毒时，呈灰白色。

(3)黏稠度：正常的瘤胃液黏稠。当动物患酮血病或瘤胃酸中毒时，瘤胃液稀薄呈水样。

(二)pH 的测定

用广泛 pH 试纸或酸度计测定。正常的瘤胃液的 pH 为 5.5～7.5，给予蛋白质饲料过多时，pH 升高；饲喂高碳水化合物饲料及前胃弛缓、瘤胃积食等时，pH 降低，可低至 5.5 以下。

(三)纤毛虫计数

1. 纤毛虫计数板

一般用的是血细胞计数板。但为了对较大的纤毛虫容易计数，可在血细胞计数板的计数室两侧，用黏合剂粘 0.4 mm 的玻片，使计数室的底部至盖玻片之间的高度变成 0.5 mm。

2. 稀释液

常用稀释液为 0.3%的冰醋酸溶液、甲基绿甲醛溶液(取甲基绿 0.3 g、甲醛溶液 100 mL、氧化钠 0.5 g、蒸馏水 1 000 mL，混合溶解即成)。

3. 计数方法

吸取上述任一种稀释液 1.9 mL 置于小试管中，加入过滤的瘤胃液 0.1 mL（为 20 倍稀释），轻轻混匀，用毛细管吸取此液，按血细胞计数时的充液方法充入计数室，静置 2～5 min，镜检。计数四角 4 个大方格内纤毛虫的数目，按下列公式计算出每毫升瘤胃液中的纤毛虫数。

$$\text{每微升瘤胃液中的纤毛虫数}=\frac{\text{四角大方格纤毛虫总数}}{4}\times 20\times 2$$

$$\text{每毫升瘤胃液中的纤毛虫数}=\frac{\text{四角大方格纤毛虫总数}}{4}\times 20\times 2\times 1\,000$$

4. 正常值

健康牛、羊的每毫升瘤胃液中含有纤毛虫 50～100 个。当前胃弛缓、瘤胃积食和瘤胃酸中毒时，由于瘤胃液的 pH 降低，纤毛虫数显著减少，甚至完全消失。有报道曾指出，在黄牛前胃弛缓和瘤胃积食时，大型纤毛虫显著减少，小型纤毛虫则显著增加。

【复习与思考】

1. 动物感染细菌和感染病毒时，血液学变化有什么不同？
2. 犬患细小病毒病时，粪便检查会出现哪些异常？
3. 犬患膀胱炎时，尿液检查会出现哪些异常？
4. 如何采集牛的瘤胃液？

【知识链接】

动物疫病快速检测卡
（以猫瘟抗原快速检测卡为例）

1. 产品简介

猫泛白细胞减少症（FPV）俗称猫瘟，临床上以泛白细胞显著减少为主要特征。猫泛白细胞减少症抗原快速检测卡采用了快速免疫层析检测技术，用于检测猫泛白细胞减少症抗原。

2. 包装组成

快速检测卡	1 套
无菌棉签	1 个
滴管	1 个
样品缓冲液	1 瓶
一次性卫生手套	1 副
说明书	1 份

3. 效果及效能

把取得的粪液样本加入加样孔后，与胶体金标记的抗 FPV 单克隆抗体一起沿层析膜移动。若样品中存在 FPV 抗原时，与检测线上的抗体结合而显示酒红色；若样品中不存在 FPV 抗原时，则不产生颜色反应。

4. 使用方法

（1）用棉签收集刚排泄的粪便样品，或直接从直肠取样。

（2）立即将棉签插入装有样品缓冲液的收集管中，将棉签在管壁上反复用力旋转至少 10

次，并混匀溶液，使标本尽可能溶解在溶液中。在试管壁上挤压棉签，使液体尽可能被挤出，丢弃棉签。

(3)从密封袋中取出检测卡。将检测卡放置在平整的表面，用吸管从收集管内吸取液体，缓慢、逐滴地准确滴加 5 滴到有“S”标记的加样孔内。

(4)在室温下放置 10～15 min 后判断结果，超过 15 min 的结果无效。

5. 结果判定

阳性：在观察孔内，检测线区(T)及对照线区(C)同时出现紫红色线(图 3-20)。

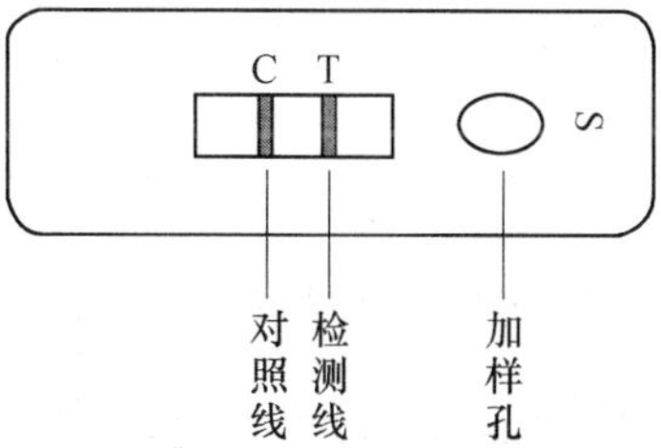

图 3-20　阳性结果

阴性：在观察孔内，只有对照线区(C)出现一条紫红色线(图 3-21)。

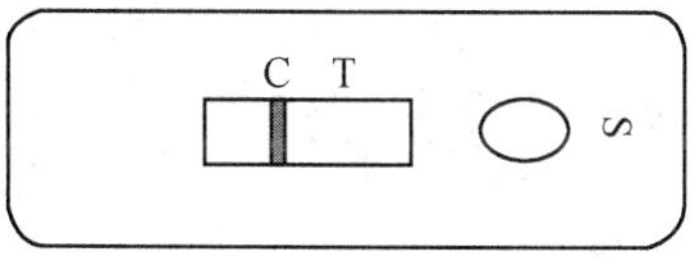

图 3-21　阴性结果

失效：在观察孔内，对照线区(C)和检测线区(T)都不出现紫红色线(图 3-22)；或仅检测线区(T)出现紫红色线(图 3-23)。

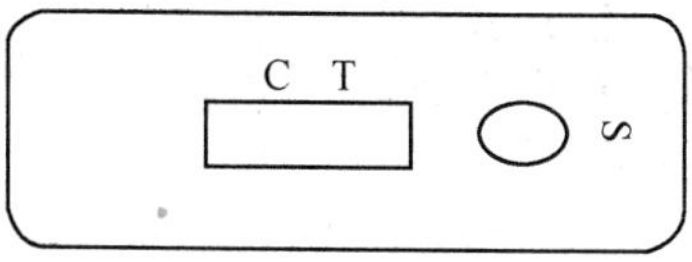

图 3-22　失效结果(1)

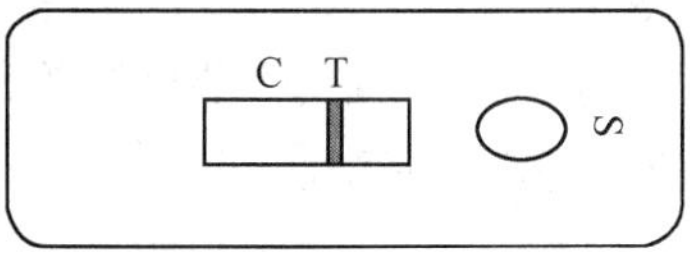

图 3-23　失效结果(2)

任务四

仪器检查技术

【任务描述】

仪器检查是指超声波检查、X 线检查、心电图检查、内窥镜检查等，本任务主要对以上各检查技术进行详细介绍。

【技能目标】

通过对本任务的学习，学生会使用相关仪器设备，能够进行一般仪器检查操作。

技能一　超声波检查技术

一、超声检查的基础知识

超声是指超过人耳听觉范围(频率为 20～20 000 Hz)的高频声波。超声波属于声波范畴，它具有声的共同物理性质，但其频率高，波长短。超声成像是利用超声的物理特性和机体组织、器官声学参数的差异进行成像。产生超声波的方法有多种，现代超声波的产生主要是利用某些晶体(如石英、酒石酸钾钠、锆钛酸铅等)的特殊物理性质——压电效应产生超声波。诊断最常用的超声频率是 2～10 MHz。

(一)超声的物理学特性

1. 超声波的声束

超声波波长较短，接近红外线的波长，因此和光线一样具有较强的方向性，形成超声束。在超声波检查技术中，超声波由探头发出并进入动物体后，在距离探头较近的一段区域内，形成一条宽度近似探头直径的超声束，此区称为近场。在近场的远侧超声束逐渐增宽，此区称为远场。

2. 超声波的反射、透射、折射、散射和绕射

当超声波在传播过程中遇到两种不同介质时，在介质分界面将产生反射。超声波在介质分界面反射后，剩余能量的超声波将进入第二介质，这称为透射。如果两种介质中的声速相同，透射声束的方向将与入射声束的方向相同。但如果两种介质中的声速不同，透射声束将发生方向的转折，这称为折射。剩余能量将以某一中心向空间各个方向传播，这称为散射。散射后返回探头的回声信号强度明显减弱。超声在遇到小于其波长一半的物体时，会绕过障碍物

的边缘继续向前传播，这称为绕射或衍射。

3. 超声波的吸收和衰减

超声波在体内传播的过程中，强度将随着所传深度的增加而进行性减弱，这称为衰减。超声波在体内衰减是由超声波的反射、散射和超声波吸收引起的。

4. 多普勒效应

克里斯蒂安·多普勒(Christian Andreas Doppler)发现，声源与反射物体之间出现相对运动时，反射物体所接收的频率与声源发出的频率不一致。当声源与反射物相向运动时，声音的频率增高，反之降低，此种频率发生改变(频移)的现象称为多普勒效应。频移的大小取决于声源与反射物体相对运动速度，速度越大，频移越大。当相向运动时，频移为正，声音增强；当反向运动时，频移为负，声音减弱。

5. 方向性

超声波与一般的声波不同，由于频率极高，波长又短，远远小于探头的直径，在传播时集中于一个方向，类似于平面波，声场分布呈狭窄的圆柱状，声场宽度与探头的压电晶片大小接近，因而有明显的方向性。

(二)超声的分辨性能

1. 超声的显现能力

超声的显现能力是指超声能检测出物体大小的能力。超声频率越高，波长越短，其显现能力越高。

2. 超声的分辨力

超声的分辨力是指超声能够区分两个物体间的最小距离，分为横向分辨力和纵向分辨力，单位均为毫米(mm)。横向分辨力是指超声能分辨与声束相垂直的界面上的两物体(或病灶)间的最小距离；纵向分辨力是指超声能够分辨位于超声线上的两物体(或病灶)间的最小距离。

3. 超声的穿透力

超声频率越高，其显现力和分辨力越强，显示的组织结构和病灶结构就越清晰；但频率越高，其衰减也越显著，透入的深度就越小。即超声频率越高，穿透力越低；频率越低，穿透力越高。

(三)超声波的声像图

超声诊断仪的探头又称换能器。它先将电能转换成声能而发生超声波。超声束进入动物体后遇到两种不同介质时，在介质的分界面产生反射，这称为回声，剩余的能量继续深入，当再遇到不同介质的界面时又发生反射，依此类推。超声诊断仪又将动物体某部位各层组织的回声通过探头回收到仪器内，并将声能再转换成电能而显示在荧光屏上就成为声像图。所以声像图也就能间接反应动物体某部位各层组织的结构。

1. 回声性质

(1)无回声：超声经过的区域没有反射的，为无回声的暗区。其可能是液性暗区、衰减暗区、实质暗区。

(2)低回声：当肝等实质器官发生急性炎症时，出现渗出，其声阻抗比正常组织小，透声增高，因而可出现低回声区。

(3)强回声:实质器官内组织致密,声阻抗差别较大,反射界面增多,使局部回声增强,呈密集的光点或光团。其又可细分为较强回声、强回声和极强回声。

2. 回声形态描述

光点或光斑指细而圆的点状回声;光团指回声光点以团状出现;光条或光带指回声呈条带状,光环中间为较暗或暗区,如胎儿的头部回声。光晕指光团周围形成暗区,如癌症结节周边的回声。网状回声指多个环状回声聚集在一起构成筛网状,如脑包虫、犬子宫蓄脓、腹腔脓肿等的回声。云雾状回声多见于声学造影。声学造影指由于声能在声学界面衰竭、反射、折射等而丧失,声能不能达到的区域(暗区),即强回声下方的无回声区域。有些肝或肿块底边无回声,称底边缺如;如侧边无回声称为侧边失落。声尾指强回声下方类似于彗星尾样回声,如囊肿后方的声尾。在特强声学界面上,超声波在肺泡壁上反复反射,声能很快衰减,这称为多次重复回声(3 次以上)或多次回声。靶环征指以强回声为中心形成圆环状低回声带,如肝病灶组织的回声。

3. 超声图像特点

超声图像是以不同的灰度来反映回升的强弱的,无回声为暗区,强回声为亮区。借此进行组织、器官的超声解剖学研究、病变形态学诊断、活动脏器的功能的检测和介入超声的研究。

超声图像是层面图像。改变探头位置可得任意方位的声像图,并可观察活动器官的运动情况。

(四)超声诊断的类型

超声检查的类型较多,目前最常用的是按显示回声的方式进行分类,主要有 A、B、M、D 和 C 型 5 种。目前临床使用最为广泛的是 B 超。

二、B 超诊断法

B 超诊断法是将回声信号以光点明暗,即灰阶的形式显示出来。光点的强弱可反映出回声界面反射和衰减超声的强弱。这些光点、光线和光面构成了被探测部位二维断层图像或切面图像,这种图像称为声像图。动物体各脏器组织结构密度存在明显差异,B 超技术就是通过不同密度组织对超声的吸收与反射的差异存在,而在荧光屏上显示出各脏器的切面图像。图像为超声波断层像,在黑色背景下,显示黑白相间的图像,白区为光点或光团,表示相邻组织界面有密度差别;黑区为无反射暗区,表示组织密度均匀。随着 B 超机的普遍降价,许多动物诊所有条件购买 B 超机给动物进行 B 超检查。B 超机的种类很多,有国产的,也有进口的,有便携式的,也有台式的,价格不等,从几千元到十几万元都有,但大多是将人用的改为动物用的。国内很多厂家生产的 B 超机,质量也都不错。B 超诊断现在已经广泛应用于动物的妊娠诊断、脾等的检查,如犬在妊娠后第 24 天即可检出胎儿。

技能二　X 线检查技术

一、X 线的基础知识

X 线是一种波长很短的电磁波,波长范围为 0.000 6～50 nm。目前 X 线诊断常用的 X 线波长范围为 0.008～0.031 nm(相当于 40～150 kV 时)；在电磁辐射谱中，居 γ 射线与紫外线之间，比可见光的波长要短得多，肉眼看不见。X 线具有以下特性。

1. 穿透性

X 线波长很短，具有很强的穿透力，能穿透一般可见光不能穿透的各种不同密度的物质，并在穿透过程中受到一定程度的吸收，即衰减。

2. 荧光效应

X 线能激发荧光物质(如硫化锌镉及钨酸钙等)，使产生肉眼可见的荧光。即 X 线作用于荧光物质，使波长短的 X 线转换成波长长的荧光，这种转换叫作荧光效应。这个特性是进行透视检查的基础。

3. 摄影效应

涂有溴化银的胶片，经 X 线照射后，可以感光，产生潜影，经显影、定影处理，感光的溴化银中的银离子(Ag^+)被还原成金属银(Ag)，并沉淀于胶片的胶膜内。此时金属银的微粒，在胶片上呈黑色。而未感光的溴化银，在定影及冲洗过程中，从 X 线胶片上被洗掉，因而显出胶片片基的透明本色。依金属银沉淀的多少，便产生了黑和白的影像。所以，摄影效应是 X 线成像的基础。

4. 电离效应

X 线通过任何物质都可产生电离效应。空气的电离程度与空气所吸收 X 线的量成正比，因而通过测量空气电离的程度可计算出 X 线的量。X 线进入人体，也产生电离作用，使人体产生生物学方面的改变，即生物效应。它是放射防护学和放射治疗学的基础。

二、X 线成像的基本原理

X 线之所以能使动物体在荧屏上或胶片上形成影像，一方面是基于 X 线的特性，即其穿透性、荧光效应和摄影效应；另一方面是基于动物体组织有密度和厚度的差别。由于存在这种差别，当 X 线透过动物体各种不同组织结构时，它被吸收的程度不同，所以到达荧屏或胶片上的 X 线的量即有差异。这样，在荧屏或 X 线上就形成黑白对比不同的影像。

一张质量好的 X 线照片，其影像应有适当的密度、良好的对比度和较高的清晰度。

1. 密度

照片的密度即照片黑色的深浅度，也即光线能透过 X 线照片的程度，这是由被检部物质的密度决定的。物质的密度取决于构成该物质的原子序数和单位体积中的原子数目，此二者又构成物质的相对密度，所以物质的密度与相对密度是一致的。此外，照片的密度又与曝光的程度有密切关系。

2. 对比度

照片的对比度即不同密度的组织在其所形成的照片影像中显现出的密度差异，如骨骼和肌肉在照片上就要表现出应有的密度差异。良好的对比度应是黑白分明、界限清楚。

3. 清晰度

照片的清晰度即被检部组织在照片上微细结构与外形轮廓的清晰程度。清晰度良好的照片，应能显现精细的骨小梁和锐利的边缘轮廓。

三、X 线成像设备

X 线机包括 X 线管及支架、变压器、操作台以及检查床等基本部件。20 世纪 60 年代以来，影像增强和电视系统技术的应用，使它们逐渐成为新型 X 线机的主要部件之一。为了保证 X 线摄影质量，新型 X 线机在摄影技术参数的选择、摄影位置的校正方面，都更加计算机化、数字化、自动化。

四、X 线检查

(一)X 线检查的基础

X 线图像是由从黑到白不同灰度的影像所组成。这些不同灰度的影像反映了动物体组织结构的解剖及病理状态。这就是赖以进行 X 线检查的自然对比。对于缺乏自然对比的组织或器官，可人为地引入一定量的在密度上高于或低于它的物质，这便产生人工对比。因此，自然对比和人工对比是 X 线检查的基础。

1. 天然对比

动物体各种组织和器官彼此间的密度与相对密度不同，吸收 X 线的程度有差异，所透过的 X 线在荧光屏上形成的影像有明暗之分，在照片上有黑白之别，形成不同的对比。这种差异是动物体本身天然具有的，故称为天然对比。动物体中根据其组织结构的相对密度不同，可以大致分为骨骼、软组织及体液、脂肪组织和气体 4 类，其相对密度与 X 线吸收的比例具有一定的关系。

(1)骨骼：骨骼在动物体中是含钙最多(68%)的组织，密度最高，相对密度最大，吸收 X 线最多，故在 X 线照片上感光最少，显示为白色阴影，而在荧光屏上则产生的荧光最弱，显示为黑暗的阴影。

(2)软组织及体液：软组织包括皮肤、肌肉、结缔组织与软骨、腺体与脏器等，体液包括血液、淋巴液、脑脊液、尿液等。它们彼此之间的密度与相对密度差异很小，对 X 线的吸收率大致相似，故它们之间不存在明显的对比；但与脂肪组织有一定的对比，对骨骼与气体则呈明显对比；在 X 线照片上呈灰白色，在荧光屏上呈暗灰色。

(3)脂肪组织：脂肪虽然也属软组织，但因排列疏松，密度与相对密度较小，故与其他软组织和体液之间仍呈现一定的对比，在对比度好的 X 线照片上显现密度稍低的灰黑色阴影。

(4)气体：存在于呼吸器官和胃肠道内的气体，排列非常稀疏，密度最低，吸收 X 线最少，与其他组织对比明显，故其阴影恰与骨骼相反，在照片上阴影最黑，在荧光屏上最为明亮。

此外，物体的厚度也影响 X 线的吸收而与对比度有关，如很厚的软组织表现的阴影密度也可以大于很薄的骨组织。

2. 人工对比

动物体组织、器官虽然具有一定的天然对比，如胸部的胸廓，心、肺之间或四肢的骨骼与肌肉之间最为明显，但其他部位的软组织和器官之间则缺乏天然对比，若要使这些组织结构与器官显现出来，就必须用人工方法，在管腔内或器官的周围注入对比剂(造影剂)造成人为的对比差异，故称为人工对比。如在消化道内投入相对密度大的硫酸钡，则可使消化器官的内腔显影，在腹腔内注入密度低的气体，同样可使肝、胃、肾、膀胱等器官外形显现。由于人工对比的成功和广泛应用，已大大扩大了 X 线诊断的应用范围。

(二)X 线检查技术

1. 荧光透视

荧光透视简称透视，为常用的 X 线检查方法。由于荧光亮度较低，因此透视一般须在暗室内进行。透视前须对视力行暗适应。透视采用影像增强电视系统，影像亮度明显增强，效果更好。透视的主要优点是可转动病畜体位，改变方向进行观察；了解器官的动态变化，如心、大血管搏动、膈的运动及胃肠蠕动等；透视的设备简单，操作方便，费用较低，可立即得出结论等。其主要缺点是荧屏亮度较低，影像对比度及清晰度较差，难以观察密度与厚度差别较少的器官以及密度与厚度较大的部位，例如头颅、腹部、脊柱、骨盆等部位均不适宜透视；另外，缺乏客观记录也是一个重要的缺点。

2. X线摄影

X线摄影所得照片常称为平片。这是应用最广泛的检查方法。其优点是成像清晰，对比度及清晰度均较好；不难使密度、厚度较大或密度、厚度差异较小部位的病变显影；可作为客观记录，便于复查时对照和会诊。其缺点是每张照片仅是一个方位和一瞬间的X线影像，为建立立体概念，常需从互相垂直的两个方位摄影，例如正位及侧位；对功能方面的观察，不及透视方便和直接；费用比透视稍高。

这两种方法各具优、缺点，应互相配合，取长补短，可提高诊断的正确性。

五、X线诊断的临床应用

X线诊断用于临床已有百年历史。尽管其他一些先进的影像检查技术，例如CT和MRI等，对一部分疾病的诊断显示出了很大的优越性，但它们并不能取代X线检查。一些部位的检查，例如胃肠道、骨关节及心血管，仍主要使用X线检查。X线还具有成像清晰、经济、简便等特点。因此，在国内外，X诊断仍然是影像诊断中使用最广泛和最基本的方法。

六、X线检查中的防护

X线穿透人体将产生一定的生物效应。若接触的X线量过多，超过容许曝射量，就可能产生放射反应，甚至产生一定程度的放射损害。但是，如X线曝射量在容许范围内，一般则少有影响。因此，不应对X线检查产生疑虑或恐惧，而应强调和重视防护，如控制X线检查中的曝射量并采取有效的防护措施，安全合理地使用X线检查，尽可能避免不必要的X线曝射，以保护人、畜的健康。

放射线工作者应遵照国家有关放射卫生防护标准的规定，制订必要的防护措施，正确进行X线检查的操作，认真执行保健条例，定期监测射线工作者所接受的剂量；透视时要戴铅橡皮围裙和铅手套，并利用距离防护原则，加强自我防护。

七、DR(Digital Radiography，DR)系统

DR系统，即直接数字化X线摄影系统，是由电子暗盒、扫描控制器、系统控制器、影像监视器等组成，是直接将X线光子通过电子暗盒转换为数字化图像，是一种广义上的直接数字化X线摄影。按照探测器类型DR仪(图4-1)主要分为非晶硅平板DR(主流)、非晶硒平板DR和CCD DR(主流)；按照机架结构分为悬吊DR和立柱(UC臂)DR。DR作为目前主流X光拍片的发展趋势，已经成为动物医院放射科必备的设备之一。DR系统成像有以下几个特点。

(1)数字图像的密度分辨率高。

(2)数字图像可进行后处理。

(3)数字图像可以存储、调阅、传输或拷贝。

(4)成像速度快。曝光后 10 s 即可获得数字影像,极大地提高了工作效率。

(5)可以进行全身各部位检查,大大方便了临床重症、急症患者的诊治。

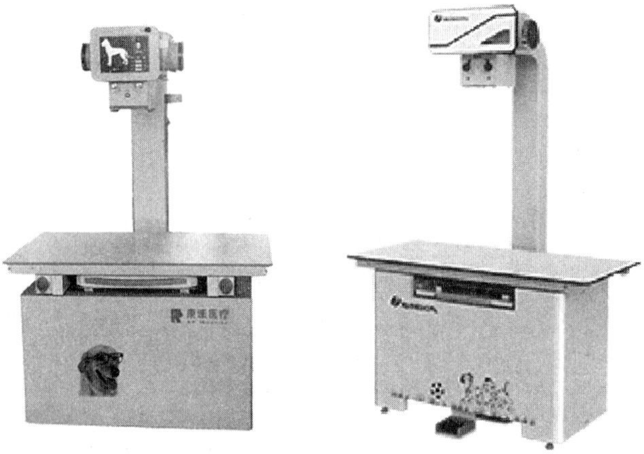

图 4-1 不同品牌的 DR 仪

技能三 心电图检查技术

一、心电图检查的基础知识

心电图指的是心脏在每个心动周期中,由起搏点、心房、心室相继兴奋,伴随着心电图生物电的变化,通过心电描记器从体表引出多种形式的电位变化的图形(简称 ECG)。心电图是心脏兴奋的发生、传播及恢复过程的客观指标。

(一)心电图形成的原理

心脏的每次搏动(包括收缩和舒张)称为一个心动周期,相应的心电活动(包括除极和复极)成为一个心电周期。心电图的描记方法也称为心动电流描记法。研究正常及病理情况下的心电图的变化及临床应用的学科,为心电图学。心电图是一种无创伤获得心脏电生理资料的方法,是心肌去极化和复极化过程中产生的生物电变化在动物体表的反应,是判断心脏生理特性和功能的一项重要指标,也是兽医临床上诊断心血管疾病的重要手段。心电图是心脏兴奋的发生、传播及恢复过程的客观指标,多种原因(麻醉、疾病、电解质紊乱等)可导致动物心脏功能异常引起心脏生物电活动发生变化,故通过心电图监测心脏活动具有重要意义。心电图是从体表上记录下来的心脏的周期的生物电变化。伴随着心脏的搏动,心电图上出现一组特征波群(P、QRS、T 及 U)。通过对心电图各波、段和间期进行分析,可以为临床提供有关心脏病的重要参考资料。

(二)心电图各波段的组成和命名

所有心肌细胞均有其电活动性,窦房结电活动节率最高,也是心脏节律的“控制者”,称为“起搏点”。窦房结电活动节率受自主神经的影响,如交感神经(兴奋时节率加快)和副交感神经(兴奋时节率减慢)。

心脏激动起自窦房结,使心房肌细胞发生去极化,随后去极化波传至房室结时传导速度减慢,形成一段延时。激动通过房室结至希氏束,在室间隔后分为左、右两个束支(进入左、右心室),左束支又可分支为前束支和后束支,最后传导至浦肯野纤维。

正常心电图由心房激动波和心室激动波组成。心房激动波以 P 波表示,心室激动波由心室肌去极化产生的 QRS 波群和复极化产生的 T 波组成。

二、心电图机的使用技术

(一)心电图机的类型

在临床上应用的心电图机,类型和种类很多,以电源可分为直流电式和交流电式;以电流计可分为弦线式和动圈式;以放大装置可分为电子管电路和晶体管电路等。其记录装置有照相感光式、直接观察式和直接描记式,其中直接描记式又分为热笔式、刀刮式、墨水式及墨水喷射式。

(二)心电图机的基本结构

心电图机的种类和形式虽然很多,但从结构而言,主要包括下列几个部分。

(1)导联选择器:一般是由一只旋转式的多层单刀多掷波段开关和阻容电路组成。它能将同时连接在动物体上的电极导线分别组合各种所需导联,并送至放大器的输入端,使用户可以任意选择和记录导联的心电图。

(2)1 mV 标准信号发生器:心电图机内部产生的已知强度的微弱信号电流的描记即在描记心电图之前记录下此信号,用以与以后描记的心电图波形的振幅比较,以测量心脏电流的强度。

(3)电子管或晶体管放大器:主要功用是把极微弱的心脏电流信号放大几千倍来推动描记器工作。由于心脏产生的电源是极其微弱的,电压仅 2 mV 左右,电流仅 1 μA 左右,所以这样微弱的电流信号要经过 5 000～10 000 倍的放大才能记录下来。

(4)记录器装置:将电流转换成机械运动的装置。心脏的电流经过心电图机导联选择和放大后,输送到记录器而转换成机械运动,随后再描记在特制的记录纸上。

(5)传动走纸装置:一般心电图机记录纸的滑动是依靠一个微型电动机和一套传动齿轮来推动,走纸速度一般为 25 mm/s 和 50 mm/s 两种。

(6)电源供给:心电图机电源供给放大器和电动机各种电压。电子管电路心电图机一般采用 110 V 或 220 V 交流电;晶体管电路心电图机一般采用电池或蓄电池直流电;有的可为交流、直流两用。

(三)心电图机的使用方法

心电图机的正确操作和使用是很重要的,若使用不当,不但描记出的心电图达不到要求,而且还会损坏仪器,甚至危及人、畜的安全。其操作程序如下。

(1)操作者必须先熟悉仪器的性能,并充分掌握操作程序,了解每个开关的作用和用途;检查电源是否与心电图的电源相符,否则不能通电和盲目启动开关。

(2)连接电源线、导联线和地线。

(3)打开电源开关和描笔开关,使仪器预热。仪器预热的时间一般为30 min。

(4)按要求将动物适当保定,在安放电极板的部位剪毛或涂擦电极液,然后安放好电极。

(5)调节电压振幅和走纸速度以及导联,在动物安静时按导联顺序进行走纸、描记。

(6)操作完毕后将所有开关复原,切断电源。

(7)在描记的心电图纸上标明畜主、地址、畜别、描记时间、各导联段。

(四)常见的心电图导联

将两个电极放在动物体表面的任何两点,并分别将心电图的正极端与负极端相连,便可描记出两点间电位差(即电压),这种放置电极板的方法及与心电图机的连接方式称为导联。

1. 标准导联(双极肢导联)

(1)标准第一导联(Ⅰ or L1):左前肢接心电图机的导线的正极,右前肢接负极,所得电位是前肢之差。当左前肢电位较右前肢电位高时,描出向上波,反之则是向下波。

(2)标准第二导联(Ⅱ or L2):左后肢接心电图机的导线的正极,右前肢接负极,当左后肢电位较右前肢电位高时,描出的波形向上,反之则向下。

(3)标准第三导联(Ⅲ or L3):左后肢接心电图机的导线的正极,左后肢接负极。当左后肢电位高于左前肢电位时,描出的波向上,反之则向下。

2. 加压单极肢导联

由于单极肢导联的探测电极距心脏较远,因此VR、VL和VF各导联心电图波形的振幅较小,不便于观察。为了使波幅增大,当描记某一肢体单极导联时,将该肢体与中心电端相连接的高电阻断开,这样可使心电图波幅增加50%,而波形保持原样不变,这种导联方式称为加压单极肢导联,分别以aVR、aVL、aVF表示。

心电图机的无干电极与中心电端连接,探查电极放在右前肢,则得左前肢单极肢导联aVR,波呈向下波。同样,探查电极放在左前肢或左后肢,则分别得左前肢单极肢导联aVL与左后肢单极肢导联aVF,它们的波呈向上波。

3. 胸导联

利用上述单极导联的连接方式,将探查电极放在胸壁,无干电极与中心电端连接,即为胸导联。探查电极安放的部位通常有6个,即V1、V2、V3、V4、V5、V6。但是最常用的只有3个,即V1、V3、V6,均为向上波。

4. 导联方法

当兽医临床描记家畜心电图时,通常用肢导联和胸导联。标准双极肢导联的4个电极分别放在动物两前肢及两后肢的管部(小腿部),并用红、黄、绿、黑4种颜色的导联线来连接。连接在右前肢(R)及左前肢(L)的,称为第Ⅰ导联;连接右前肢(R)及左后肢(LP)的称为第Ⅱ导联;连接左前肢(L)及左后肢(LP)的,称为第Ⅲ导联。其中以第Ⅱ导联所描记的波幅最大。胸导联则是将一个电极放在胸的不同部位(V1、V2、V3、V4、V5、V6),与远隔心脏的四肢上的电极配合导联,进行心电描记。

三、心电图检查的临床应用

1. 评估心脏解剖学变化

心电图可检测心脏增大的情况,其图形变化可提示特定心腔的增大。在评估心脏增大情况时，应结合X线检查进行综合判断。在临床使用时二者可互为补充，且X线肺部影像变化对于确诊心脏病具有十分重要的作用。

2. 诊断心律失常

心律失常时有发生，通常在医师对动物进行体格检查时，听诊心脏或触诊股动脉发现。心律失常的评估首先须判断心律失常的类型，而心电图是确定心律失常类型的唯一手段，治疗必须根据心电图检查结果进行。

3. 监测治疗效果

心电图可用于监测药物的疗效，如当动物使用洋地黄类药物时，应监测心率、P-R间期或检查是否出现心律失常；每次在心电图检查后确定用药剂量可尽可能地避免地高辛中毒。心电图可用于监测抗心律失常药(如奎尼丁)的作用和中毒情况，若心律失常得到良好的控制则说明药物作用理想，若出现房室阻滞、QRS波群时限、Q-T间期或P-R间期延长，或心率发生显著改变则提示发生药物中毒。

血清钾、钙浓度的变化可使心电图各波段发生相应的变化，如动物在患高钾血症时，血清钾浓度与心电图改变在多数情况下呈一定规律性变化：血钾＞6.5 mmol/L时心肌伸缩力降低，传导速率显著降低，可出现QRS波群增宽，随后发生心动过缓；血钾浓度在6.5～8.0 mmol/L时P波振幅降低，P波时限、QRS时限、P-R间期及Q-T间期延长；血钾浓度＞8.0 mmol/L时P波消失，出现缓慢的窦室性心律(心率＜40次/min)，即发生窦室传导；血钾浓度＞10 mmol/L时心脏停搏，导致死亡。心电图可用于监测代谢性疾病治疗中电解质浓度的改变，避免过于频繁地采集血样。

另外，心电图也有助于确定诊断或心包穿刺治疗时的入针位置，若入针过深触碰到心肌时可引起心律失常。

4. 辅助预后

兽医通过心电图可大致估测心脏增大的程度。总体而言，心脏增大程度越大，疾病越严重，预后则越差。另外，若发生不同类型的心律失常，预后也不尽相同。

5. 评估疾病进程

随着疾病的发展，应定期监测患病动物心电图变化，以便更好地评估疾病进程。故每份心电图应标注检测时间并存入病例资料，用于前后对比。

6. 辅助对存在虚弱、晕厥、嗜睡、虚脱或抽搐等症状的病畜进行鉴别诊断

心电图可辅助对某些存在虚弱、晕厥、嗜睡、发热、虚脱或抽搐等症状的动物进行鉴别诊断，很多疾病如代谢性疾病、心脏病、神经系统疾病、系统疾病导致的毒血症均可引起这些症状。代谢性疾病如肾上腺皮质机能减退、糖尿病、严重肾病、抽搐等常可引起电解质紊乱，这些疾病的临床症状较为类似，均可出现虚脱、抽搐或两者同时出现，有时还伴有心动过缓。心电图对血清钾、钙离子浓度较为敏感，检测也较抽血采样快速。

心律失常可导致晕厥、突然虚脱、抽搐或三者同时出现，引起血压突然下降，可产生上述症状的心律失常有房室阻滞、室性或室上性心动过速、心室纤颤及偶见的窦房停顿。心电图可鉴别心律失常的类型，其中有些类型的心律失常可通过药物纠正。

中枢神经系统损伤可引起动物抽搐，其他的神经学异常也可导致虚弱、嗜睡、意识障碍或虚脱。特发性癫痫通常是通过排除其他异常后确诊。任何出现抽搐、虚脱、虚弱症状的动物均应进行心电图检查。

7. 麻醉与手术监护

心电图可用于动物麻醉和手术中的监护。对于一些重症病例,心电图监护显得尤为重要。麻醉的深度常通过检测动物的心率来评估。若心率开始下降至基值以下,或低于 70 次/min 时,需对动物进行检查,必要时降低麻醉深度。若动物并未进入深度麻醉,但心率过缓,此时应给予阿托品并进行人工呼吸。若仍不能提高心率,则应考虑使用异丙肾上腺素。心电图也可监测动物供氧是否充分。心肌对缺氧非常敏感。监护医师需认真监测 T 波和 S-T 段,以掌握通气给氧情况,便于在发生严重的心律失常之前改善机体状况。

8. 常规体检

心电图是常规临床体检项目之一。动物每年体检项目应包括全面的体格检查、常规实验室检查和心电图检测,尤其是 5 岁以上具有心脏病史的动物。动物在实施麻醉前应进行术前心电图检查,这对老龄动物尤为重要。外伤病史的动物也应接受心电图检查以监测是否发生心律失常。另外,当急诊病例或接受手术的动物在恢复过程中状况不理想时,应进行心电图检测。

技能四　内窥镜检查技术

一、内窥镜检查的基础知识

内窥镜为经体表插入器械,窥视有关脏器的变化。在兽医临床上主要使用的是纤维内窥镜(以下简称内镜),利用其在呼吸道、消化道、骨盆腔器官、关节等方面进行诊断和治疗,均取得了满意的效果。

早年内镜技术主要应用于大动物疾病的检查和治疗方面,近年来,随着动物医疗水平的提高,内镜在小动物诊疗方面的应用逐渐增多,目前国内外应用于犬、猫疾病方面的内镜主要有腹腔镜、胸腔镜、胃镜、肠镜、结肠镜及关节内镜等。而在犬、猫疾病中应用最多的为腹腔镜和消化道内镜。腹腔镜技术在兽医中用于非侵袭性的评估器官,包括肝、肝外胆道系统、胰腺、肾、脾、肠道和生殖泌尿道。从这些器官进行活检损伤极其微小,在小动物上已被广泛应用。犬的关节内镜是近 10 年中意义重大的技术和科学进步。

(一)内镜的构造

由于应用检查的目的及应用于器官的类型不同,各种内镜的形状和结构也不尽相同。但内镜一般均由粗细、长短、形状不一的金属或塑料制成的导管组成。其前端附有照明装置,管内有折射用的反光镜或光导纤维及电线,通过电线将尖端的照明装置与外面的电源相连接。有的还附有采取标本的刮削或切除系统。

附属器械根据目的及功能不同而不同。消化道纤维内镜的附属器械主要有活检钳、细胞刷、穿刺针、喷洒管和异物钳等几种。

(二)内镜的种类和用途

内镜分硬质和软质。按其发展及成像构造,内镜分硬管式内镜、光学纤维(软管式)内镜、电子内镜和胶囊式内镜 4 代。按其功能,内镜分消化道内镜、呼吸系统内镜、腹腔内镜、胆道内镜、泌尿系统内镜、生殖系统内镜、血管内镜、关节内镜等。

借助内镜,可进行最有效的早期肿瘤监视,深入研究肿瘤和相关疾病,促进阐明肿瘤病因、发病机理,拓宽对良性、恶性肿瘤施行的闭合性或半闭合性腔内手术,对疾病进行治疗。

二、内镜检查

(一)消化道内镜检查

1. 消化道内镜检查的种类

消化道内镜检查的种类包括一般内镜检查(如活组织检查、黏膜剥离活检、细胞学检查)、内镜色素染色技术(色素内镜)、放大内镜技术、超声内镜技术、小肠镜检查技术、十二指肠镜逆行胰胆管造影技术、胶囊内镜、超细径无痛性电子胃镜。

2. 适应证与禁忌证

1)适应证

前消化道内镜的主要适应证:吞咽困难、呕吐、腹胀、食欲下降等消化道症状;前消化道出血;X 线钡餐不能确诊或不能解释的前消化道疾病;需要跟踪观察的病变;需做内镜治疗的病例,如取异物、出血、息肉摘除、食管狭窄的扩张治疗等。

后消化道内镜的主要适应证:腹泻、便血、便秘、腹痛、息肉、腹部包块、大便形态反复改变等症状,但病因不明的病例;钡灌肠或结肠异常的病例,如狭窄、溃癫、息肉癌肿憩室等;肠道炎性疾病的诊断与跟踪观察;结肠癌肿的术前诊断、术后跟踪;需做出血及结肠息肉摘除等治疗的病例。

2)禁忌证

前消化道内镜的禁忌证:严重的心肺疾病、休克或昏迷、神志不清、前消化道穿孔急性期、严重的咽喉部疾病、急性传染性肝炎或胃肠道传染病等。

后消化道内镜的禁忌证:肛门和直肠严重狭窄、急性重度结肠炎性病变、急性弥漫性腹腔炎、腹腔脏器穿孔、妊娠、心肺功能严重不全、神经样发作及昏迷病例。

3. 术前准备

术前准备:了解病情,阅读钡灌肠 X 线片,向畜主说明检查的注意事项;检查当天禁食,清洁动物肠道;术前 15～30 min 肌内注射阿托品,适当麻醉;电子胃镜术前,病畜禁食水 12 h 以上,取下动物身上项圈、颈铃等金属物品;做好清洁卫生和消毒工作。

4. 消化道常见疾病的内镜诊断

1)胃癌

目前广泛应用的胃癌内镜分期是根据癌肿浸润胃壁结构层次的深浅进行的。

早期胃癌(表浅性胃癌):不论癌的大小、有无淋巴结转移癌限于黏膜内及黏膜下层者。

中期胃癌:癌肿浸润固有肌层但未穿透固有肌层者。

晚期胃癌:癌肿浸润到浆膜层或浆膜外者。

2)消化道出血

内镜直视下,可向出血局部喷洒 5%的 Monsell 液(碱式硫酸铁溶液)止血,也可采用高频电灼血管止血或激光治疗止血。

3)大肠癌和直肠癌

纤维结肠镜检查是对大肠内病变诊断最有效、最安全、最可靠的检查方法,绝大部分早期大肠癌可由内镜检查发现。

4)食管癌

普通内镜检查对诊断消化道中晚期癌变较容易,而对于早期癌变及微小癌变则容易漏诊,而色素内镜可使病灶与周围组织分界清楚,能够清晰显示病变的形状、边缘和范围。

(二)纤维支气管镜检查

1. 适应证与禁忌证

1)适应证

诊断适应证:不明原因的痰血或咯血、肺不张、干咳或局限性喘鸣音、声音嘶哑、喉返神经麻痹;反复发作的肺炎;胸部影像学表现为孤立性结节或块状阴影;痰中可检测到癌细胞,胸部影像学结果呈阴性;诊断不清的肺部弥漫性病变;怀疑气管食道瘘者;选择性支气管造影;肺癌的分期;气管切开或气管插管留置导管后怀疑气管狭窄;气道内肉芽组织增生、气管支气管软骨软化;气管塌陷等。

治疗适应证:取除气管、支气管内异物;建立人工气道;治疗支气管内肿瘤、良性狭窄;气管塌陷时放置气道内支架;去除气管、支气管内黏稠分泌物等。

2)禁忌证

禁忌证:麻醉药物过敏;通气功能障碍引起 CO_2 潴留,而无通气支持措施;气体交换功能障碍,吸氧或经呼吸机给氧后动脉血氧分压仍低于安全范围;心功能不全,严重高血压升高;主动脉瘤;凝血机制障碍;近期哮喘发作或不稳定哮喘未控制者;大咯血停止时间短于 2 周;全身状态极差;受检病例无麻醉药控制的病例。

2. 术前准备

1)病情调查

详细询问过敏史、支气管哮喘史及基础疾病史,备好近期胸部 X 线片、心电图、动脉血气分析等资料。必要时,在心电监护、吸氧状态下进行手术。

2)药品、器械的准备

术前应备好急救药品、氧气、开口器和舌钳;检查活检钳、纤支镜镜面及电视图像、心电监护仪、吸痰装置等,必要时备好人工复苏器。

3)病畜准备

术前禁食、禁饮水 4 h;术前 30 min 肌内注射适量阿托品以减少支气管分泌物,防止迷走神经反射和减弱咳嗽反射;适度麻醉。

3. 临诊应用

在诊断上,纤维支气管镜检查可用于评价气管、支气管黏膜和采取活组织标本。正常气管、支气管黏膜呈白粉红色,带有光泽。随着年龄的增长,黏膜下层逐渐萎缩,黏膜颜色可由白粉红色向苍白方向转变,软骨和隆突也因此变得更加轮廓鲜明。

在治疗上,纤维支气管镜检查可用于去除气管、支气管内异物,治疗分泌物潴留,是去除气道狭窄的病理基础。

4. 并发症

动物进行纤维支气管镜检查会产生直接不良反应,如喉、气管、支气管痉挛,呼吸暂停,甚至心搏骤停等严重并发症,或如发热和感染、气道阻塞、出血等其他并发症。

【复习与思考】

1. X 线操作的注意事项有哪些？

2. 兽医超声波检查的特点有哪些？

3. 根据学习，总结概括一下骨关节疾病的 X 线表现。

【知识链接】

小动物磁共振成像检查

小动物磁共振成像(MRI)检查是近年来一种新型的高科技影像学检查方法，是 20 世纪 80 年代起应用于临床的医学影像诊断新技术。它具有无电离辐射性(放射线)损害；无骨性伪影；能多方向(横断、冠状、矢状切面等)和多参数成像；高度的软组织分辨能力；不需要使用对比剂即可显示血管结构等独特的优点。总而言之，磁共振成像(MRI)几乎可以用于动物身体任何部位的断层扫描。

1. 神经系统方面

MRI 对小动物神经系统的病变诊断包括肿瘤、梗阻、出血、变性、先天畸形、感染、肉芽肿性脑膜脑炎(GME)、坏死性脑膜脑炎(NME)、椎间盘突出、脑积水、脊髓空洞症、脊髓软化、Chiari-like 畸形(CLM)等几乎成为确诊的手段。MRI 对检测脑内血肿、脑外血肿、脑肿瘤、颅内动脉瘤、动静脉血管畸形、脑缺血、椎管内肿瘤、脊髓空洞症和脊髓积水等颅脑和脊髓神经系统的疾病诊断非常有效，特别是在脊髓脊椎病变如脊髓肿瘤、萎缩、变性、外伤性椎间盘病变的诊断中，成为首选检查方法。

2. 胸腔方面

磁共振对于小动物心脏病变、肺肿瘤、心脏大血管的病变、胸内纵隔肿块等也具有独特优势。

3. 五官科方面

另外，MRI 在小动物五官科方面的检查优势更为明显，可以做鼻腔、鼻窦、额窦、前庭耳蜗、球后脓肿、咽喉等部位的断层扫描。

4. 骨科

在小动物骨关节和肌肉病变方面的诊断，MRI 同样具有很大的优势。其可用于早期骨髓炎、前十字韧带断裂、半月板损伤、股骨头坏死、肌肉组织病变等方面的诊断。

5. 泌尿生殖系统方面

小动物子宫、卵巢、膀胱、前列腺、肾、输尿管等软组织、器官的病变在磁共振影像方面非常清晰和直观。

6. 肿瘤诊断

小动物很多部位的肿瘤使用常规的诊断方法如 B 超、X 线片等技术很难诊断清楚，有些肿瘤甚至没有办法去诊断，如颅内肿瘤、脊髓内肿瘤、胸腔纵隔内肿瘤、骨盆内肿瘤、胰腺肿瘤、肾上腺肿瘤、肝内肿瘤、心脏内和大血管内肿瘤等。而磁共振诊断技术刚好可以解决这些难题。

7. 内分泌系统方面

小动物的很多内分泌疾病，譬如库欣综合征，很多是由肾上腺肿瘤引起的，有些是由下丘脑垂体肿瘤引起的，以往只能通过猜测来判断，而有了磁共振诊断设备以后，这类疾病可以确诊。

8. 消化系统方面

以往对小动物消化系统疾病的诊断只能局限于X线检查、钡餐造影、B超、内窥镜检查等，而磁共振可以做咽喉部位的断层扫描、胸内食道、胃肠、胰腺、肝、胆管系统等方面的断层扫描，为更精确地诊断疾病提供便利手段。

任务五

建 立 诊 断

【任务描述】

诊断疾病的过程，就是认识疾病的过程。正确认识疾病是有效地治疗疾病的前提。实现正确的诊断，除了必备的兽医知识、临床经验外，还应该具备正确的临床诊断思维。临床诊断思维与其他学科中常有的思维方法既有共性，又有自己的特点，研究这些特点，对于提高临床诊断水平是很有帮助的。临床兽医在诊治每个病例时应当谨慎严肃，时刻警惕着自己的判断或措施是否尽职、是否有疏漏或缺失，其心情就像古人所说的如临深渊、如履薄冰。

本任务针对如何建立诊断、建立诊断需要注意的问题、症状的鉴别诊断等进行介绍。

【技能目标】

学生能根据已学过的专业知识，熟练运用临床诊断原则，对收集的临床资料进行分析、评价、整理资料，提出对疾病的初步诊断并进一步确立及修正诊断。

一、症状、诊断及预后的概念

(一)症状

一般在临床中把疾病过程所引起的机体或机体的某些器官系统机能紊乱现象，称为症候；而所表现出的机体形态、结构变化，通常称为症状。

1. 全身症状与局部症状

全身症状，一般系指机体对病原因素的刺激所表现的全身性反应，如多种发热性疾病经常呈现的体温升高、脉搏与呼吸增数、食欲减退和精神沉郁等。

局部症状是指某一器官发生疾病时，局限于病灶区的一些症状，如患肺炎时胸部叩诊的浊音区，炎症部位的红、肿、热、痛等。从动物机体的完整性来看，局部症状也可引起全身性的反应，不能孤立地看待和理解。例如，便秘本来是肠管的阻塞，但经常可引起动物心跳加快、呼吸增数、尿量减少、姿势异常，以及水盐代谢紊乱和血液成分的改变。

2. 主要症状和次要症状

主要症状是指在某一疾病表现的许多症状中对诊断该病具有决定意义的症状。如动物在患心内膜炎时，可表现为心搏动增强、脉搏加快、呼吸困难、静脉淤血、皮下浮肿和心内性杂音等症状。其中，只有心内性杂音可作为心内膜炎诊断的主要根据，故称其为主要症状；其他一些症状相对来说则属于次要症状。

3. 典型症状与示病症状

典型症状是指能反映疾病临床特征的症状，如胸膜炎。

示病症状或特有症状是指某种疾病所独有的症状。见到这种症状，一般即可联想到这种特定的疾病，从而直接提示某种疾病的诊断，如纤维素性胸膜炎的胸膜摩擦音、渗出性心包炎的心包击水音、破伤风的典型木马样姿势、纤维素性肺炎的铁锈色鼻液等。

示病症状也常因疾病的时期、程度的不同或受个体因素及其他条件的影响而发生变化，应加以注意。

4. 早期症状

早期症状是指某些疾病的初期阶段，是在主要症状尚未出现以前所表现出的临床症状。早期症状常为该病的先期征兆，可据此提出早期诊断，为及时地采取防治措施提供有利的启示。

5. 固定症状与偶然症状

固定症状：在整个疾病过程中必然出现的症状。

偶然症状：在特殊情况下，才能出现的症状，如贫血。

6. 前驱症状与后遗症状

前驱症状：某些疾病的初期阶段，在主要症状尚未出现以前，最早出现的症状，如异嗜症。

后遗症状：当原发病已基本恢复，而遗留下的不正常现象，如关节炎治愈后遗留下的关节畸形。

7. 综合征

在许多疾病中，某些症状相互联系同时或相继出现，这些症状称为综合症状或综合征，如体温升高，精神沉郁，呼吸、心跳及脉搏加快，食欲减少等症状互相联合出现，称为发热综合征。各种综合征在提示某一器官、系统疾病或明确疾病的性质均具有重要的临床诊断价值。

在临床上，很多疾病没有示病症状，而某些局部症状又不是某一疾病的特有表现。为此，收集症状后，应加以归纳，组成综合征，这对提示诊断或鉴别诊断均具有很大的临床诊断价值。

(二)诊断

诊断就是对动物所患疾病的本质做出判断。临床诊断的过程就是诊查、认识、判断和鉴别疾病的过程。诊断疾病是兽医最重要也是最基本的临床实践活动之一。诊断疾病的过程是一个逻辑思维过程，也是认识疾病、认识疾病客观规律的过程。只有正确的诊断，才可能有正确和恰当的治疗。能否正确及时地诊断疾病，是反映兽医水平、能力和素质的一个标志。一般在临床诊断疾病时常采用如下几种诊断方法对疾病予以诊断。

1. 症状学诊断

症状学诊断又称为临床诊断，是将临床发现的疾病表现经过客观的分析而做出的临床诊断，对兽医临床医学工作者特别重要。这就需要具有丰富的临床经验和熟练的临床诊断技术技能。如犬、猫的破伤风疾病，全身表现出肌肉强直性痉挛；佝偻病表现为关节和骨骼的异常或变形等，仅仅根据特有的临床症状表现即可做出诊断。

2. 病原学诊断

病原学诊断就是研究确定引起发病的病原体(病原)的诊断。因此，需要证明有病原微生物的存在或应用血清学反应、变态反应、血液学检查做出诊断，如对动物的炭疽传染病的诊断，可检查出炭疽杆菌及芽孢；对寄生虫病的诊断，能检出虫体或虫卵；对血液原虫病或弓形体病的诊断，能检出血液原虫等进行诊断。

3. 机能性诊断

机能性诊断又称特殊诊断，是对动物机体各器官的机能进行检查。因此，需要以症状学诊断为基础而进行，如根据心电图及心音图的检查诊断心脏的机能；根据脑电波图的检查确定中枢神经系统的机能；根据血液及尿液的物理化学检验了解机体的代谢机能等。

4. 治疗性诊断

当难以明确诊断的情况下，按预想的疾病进行试验治疗，根据试验治疗的结果获得确切的诊断称为治疗性诊断(又称诊断性治疗)。其一般用于临床症状类似某种疾病的症状而又难以确诊时，从治愈结果而得到确切的诊断。

5. 病理学诊断

病理学诊断是利用活体或死亡的患病动物的各种器官组织作为病料，进行肉眼或组织学检查，从而确定疾病性质的方法。

6. 病因诊断

病因诊断对疾病的发展、转归、治疗和预防具有指导意义，是根据引起疾病的原因做出的诊断。此种诊断已广泛应用于传染病、寄生虫病、中毒性疾病和营养代谢病的诊断。

7. 鉴别诊断

鉴别诊断又称类症鉴别诊断，是对某一疾病诊断时，以收集到的临床资料为基础，推断属于是哪一种疾病，同时应当考虑与本病类似症状的其他疾病，与后者进行反复的比较、分析、鉴别所做出的诊断。

(三)预后

预后就是对疾病的发展趋势及疾病的结局做出的预测与估计。临床上一般将预后分为以下4种。

(1)预后良好：有充分的根据可以治愈，是指动物不仅能恢复健康，而且还不影响使役和生产性能。

(2)预后谨慎：有治愈的可能性，但应给以特别的注意。

(3)预后可疑：判断预后的根据不足或病情严重，但经认真的努力或可争取病情好转。

(4)预后不良：病情严重，可能出现死亡或不能彻底治愈。

二、建立诊断的原则与步骤

(一)建立诊断的原则

1. 及时性原则

及时性原则，即要求兽医对疾病要能够及时诊断和早期诊断。早期诊断是早期治疗、及时治疗的基础。

2. 准确性原则

临床诊断的准确性是临床治疗有效性的可靠保证。

3. 层次性原则

在鉴别不同的疾病时，必须抓住疾病发展过程中的主要矛盾、关键层次。

4. 整体原则

所谓整体原则，就是在临床诊断过程中，坚持从普遍联系的观点出发，把动物体看成是一个有机的整体。在临床诊断思维过程中，应该把诊断治疗的对象看作一个有机联系或者处于联系中的整体，并从整体的观点出发，着重了解机体与环境、局部与整体、结构与功能以及精神与机体的相互联系、相互作用、相互制约的关系，综合地、准确地观察疾病发生发展的规律。只有这样，才能得出正确的诊断。

5. 具体原则

具体原则，就是在诊断过程中，要在一般理论指导下，着眼于机体和疾病的特点，对于个体的差异性和发病情况做具体分析，针对其特点进行诊断，拟定相应的治疗方案，采取相应的治疗措施。

6. 动态原则

动态原则，就是要求用发展的、变化的观点看待疾病，不能用静止的、僵化的、形而上学的观点对待疾病。一方面，动物体作为一个有联系的整体，时刻都处在运动变化之中，生命活动中各方面相互联系的特性，只有在运动中才能显示出来。疾病是动物体生命活动中的一个方面，也有一个发生发展和变化的过程，不能用静止的眼光去看待。另一方面，临床诊断也要不断验证，随着病程的发展和治疗、疗效的变化，有的要改变诊断，有的要增加诊断，有的甚至要重新认识、重新诊断。

7. 安全原则

在诊断时，必须从抢救和保障患病动物生命安全，有利于动物康复出发，对畜主负责，尽可能地选择最优诊断方式。

(二)建立诊断的步骤

临床诊断是兽医把所获得的各种临床资料经过分析、评价、整理后，对动物所患疾病提出的一种逻辑思维的判断。在疾病诊疗程序中，建立正确的诊断，通常是按照资料收集、综合、分析、做出初步诊断以及在实践中验证诊断几个步骤来进行的。

1. 调查病史、检查病畜、收集症状资料

正确的诊断来源于周密的调查研究。要得到完整的病史材料，应全面地、认真地调查现病史、既往生活史和外界环境因素等，在调查过程中要特别注意防止主观片面性，以免造成诊断上的失误。

除调查病史外，对建立诊断更为重要的是对病畜进行细致检查，全面收集症状，为了圆满地收集症状，临床工作者要正确而熟练掌握各种检查方法，必须采用一定的姿势和方法，才能取得完善而准确的结果，并能保证人、畜安全。同时，对动物机体正常情况的了解和认识，是识别病理现象的基础。临床工作者要深入实际，注意熟悉各种动物正常的结构和机能状态，才能易于发现和识别各种复杂的症状。还有，临床工作者要不断培养自己锐敏而切实的观察和判断能力，才能保证所收集的材料准确而符合客观实际。

2. 综合、分析症状材料，做出初步诊断

对病史、体格检查、实验室检验以及其他辅助临床检查所获得的各种临床资料进行分析、评价和整理，是非常重要又常常容易被忽视的一个环节。疾病表现是复杂多样的，同时对患病动物的诊断也受动物所处的环境因素、动物的驯养情况以及主人的文化素质、心理状态、知识层次等社会因素的影响，动物主人所述的病史常常是琐碎的、凌乱的、不确切的、主次不分的、顺序颠倒的，甚至有虚假、隐瞒或遗漏等现象。因此，临床兽医必须对病史资料进行分析、评价和整理，使病史具有真实性、系统性和完整性，只有这样的病史才能为正确的临床诊断提供可靠的依据。

对实验室检验和其他辅助临床检查结果，必须与病史资料和体格检查结果结合起来进行分析、评价和整理，切不可单靠某项检查结果诊断疾病。由于临床检查的时机和技术因素等影响，临床出现一二次阴性结果，往往不足以排除疾病的存在。因此，在分析、评价结果时必须考虑几个问题：①假阴性和假阳性问题；②数据误差的大小；③有无影响检查结果的因素存在；④检查结果与其他临床资料是否相符、如何解释等。

通过调查和检查所得到的资料，往往比较零乱和缺乏系统性，就必须将获得的资料进行归纳、整理，去粗取精，去伪存真，抓住主要矛盾，加以综合、分析和推论，排除那些证据不足的疾病，集中到一个或两个最符合客观实际情况的疾病，做出初步诊断。

临床初步诊断带有不确定的成分，这是由于在认识疾病的过程中，兽医只发现了某些自己认为特异的疾病征象，由于受到病情发展的不充分性、病情变化的复杂性和自身的认识水平的局限性等影响，这些疾病征象在临床诊断疾病中的作用常常受到限制，这是导致临床思维方法片面、主观的重要原因。因此，初步临床诊断只能为疾病进行必要的治疗提供依据，为确立和修正临床诊断奠定基础。

3. 通过防治实践，验证及补充诊断

在临床上，认识疾病不是一次就能完成的。初步临床诊断是否正确，也需要在临床实践中验证。因此，提出初步临床诊断之后应给予必要的治疗，应当进一步客观细致的病情观察，对某些临床检查项目的复查以及选择一些必要的特殊临床检查等，这都将为验证诊断、确立诊断和修正诊断提供可靠的依据。

三、建立诊断的方法

(一)推理诊断法

临床诊断中的推理是兽医在获取临床资料或诊断信息之后，到形成诊断结论的中间思维过程。它不仅是一种思维形式，也是一种认识各种疾病的方法和表达临床诊断依据的手段，可帮助兽医明确地认识疾病与诊断疾病的依据之间的关系，从而正确认识疾病，提高临床诊断的思维能力。

1. 演绎推理

演绎推理是从带有共性或普遍性的原理出发，来推论对个别临床表现的认识并导出新的结论的过程。临床诊断的结论是否正确，取决于所获得的临床资料的真实性。应当指出的是，演绎推理所推导出的临床初步诊断结论，常常是不全面的，有其局限性。

2. 归纳推理

归纳推理是从个别和特殊的临床表现中导出一般性或普遍性的临床诊断结论的一种推理方法。临床兽医对所收集的每个临床诊断依据都是个别的，根据这些个别的临床诊断依据而归纳推理、提出的临床初步诊断。归纳推理就是由个别上升到一般，由特殊性上升到普遍性的临床诊断过程，最后得出临床诊断结果。

3. 类比推理

类比推理是临床兽医诊断、认识疾病的重要方法之一。类比推理是根据两个或两个以上疾病在临床上表现的某些相同或相似症状或不同症状进行类比推理而做出的临床诊断。对两个或两个以上疾病的临床表现的不同之处，要经过比较、鉴别、推论，最后确定出其中一个疾病。临床上常用鉴别诊断来认识疾病的方法就是类比推理。

(二)论证诊断法

论证，就是用论据来证明一种客观事物的真实性。论证诊断法，就是将某一疾病实际所具有的症状、资料，与所设想拟诊的疾病应该具备的症状、条件，加以比较、核对、证实。如果双方的全部症状、条件符合，同时病畜所表现的症状、变化均能用拟诊的疾病予以解释时，那么这一诊断即可成立。

必须指出的是，首先，论证诊断要从所占有的实际材料出发，以丰富而确切的症状、资料作为基础，不能只被几个表面现象迷惑，就假设一个病名，而忽略或排斥那些与设想不相符合的症状，凭空解释病畜现有的全部现象；其次，不能按照书本去机械对照，或只凭经验去生搬硬套，应该对具体情况进行具体分析。由于要考虑病情的复杂性和材料的真实可靠性，对可疑材料要认真复查、审核，不能轻易进行解释，草率地做出结论。当一个设想被否定之后，不要固执己见，应根据新的线索和启示，提出新的可能，开始新的论证，在实践中不断开辟认识真理的道路。

对获得的临床资料中有价值的临床诊断信息，经过较短时间的分析，产生一种较为可能的临床诊断印象，根据这一印象再进一步去分析、评价和收集临床资料，可获取更多的有助于证实临床诊断的依据。对动物典型的、特异的临床表现逐一与某一疾病的临床诊断标准进行对照，这也是形成临床诊断的一种方法。有一定经验的临床工作者，习惯使用论证法。尤其当症状暴露得比较充分或出现综合与示病症状，使矛盾变得比较突出明显时，运用论证诊断法是较为适宜的。

(三)鉴别诊断法

当动物病历较复杂或不典型、缺少足够的临床资料或处于发病早期阶段而不能做出明确的诊断时，可根据某几个主要症状设定提出一组可能的、相类似的而且有待于区别的疾病。通过综合分析、比较、排除诊断等，排除可能性较小的疾病，逐步把诊断范围缩小到一个或几个疾病，这种诊断法称为症状鉴别诊断、类症鉴别或排除诊断法。症状鉴别诊断的基本思路主要是分析症状产生的原因，进行症状病因分类；找出症状的临床差别，形成鉴别诊断树；抓住诊断要点，确定疾病诊断。

在罗列待鉴别的疾病时，应全面考虑，尽量将所有可能的相关疾病都提出来，一般先想到常见病、多发病和传染病，然后再想到少见病或稀有病，以防止遗漏。对于怎样否定那些可能性较小的疾病，主要根据所提出的疾病能不能解释病畜所表现的全部症状，在病畜身上是否存在或出现过所提出疾病的固定症状或示病症状进行判断，如果提出的待诊疾病与病畜呈现的症状有矛盾，或在病畜身上缺乏待诊疾病应有的特殊症状，就可以否定提出的待诊疾病。经过这样几次否定或淘汰，就可以筛选出一个或两个可能性较大的疾病，用原发病、并发病或伴发病的顺序依次排列。怎样肯定那些可能性较大的疾病呢？即根据在病畜身上发现了应具有的特殊症状；已查明引起该病的具体病因；发病符合该病的一般规律。如果尚未缺乏十足的确诊根据，可提出暂定诊断；再通过病程中的继续观察、补助检查的发现及疗效的验证等深入的工作，做出最后结论。

(四)经验再现法

临床兽医在临床实践过程中积累的知识和技能称为临床经验。临床经验在临床诊断疾病的各个环节中都起着重要作用。在临床诊断疾病的过程中，经验再现的例子很多，但应注意"同病异征"和"同征异病"的现象。经验再现只有与临床诊断疾病的思维方法结合起来，才能更好地避免临床诊断失误。

四、临床诊断思维的特点

临床诊断思维是兽医工作者运用已有的医学理论和经验对于疾病的认识过程。临床诊断思维与其他学科中常有的思维方法既有共性，又有自己的特点，研究这些特点，对于提高临床诊断水平是很有帮助的。

1. 对象的复杂性

临床医学的认识对象是各种动物。动物品种繁多，每种动物本身就是复杂的有机整体，而动物疾病同样也是极其复杂的。加上个体间的差异，使得病情变化、临床表现千差万别，这种认识对象的复杂性，必然要作用于认识的主体。因此，临床医生对疾病的认识，也是极其复杂而又曲折的过程。

2. 时间的紧迫性

临床思维的一个重要的特点，就是时间观念很强，"时间就是生命"并非口号，而是实际情况的真实写照。在多数情况下，时间是非常紧迫的，尤其是在烈性传染病暴发、中毒性疾病突发和重危急诊，必须在很短的时间内做出诊断，及时治疗，否则，将危及生命，造成重大经济损失。对于急诊病例来说，由于时间紧迫，不允许医生慢条斯理地询问病史，从容不迫地检查病体，按部就班地进行全面的实验室检查；而是要求医生简短地询问病史，大致检查病体，有针对性地做一二项即刻能得到结果的实验室检查，得出八九不离十的诊断，甚至是只根据患病动物的生命体征就进行合理的抢救措施。

要达到以上要求，除了要求兽医要有广博的专业知识和丰富的临床经验外，还要求有迅速把握疾病整体特征的能力和抓住疾病的关键体征的能力。

3. 资料的不完备性

临床资料调查的内容极其广泛，项目繁多，在调查时又往往会遇到各样的限制和困难。有人甚至把临床思维说成是"用不充分的资料做出充分的决定的过程"，这种说法虽然未必恰当，但在一定程度上反映了临床工作的特点。虽然疾病是一个有特点的自然历程，但临床上不可能等待这一历程的充分表现，因为当等到这一历程完全表现时，患者或许已濒临死亡，正是由于临床诊断的时间上的紧迫性，因而决定了临床诊断常常需要在不充分的资料上做出。

因此，如何用不充分的临床资料做出正确的诊断，也是临床医生应学习的能力之一。

五、常用的诊断思维方法

1. 顺向思维法

顺向思维法是对一般比较典型的常见疾病的诊断方法，是以病例的典型病史、体征及实验室检查为依据，直接做出诊断。如出现饮食失常、腹痛、腹泻、呕吐等症状时，可以直接诊断为急性胃肠炎（直接诊断法）。

2. 逆向思维法

逆向思维法是根据病例的病史及体征的某些特点，判断可能为某范围内的某些疾病，然后根据进一步检查或辅助检查否定其中的大部分，筛选某种或几种疾病。此种思维方法是对较疑难的病例常用的方法。

3. 肯定之否定法

有时为了确定诊断，需要用“肯定之否定”的思维方式，排除某些疑诊。对某些疑似诊断，假以其肯定，以此来解释全部病史和体征，发现其矛盾，从而否定该诊断，即临床上经常所说的，不能以其解释全部的临床表现，故诊断不成立。

4. 否定之否定法

在诊断初步成立以后，为了进一步证实其准确性，可用此方法。假定该诊断不成立，其病史、体征另以其他疾病解释，均不成立，证明原来的诊断成立。

5. 差异法

差异法是在临床思维中，随时注意不同类、种、型疾病的差异，不同病例的特点，抓住其特殊性。它是其他各种思维方法的基础，贯穿于整个思维过程。

总之，以上种种思维方法在使用过程中往往是综合的、交替使用的。在复杂的疾病诊断中，多数首先根据病史、体征要点划定疑诊范围，以逆向思维方法逐一排除其他，提出几个疑诊，以肯定之否定的方法排除近似疾病，最后以否定之否定的方法进一步确定诊断。

六、建立正确诊断的条件

对疾病做出正确的诊断是对动物疾病实施合理、有效治疗的基础。要使诊断正确，必须具备以下条件。

1. 充分收集第一手材料

要建立正确的诊断，首先要充分收集关于病畜的第一手材料。为此，要对发病原因、病畜所呈现的症状，以及血液、尿液、粪便的变化，通过病史调查、临床检查、实验室检查、病理剖检等多种方法进行全面了解。

2. 保证材料客观、真实

在检查病畜收集症状时，不能先入为主，或带着疾病去收集症状。收集症状要如实反映病畜的情况，避免牵强附会，不能认为有什么样的病史一定会出现什么样的症状。因为疾病的过程是千变万化的，而且疾病是不断发展的，同种疾病并不一定出现相同的症状，同一症状也不一定是同一种疾病。因此，要广开思路，系统地、有计划地、细致地进行认真检查，收集客观、真实、有效的材料，以达到建立正确的诊断。

3. 用发展的观点看待疾病

任何疾病都是不断发展变化的，每次检查都只能看到疾病全过程中的某个阶段的表现，而不是疾病的全部表现。因此，必须在发展变化中看待疾病，只有综合多个阶段的表现，才有可能获得比较完整的资料和疾病的全貌。用发展的观点看待疾病就是要正确评估疾病每个阶段所出现的意义，按照各个现象之间的联系，根据主要和次要、共性和个性的关系，阐明疾病的本质。

七、建立正确诊断需注意的问题

在疾病的临床诊断过程中，要建立正确的诊断必须要注意以下几个问题。

(1)考虑常见病与多发病。在选择第一诊断时首先要选择常见病、多发病。疾病的发病率可受多种因素的影响，不同年景、不同地区的动物所患的疾病也不同。在几种临床诊断的可能性同时存在的情况下，首先要考虑常见病的诊断。

(2)要密切联系客观实际。在临床诊断疾病时，应考虑和首选正在当地流行和发生的动物传染病与地方病。

(3)尽可能以一种疾病去解释多种临床表现。在临床诊断疾病时，若患病动物的临床表现确实不能用一种疾病予以解释时，可再考虑有其他疾病的可能性。

(4)应考虑器质性疾病的存在。在器质性疾病与功能性疾病鉴别诊断有困难时，首先考虑器质性疾病的诊断，以免延误治疗。有时器质性疾病可存在一些功能性疾病的症状，甚至与功能性疾病并存，此时也应重点考虑器质性疾病的诊断。

(5)应考虑可治性疾病的诊断。当诊断有两种可能时，一种是可以治疗而且疗效好，而另一种是目前尚无有效治疗且预后很差，此时，在诊断上应首先考虑前者。

(6)实事求是地看待临床资料。临床兽医必须实事求是地对待临床资料的客观现象，不能仅仅根据自己的知识范围和局限的临床经验任意取舍，也不应把临床现象牵强附会地纳入自己理解的框架之中，以满足不切实际的所谓临床诊断的要求。

(7)要抓住关键问题。在临床诊断中要以患病动物为整体，要抓准重点、关键的临床表现。这对急诊重症病例的诊断特别重要。只有这样才能使患病动物得到及时、恰当的临床诊断和治疗。

八、产生误诊的原因

误诊就是错误的临床诊断。错误的临床诊断是造成治疗失败的主要原因。它不仅造成个别动物的死亡或影响其经济价值，还可能造成疫病的蔓延，使畜群遭受危害。导致错误诊断的原因多种多样，主要有以下几个方面。

(1)由于临床资料不全面产生误诊。临床病史资料不完整、不客观、不具体、不确切，未能反映疾病的进程和动态以及个体的特征，以致兽医工作者不能真正掌握第一手资料而发生误诊；也可能资料失实，分析取舍不当，导致误诊、漏诊的发生。

(2)由于观察不细致或检查误差较大产生误诊。临床观察和检查中遗漏关键症状，不加分析地依赖临床检验结果或对检查结果解释错误，都可能得出错误的结论，这也是误诊的重要因素。

(3)由于主观臆断产生误诊。先入为主，主观臆断，妨碍了对客观而全面地收集、分析和评价临床资料。某些个案的经验或错误的印象占据了思维的主导地位，致使判断偏离了疾病的本质。

(4)由于医学知识不足，缺乏临床经验产生误诊。对一些病因复杂、临床罕见疾病的知识匮乏，经验不足，未能及时、有效地学习各种知识，是构成误诊的另一种常见原因。

(5)由于条件不完备产生误诊。由于时间紧迫、器械设备不齐全、动物骚动不安、场地光线昏暗等条件的限制，兽医工作者难以做到周密、细致的检查，导致诊断失误。

(6)由于疾病复杂产生误诊。由于疾病是混合感染比较复杂，或者疾病表现不典型而症状不明显，或者疾病发生迅猛没有表现任何临床疾病而突然死亡等原因，要建立正确的诊断是比较困难的。特别是对一些新病、老病的新的表现形式，由于初次接触，容易造成诊断失败。

(7)由于技术水平低产生误诊。由于缺乏临床诊断经验，技术水平不高，检查方法不正确或不够熟练，检查不够充分，认症、辨症能力有限，认症思路不开阔，或不善于利用实验室检查结果分析病情等原因，而导致错误的诊断。

从某种角度来讲，动物是活的有机体，任何一种疾病的临床表现都各不相同。兽医应当从实践中积累临床经验、从误诊中得到教益。只要遵照临床诊断疾病的基本原则，运用正确的临床思维方法，就会减少临床诊断失误的发生。

九、病历记录

病历记录是记载有关牲畜在病程中的临床检查所见以及诊断、治疗等方面的全面记录，是兽医根据问诊、体格检查、实验室检查和特殊检查获得的资料，经过归纳、分析、整理而写成的。病历记录能反映疾病的发生、发展、转归和诊疗情况，有时病历记录也是涉及医疗纠纷及饲料、兽药和生物制品质量或人为中毒事件认定的重要依据。认真详细地填写病历记录，可以训练兽医深入、细致的观察能力与随时记录资料的良好习惯。因此，对临床检查的所有结果，都应详细地记录于病历中。

(一)填写时一般应遵循的原则

1. 内容全面、详细

问诊、临床检查及某些辅助(特殊)检查的所见与结果，都应详尽地记入病历，某些实验室检查的阴性结果也应记入，因为可以作为排除诊断的依据。

病历语句应通俗易懂、通顺，比喻和形象的描绘应简要明了，便于理解。

所见的各种症状应以通用的名词和术语按内容有系统、有秩序地记载，以便于归纳、整理。

2. 内容肯定和具体

各种症候、表现应尽可能的具体和肯定，避免用否定或不确切的词句(如果不能确切肯定症状，可在后面加以问号，以便通过进一步的观察和检查再行确定)。

(二)病历记录的一般内容和顺序

第一部分：病畜登记，包括动物的种属、名称、性别、年龄、特征等。

第二部分：主诉及问诊资料，包括病史、经过，饲养管理与环境条件的内容，就诊前的经过及处理方式等。

第三部分：临床检查所见，这是病历组成的主要内容，特别是初诊之际更应详尽。

第四部分：补助或特殊检查的结果，一般以附表的形式记入，如血液、尿液、粪便的实验室检验结果——X线透视或摄影报告及心电图、超声波记录等。

第五部分：病历记录。应逐日记载体温、脉搏数、呼吸数（或以曲线表表示之）；各器官系统的症状、变化；各种辅助、特殊检查的结果；治疗原则、方法、处方、护理及改善饲养、管理方面的措施；会诊的意见及决定。

第六部分：总结。在治疗结束时，以总结的方式对诊断、治疗的结果加以评定，尚应指出今后在饲养、管理上应注意的事项；如以死亡为转归时，应进行剖检并附病理剖检报告。

最后应整理、归纳诊疗过程中的经验、教训，或附病例讨论。

附：病历记录格式，如表 5-1 所示。

表 5-1　病历记录

<table>
<tr><td>畜主</td><td></td><td>住址</td><td></td></tr>
<tr><td colspan="4">畜种：　名称：　年龄：　性别：　毛色：
体重：　用途：　特征：</td></tr>
<tr><td colspan="2">初诊日期：</td><td colspan="2">转归日期：</td></tr>
<tr><td colspan="2">初步诊断：</td><td colspan="2">最后诊断：</td></tr>
<tr><td colspan="4">疾病史：</td></tr>
<tr><td colspan="4">现症概要：
体温：　脉搏：　呼吸数：
治疗：</td></tr>
</table>

【复习与思考】

1. 某猪场育肥猪突然出现咳嗽，X 线检查肺部无明显异常，叩击胸壁出现频繁咳嗽并躲闪，胸腔穿刺放出少许含有大量纤维蛋白的黄色液体。该发病猪的呼吸类型应是（　　）。

A. 腹式呼吸　　B. 胸式呼吸

C. 胸腹式呼吸　　D. 先腹式呼吸后胸式呼吸

2. 奶牛滑倒后出现轻度跛行，应用跛行诊断法确定患肢，首先采用的方法是（　　）。

A. 问诊　　B. 听诊　　C. 触诊　　D. 叩诊　　E. 视诊

3. 对犬膀胱尿道结石早期诊断没有指导意义的方法是（　　）。

A. 尿液检查　　B. 尿道探查　　C. X 线检查

D. B 超检查　　E. 血液尿素氮含量测定

4. 当犬患尿道炎时，尿沉渣检查会大量出现的细胞是（　　）。

A. 小圆上皮细胞　　B. 尾形上皮细胞　　C. 非典型性细胞

D. 大圆上皮细胞　　E. 扁平上皮细胞

5. 有一鸡场饲养 3 000 只蛋鸡，日粮中钙含量为 1%，钙磷比例为 3∶1。在鸡群中最可能出现的具有诊断意义的症状是(   )。

A. 腹泻　　B. 呼吸增快　　C. 体温升高

D. 鸡冠苍白　　E. 产软壳蛋

6. 京巴犬，8 岁，精神良好，不爱活动，多饮，多尿，尿有似烂苹果味，体重明显下降。诊断该病最必要的检查项目是(   )。

A. 血糖和尿糖　　B. T3/T4 甲状腺素　　C. 甘油三酯和胆固醇

D. 白细胞计数及分类计数　　E. 红细胞计数和血红蛋白含量

【知识链接】

非洲猪瘟

非洲猪瘟(African Swine Fever，ASF)是猪的一种急性高度接触性传染病，临床上以高热、病程短、死亡率高、内脏器官广泛性出血以及呼吸系统和神经系统功能改变为主要特征。

本病最早于 1910 年发现于肯尼亚，几十年来，一直在整个非洲传播。20 世纪 60 年代以后，曾一度传到西班牙、古巴、法国、意大利、巴西、多米尼加、马尔他等国家。由于果断地采取了紧急屠宰和封锁、消毒等措施，因此很快被就地控制和消灭。2018 年 8 月 3 日，我国确诊首例非洲猪瘟疫情。

一、病原

非洲猪瘟病毒的分类、地位尚未完全确定，从 1995 年起，国际病毒分类学委员会将其单列为非洲猪瘟病毒科，该科仅非洲猪瘟病毒一属一种。非洲猪瘟病毒粒子呈球形，为正二十面体有囊膜的病毒，直径为 175～215 nm，是一种大型双股线状 DNA 病毒，大小为 170～190 kb。本病毒有结构蛋白 28 种，在感染细胞内可检测到 100 种以上病毒诱导的蛋白质。

病猪不产生中和抗体，尚无有效的免疫接种方式，疫苗试制还未成功；极少数存活下来的猪仅对原毒株感染具有一定的抵抗力；急性发作而存活的猪，可转变成慢性，或是隐性带毒的猪，长期带毒、排毒、传播本病，各病毒株的毒力和抗原性也各不相同。

非洲猪瘟病毒广泛分布于病猪体内各器官、组织、体液中，少量分布于各种分泌物和排泄物中。

在外界环境中，非洲猪瘟病毒对温度和酸的抵抗力很强，土壤中的病毒在 23℃ 下经 120 d 仍存活；在室温中，经 18 个月仍能自血液和血清中分离到病毒；在 60℃ 下经 30 min 后，许多脂溶剂和常用消毒剂都能将其灭活。

二、流行病学

易感性：猪是唯一能自然感染非洲猪瘟病毒的哺乳动物；野猪也易被感染，临诊症状和病死率与家猪相近，有时是亚临诊型的。

传染源：病猪和隐性感染带毒的野猪是非洲猪瘟的主要传染源。

传播途径：非洲猪瘟最主要的是通过消化道感染，被污染的饲料、饮水、饲养用具、猪舍等是本病传播的重要因素；某些软蜱是病毒的贮主和传播媒介；病猪的各种分泌物、排泄物、各器官均含有病毒，是危险的传染源。

流行特点：初次暴发非洲猪瘟的猪群，传染速度极快，发病率和死亡率很高，以后会有所下降。康复的猪带毒时间很长，而抗体和同型病毒的免疫性保持时间较短。

三、临床症状

非洲猪瘟的潜伏期，在自然状态下为 5～15 d，人工感染为 2～5 d。

非洲猪瘟的临诊表现差别很大，最急性型表现为高热（40～41℃）、沉郁、厌食、全身衰弱、粒细胞减少、腹泻、便血、鼻孔出血、耳和背部皮肤发绀，死亡率高达95%～100%；亚急性型表现为短暂的血小板减少以及出血病变；慢性型表现为慢性肺炎症状、流产和低死亡率。

四、病理变化

由于非洲猪瘟病毒毒力的差异，感染猪的病变程度差别很大。急性型和亚急性型的特征为广泛性出血和淋巴组织破坏，而亚临诊型和慢性型病变轻微或没有病变。

眼观变化：主要病变部位在脾、淋巴结、肾和心脏。

皮肤无毛或少毛的部位（耳、鼻端、腋下、腹壁、尾、外阴部等）有界限明显的紫绀区。耳部紫绀区常肿起，鼻孔常见出血。四肢、腹壁等处有出血块，中央呈黑色，四周干枯。

脾严重充血、肿大，可达正常脾的5倍以上，呈黑紫色、质度柔软、切面脾小梁模糊，脾小体明显可见，在脾边缘有小梗死灶，呈黑红色隆起病状。

淋巴结的变化具有特征性，内脏淋巴结严重出血，尤以胃、肝、肾、肠等所属淋巴结最为严重；胸部和颌下淋巴结变化较轻，通常呈块状出血变化；体表淋巴结一般仅周围轻度出血。

喉头黏膜发绀，会厌软骨见出血斑点，会厌软骨偶见水肿，气管前部的黏膜散在小出血点，气管、支气管腔中积有不等的泡沫。纵隔见浆液性浸润及小出血点，支气管、纵隔淋巴结肿大，部分或全部出血，胸膜的壁面和脏面散在小出血点，肺水肿及充血、有实变。有的病例会出现，心包内积有大量浆液性出血性液体，心内膜和心外膜有点状或淤斑状出血。

腹腔有浆液出血性液体，整个消化道浆膜水肿和出血。胃肠黏膜有炎症和斑点状或弥漫性出血变化。回盲瓣黏膜肿胀、充血、出血及水肿。病程较长的病例，盲肠黏膜可能有类似钮扣状溃疡的病变，但其病灶小而深，其表面有坏死组织碎屑。

肝淤血，有实变，与胆囊接触部间质水肿，胆囊肿大，充满胆汁，胆囊壁因水肿而明显增厚，其浆膜和黏膜有出血斑点。

肾皮质、肾盂和切面有小点出血（肾出血一般比猪瘟轻）。约30%的病例中，病猪的膀胱黏膜有出血点。脑膜充血、出血。

慢性病例尸体极度消瘦，具有明显的浆液性纤维素性心包炎，与心外膜和相邻的肺组织粘连，心包增厚，心包腔积有污灰色液体，其中混有纤维素凝块；肠腔积有大量黄褐色液体；肺有支气管炎变化；腕、跗、趾、膝关节肿胀；关节腔内积有灰黄色液体，关节囊呈纤维素性增厚。

五、组织学变化

急性型的组织学损害存在于血管和淋巴器官中，特征是出血、微血栓、内皮细胞损伤：①镜下单核细胞的核破碎是非洲猪瘟组织炎症的变化特征，淋巴结触片可见单核细胞严重核破碎。②皮肤的小血管和毛细血管血液淤滞，血管内皮细胞肿胀、变性、血管壁成玻璃样变及血栓形成。③心肌变性，间质出血，亦有血管壁玻璃样变和血栓形成，肺出血及间质水肿，肺静脉内有血栓形成，并伴发支气管炎、支气管肺炎及胸膜炎。④肝有局灶性或弥漫性的肝细胞变性坏死，窦状隙扩张充血，并有嗜酸性粒细胞浸润，肝小叶间有多量淋巴细胞，嗜酸性粒细胞，少量浆细胞和巨噬细胞浸润。⑤胰出血和实质坏死，血管内有血栓形成。⑥肾皮质和髓质出血，皮质间质的毛细血管血栓形成，肾小管上皮细胞变性，集合管中可见透明蛋白性物质或红细胞性管型。脾髓中有大量红细胞，淋巴细胞明显减少。脾的白髓因淋巴细胞变性坏死而体积缩小，脾髓内的细胞成份排列疏离，脾的各种血管内皮细胞碎裂，并有血栓形成，血管壁玻璃样变或纤维素样坏死。

慢性型的主要特征是呼吸道的变化，包括纤维蛋白性胸膜肺炎、胸膜粘连、干酪样肺炎和淋巴网状组织增生，以及纤维蛋白性心包炎和皮肤坏死。

六、诊断

在诊断上，主要是将非洲猪瘟和猪瘟区别开来。有猪瘟存在的地方，在非洲猪瘟开始暴发时，很难根据流行病学及临床检查做出非洲猪瘟的诊断，特别是在已注射过猪瘟疫苗的猪群中，发生可疑非洲猪瘟时，必须从病猪体内检出病毒或抗体才能做出非洲猪瘟的诊断。

1. 临床诊断

病猪出现临床症状时，在无毛或少毛的各处皮肤出现紫绀区，界限明显，耳部紫绀区常肿胀，四肢、腹壁等处的皮肤有出血块，中央呈黑色，四周干枯。同时具有非洲猪瘟特征性的热型，而且病程似最急性猪瘟。

尸体剖检淋巴结尤其是腹腔内淋巴结有严重出血变化，状似血瘤，而猪瘟是大理石状；腹腔、胸腔、心包内液体增多，呈黄色或带红色，肺小叶间，结肠黏膜和浆膜、肠系膜、胆囊壁等处常有水肿，呈胶样浸润。

组织学检查淋巴结中单核细胞核破裂，瑞氏染色检查就可见到，而猪瘟则无此病变。

2. 动物接种试验

由病猪采集血液和脾、淋巴结或其他病变组织，血液加抗凝剂，病变组织做成 1∶10 的悬液，加抗菌药处理后，接种猪瘟免疫猪和易感猪，每头 10 mL，如两组都于 5 d 后发病，则为非洲猪瘟；若仅有猪瘟易感猪发病，则为猪瘟。

3. 病毒分离培养和红细胞吸附试验

用猪粒细胞做单层培养，接种入病猪血液的粒细胞层，培养 3～4 d 后检查，如出现红细胞吸附现象，则为非洲猪瘟病毒，后来感染的细胞脱落、溶解。此法是检查和分离病毒的最敏感方法，但有些毒株特别是弱毒株和慢性病猪的病毒，需传 2～3 代后，才出现反应，猪瘟病毒无此反应，可以区别。

用红细胞吸附抑制试验可以检查病猪的血清抗体，将大多数出现红细胞吸附的粒细胞培养，加入蒸馏水，以溶解红细胞，然后加入受检猪的灭菌的血清和洗涤的红细胞，如不出现红细胞吸附，则为非洲猪瘟。

4. 免疫荧光试验

直接法应在症状出现的初期采血或取血液粒细胞做血涂片，剖检时采集淋巴结做触片或切片，以非洲猪瘟荧光抗体染色，荧光显微镜检查，如见淋巴细胞内核旁有荧光颗粒，则为非洲猪瘟。间接法是于病猪的血涂片、组织触片或切片上滴加抗血清，30 min 后滴加荧光素标记的兔抗猪 IgG，检查判定同上。

5. 酶联免疫吸附试验、酶联免疫空斑检查法、对流免疫电流泳试验也可用于诊断。

七、防制

本病尚无有效的治疗方法，疫苗正在研制中。

当猪群中发现有可疑病猪时，应采取严格封锁和强制性扑灭措施，并对疫区周围猪群进行血清学检查，排除隐性感染猪的存在，以彻底消灭传染源。

对来自病区的车、船、飞机卸下的肉食品、废料、废水，应就地进行严格的无害化处理，不可用作饲料。

项目二

临床治疗技术

- 任务六　注射技术
- 任务七　免疫接种方法
- 任务八　内服给药方法
- 任务九　穿刺技术
- 任务十　冲洗技术
- 任务十一　其他治疗技术

任务六

注 射 技 术

【任务描述】

注射是兽医临床操作的基本功之一。良好的注射操作可以及时地向机体输送药物，尽快产生疗效。在疾病治疗过程中，应根据疾病性质、动物种类的不同，以及药物剂型和治疗目的的不同来决定不同的注射技术。常用的注射方法分为皮下注射、肌内注射、腹腔注射、胸腔注射、静脉注射等。在注射之前，注射工具和注射部位均应消毒，要选择准确的注射部位，操作要规范，必要时对被注射动物进行保定，确保将药物准确注射到机体内。

【技能目标】

通过对本任务的学习，会使用兽用注射器，能对注射器进行拆装和消毒，能使用注射器给动物用药，能采用各种不同的注射方法对动物进行注射。

技能一　兽用注射器

一、兽用注射器

注射器是在对动物进行防疫或治疗时用于注射药液使用的工具，适用于皮下、皮内、肌肉、腹腔等多种注射方法，主要有以下几种。

(1)兽用金属注射器(图 6-1)。

(2)兽用塑钢注射器(图 6-2)。

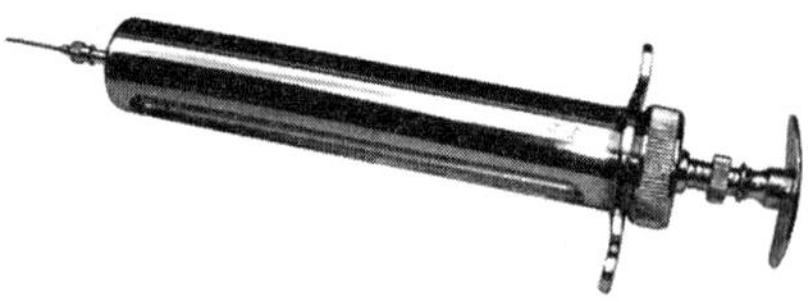

图 6-1　兽用金属注射器

图 6-2　兽用塑钢注射器

(3)兽用连续注射器(图 6-3)。

(4)兽用无针注射器(图 6-4)。

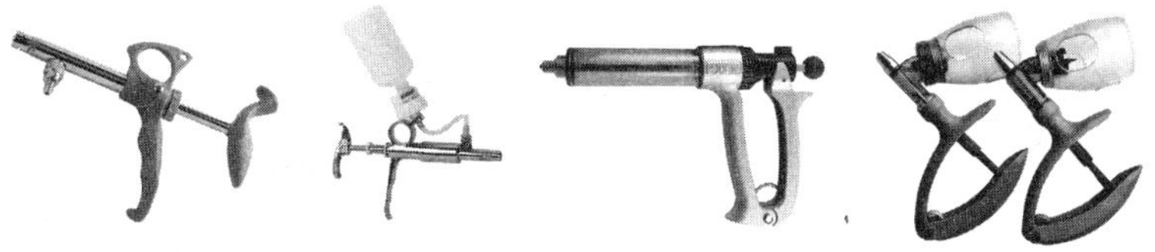

图 6-3 兽用连续注射器

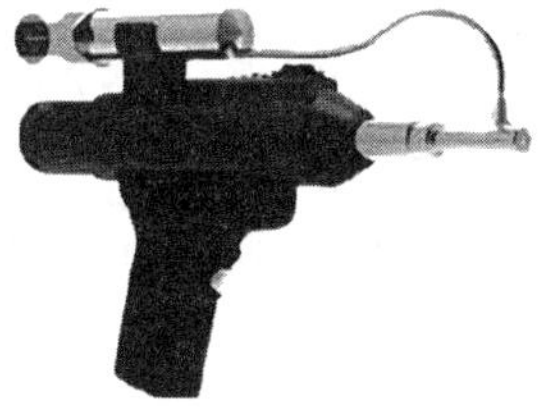

图 6-4 兽用无针注射器

(5)一次性输液器、注射器。

一次性输液器(图 6-5)主要用于静脉输液的、经过无菌处理的、建立静脉与药液之间通道的常见的一次性的医疗耗材，一般由静脉针、护帽、输液软管、药液过滤器、流速调节器、滴壶、瓶塞穿刺器、进气管、空气过滤器连接组成。一次性注射器(图 6-6)的规格有 1 mL、2 mL、2.5 mL、5 mL、10 mL、25 mL、50 mL 等。

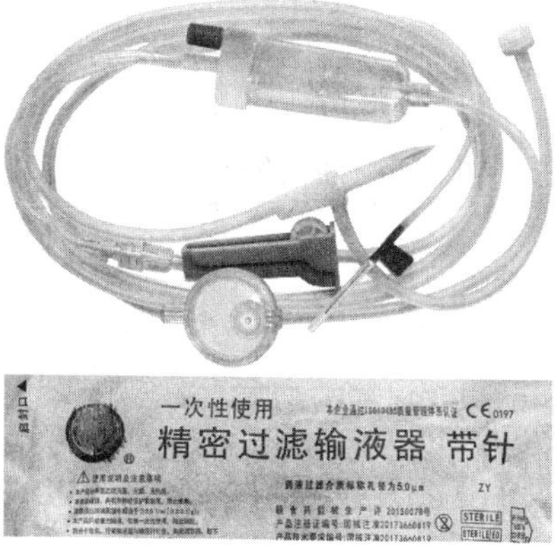

图 6-5 一次性输液器

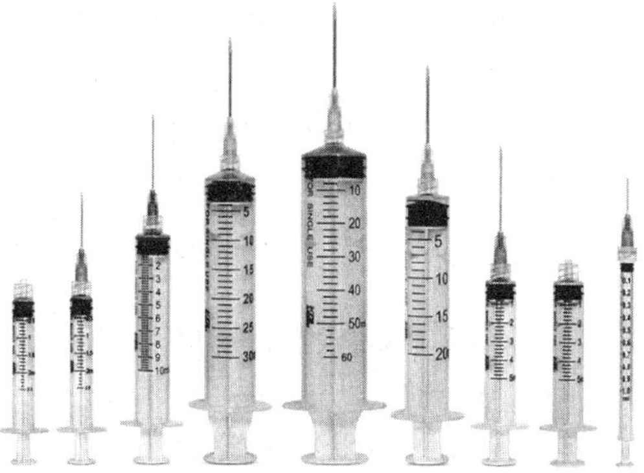

图 6-6 一次性注射器

二、兽用金属注射针

兽用金属注射针(图 6-7)的注射针头采用合金不锈钢，用于注射、放气、采血、输血、封闭。

规格(针头直径/mm×针头长/mm)：0.7×13、0.9×13、1.2×13、1.6×13、1.2×20、1.6×20、1.2×25、1.6×25、1.2×38、1.6×38、2.0×38、2.0×50。

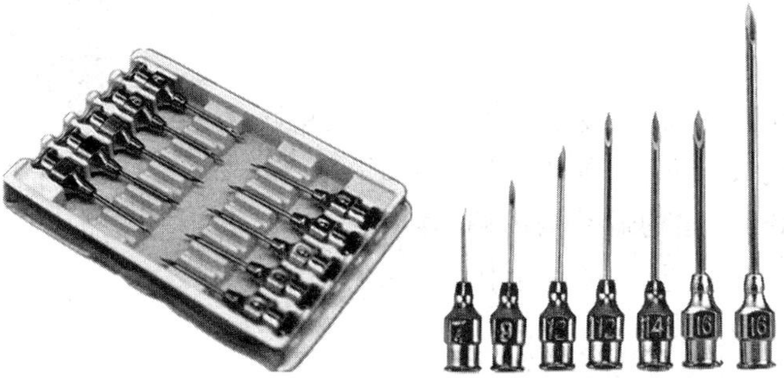

图 6-7 兽用金属注射针

技能二　皮内注射

皮内注射(图 6-8)是将小量药液注入表皮与真皮之间的方法。它适用于预防接种、药物过敏试验及某些变态反应诊断等。

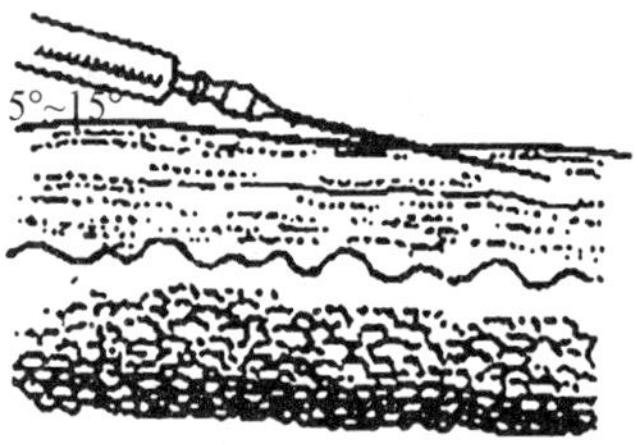

图 6-8　皮内注射

一、注射部位

选择不易受到摩擦及舐咬处的皮肤进行注射,如牛、马选择颈侧中部注射,猪选择耳根部,禽类选择肉髯部,犬选择肩胛部或颈侧中部的 1/3 处,大耳朵犬也可选择耳部。

二、操作方法

选用 1 mL 的一次性注射器,首先将注射部位局部的被毛脱去,然后用 75%的酒精棉签消毒皮肤;待其干后,以左手拇指和食指将皮肤捏成皱襞,右手持注射器,使针头斜面向上,针头与皮肤呈 5°～15°刺入皮内;待针头斜面进入皮内后,放平注射器,缓慢地注入药液,推药时会感到阻力很大,每点注射 0.5～1 mL,使局部形成一个小丘疹状隆起;注射完毕后,迅速拔出针头,切勿按揉。

三、注意事项

(1)若推药很容易,表明注于皮下,应重新刺针。

(2)皮内注射的皮肤消毒忌用碘酊,进针勿过深,拔针后勿按压,以免影响结果的观察。

(3)皮内注射疼痛剧烈,应注意保定。

技能三　皮下注射

皮下注射(图 6-9)是将药液注射于皮下结缔组织内,药液经过毛细血管、淋巴管吸收进入血液循环。因皮下有脂肪层,吸收速度较慢,注射药液后经 5～10 min才出现效果。它适合于各种刺激性较小的注射液及疫苗、血清的注射。

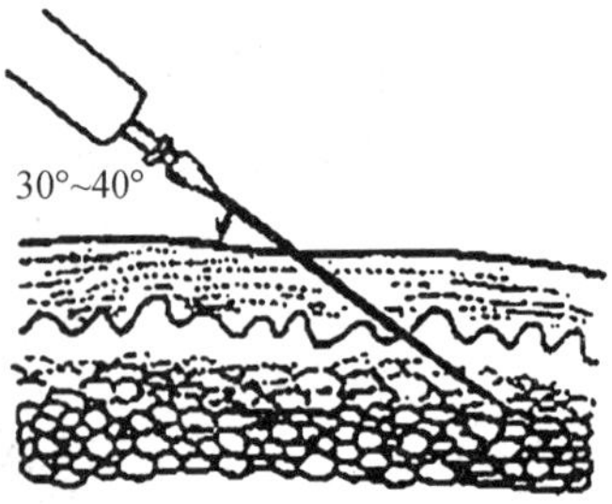

图 6-9　皮下注射

一、注射部位

皮下注射部位选择皮肤薄、皮下结缔组织丰富、皮肤容易移动且不易被摩擦和啃咬的部位,如牛、马的颈侧中部,羊的颈侧或后肢内侧皮下疏松处,猪的后肢股内侧、耳根后皮下,犬的颈侧、背部或股内侧,家禽的翅膀下、颈背中部或稍低处。

二、操作方法

用左手拇指与中指捏起皮肤,右手如执笔姿势持注射器,食指固定针栓,针头斜面向上和皮肤呈 30°～40°,迅速将针头刺入皮下;右手继续固定注射器,左手放开皮肤,抽动活塞,不见回血时推动活塞注入药液；注射完毕后，拔出注射针头，以75%的酒精棉球压迫针孔，最后以5%的碘酊涂布针孔。

三、注意事项

(1)针头刺入皮肤的角度不宜大于45°，以免刺入肌层。

(2)抽动活塞如有回血，表明刺在血管内，应稍向后退出，避开血管。

(3)当注射的药液量较大时，可采取分点注射。

(4)一般易溶解、无强刺激性的药品以及菌苗等可选择皮下注射，强刺激性药物不能选择皮下注射。

技能四　肌 内 注 射

肌内注射(图6-10)是将药物直接注射于肌肉中的一种注射方法。肌肉内血管丰富，注射药液后吸收较皮下注射快，仅次于静脉注射；又因感觉神经较皮下少，故疼痛较皮下注射轻，在临床上应用较多。一些刺激性较强、较难吸收的药物和许多疫苗均可采用肌内注射。

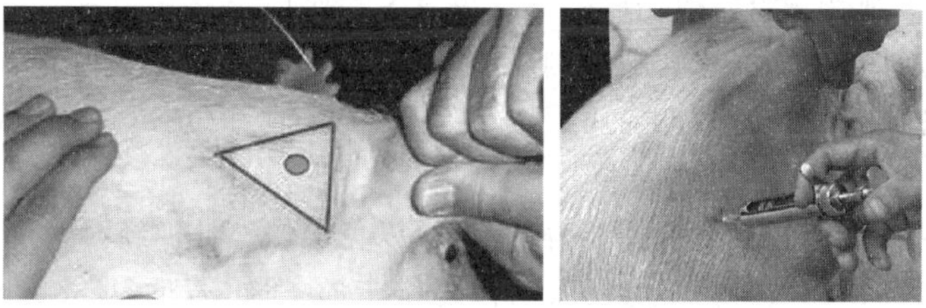

图6-10　猪肌内注射部位

一、注射部位

肌内注射应选择肌肉丰富、大血管少的部位，如牛的臀部或颈侧；猪、羊的肩胛前缘、颈部肌内丰满处或臀部；犬的颈侧、臀部或背部；禽类的胸肌或大腿肌、翅膀根部肌肉。

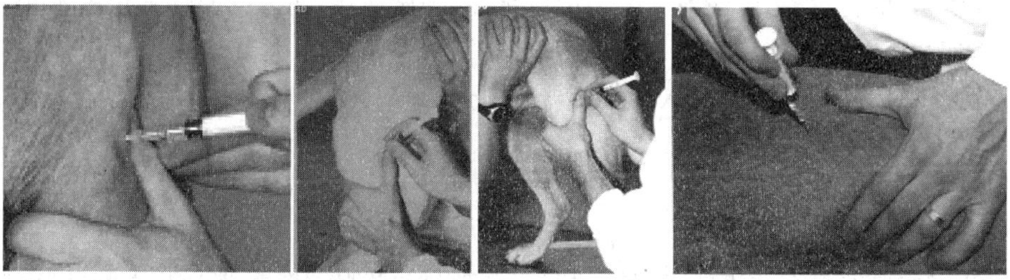

图6-11　犬肌内注射部位

二、操作方法

在对大动物进行肌内注射时，为防止损坏注射器或折断针头，可先刺入针头，而后连接注射器注射。先以右手拇指与食指捏住针头基部，中指固定针的刺入深度，用腕力迅速将针头垂直(针头与注射部位呈90°)刺入肌肉内，深2～4 cm；然后右手持注射器与针头连接，回抽活塞，以抽出针头内的空气及检查有无回血，如证明刺入正确，随即推进活塞，注入药液。

在对中、小型动物进行肌内注射时，可进行直接刺针注射，注射完毕，拔出注射针头，以75%的酒精棉球压迫针孔，最后以5%的碘酊涂布针孔。

三、注意事项

(1)在肌内注射时，若针头太短，注射液只能达到脂肪层和皮下结缔组织层，不能达到要求的肌肉内，从而影响效果；若针头太长，则担心动物骚动导致针头被折断，一般进针2.5～3 cm(消瘦者及幼龄动物酌减)。

(2)在肌内注射时，针头不要全部刺入肌肉内，以免折断后不易取出；注射时左手固定针头，右手固定针筒及推动活塞，并随动物的运动而运动，以免折断。

(3)当多种药液同时注射时，要注意配伍禁忌。

(4)若需长期进行肌内注射时，注射部位应交替更换，避免硬结的发生。

(5)强烈刺激性药液如水合氯醛、氯化钙、高渗盐水等均不能使用肌内注射；不要在有硬块、疤痕的部位注射，否则会影响药物的吸收。

(6)在家禽胸肌注射时，针头与注射部位呈30°，以胸部的上1/3处向背部方向刺入胸肌，不能垂直刺入，以防刺破胸腔而损伤内脏器官造成家禽死亡。

(7)在禽腿部肌内注射时，忌在腿内侧注射，因为禽类腿部的主要血管、神经都在内侧，药液注入腿肌后会造成家禽长时间疼痛而行走不便，影响采食和生长，并可能出现针眼出血、瘸腿、瘫痪等不良后果。

(8)对体瘦的动物，最好不要选择在臀部注射，以免误伤坐骨神经。

(9)在肌内注射时，注入的药液会顺着肌肉纤维走向扩散，若反复、多次注射，肌肉纤维不断受到药液的刺激而发生化学性、损伤性反应，会导致肌肉组织萎缩变性，纤维组织增生。

技能五　静 脉 注 射

静脉注射是将药液直接注入静脉血管内，药液随着血流很快分布到全身，奏效迅速，但排泄也较快，作用时间短。静脉注射又分为静脉推注、静脉滴注，两者的操作方法基本相同，当有大量药液注射时，以输液器代替注射器进行静脉滴注，主要用于大量输液、输血、补充营养、急救、诊断检查(如为肝、肾、胆囊等X线摄片)，对局部刺激性大的药液如水合氯醛、氯化钙、高渗盐水等也可采用本法。

一、注射部位

静脉注射主要选择在浅表的大静脉，如牛、羊选择颈静脉，猪、兔选择耳大静脉、前腔静脉，犬及猫科动物选择前肢内侧皮下头静脉、后肢外侧小隐静脉或颈静脉，禽选择肘部内侧的尺骨皮下静脉(图6-12至图6-17)。

二、操作方法

(1)选择合适的静脉。以手指探明静脉方向及深浅，在穿刺部位的上方(近心端)约6 cm处扎紧止血带，使静脉充盈、怒张显露。

(2)用 2%的碘酊消毒皮肤,待皮肤干后以 75%的酒精脱碘。

(3)穿刺时,以左手拇指绷紧静脉下端皮肤,使其固定,右手持注射针头,针头斜面向上,针头和皮肤呈 15°～20°,由静脉上方或侧方刺入皮下,再沿静脉方向潜行推进 1～2 cm,这在临床上称为顺针。牛、马等大动物的静脉注射在临床上用颈绳代替手指压迫静脉,用手持针头垂直刺入血管内,见回血后再连接输液器,松开止血带,打开输液器开关,缓慢注入药液,用胶布固定针头。在静脉推注时,直接用注射器缓慢注入药液。

(4)在注射过程中,若局部肿胀疼痛,提示针头滑出静脉,应拔出针头更换部位,重新注射。

(5)注射完毕后,以 75%的酒精棉签按压穿刺点,迅速拔出针头,然后压迫穿刺部位 3～5 min,防止皮下溢血。

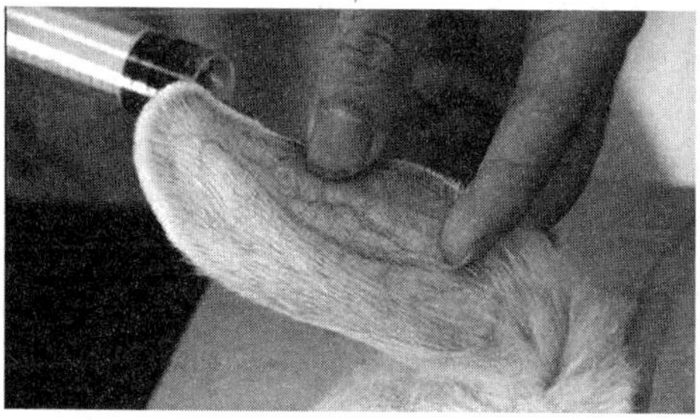

图 6-12 兔耳静脉注射

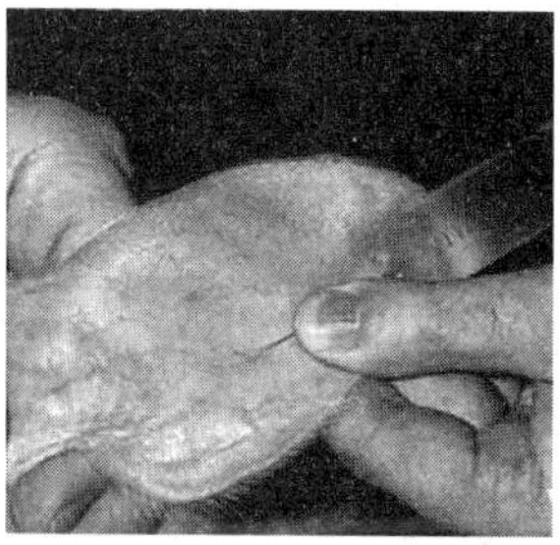

图 6-13 猪耳静脉注射

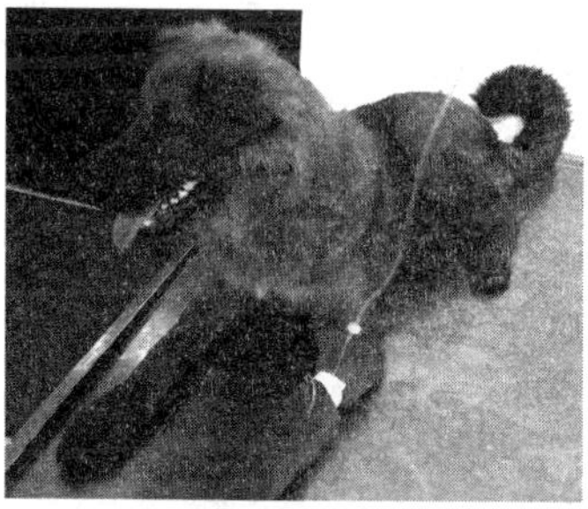

图 6-14 犬前肢内侧皮下静脉注射

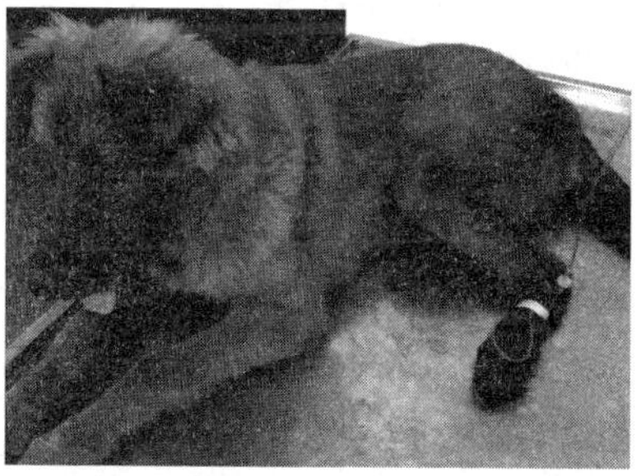

图 6-15 犬后肢外侧小隐静脉注射

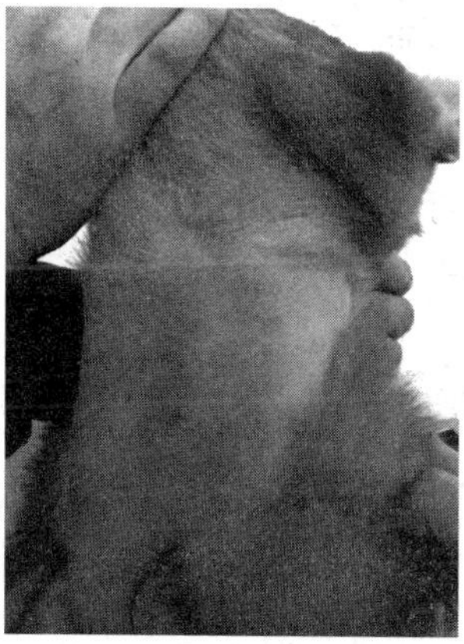

图 6-16 犬颈静脉位置

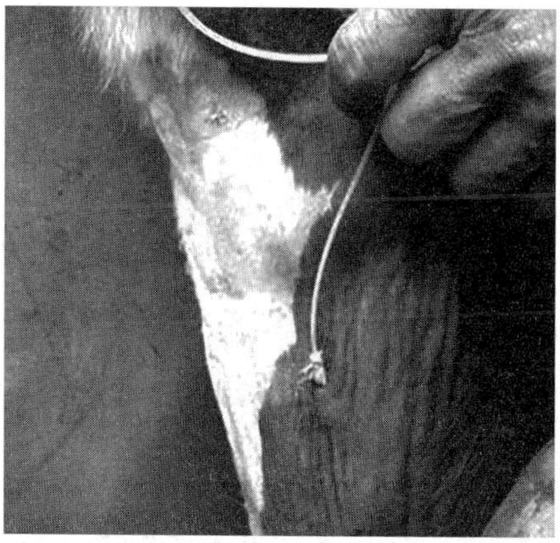

图 6-17 牛颈静脉注射

三、注意事项

(1)保证严格无菌操作。

(2)注射前要认真核对注射药物的名称、用途、剂量和有效期。当同时注射两种以上药物时,应注意有无配伍禁忌。油类制剂不能用于血管内注射。

(3)确实保定,选择粗直、弹性好、不易滑动的静脉,看准静脉后再刺入针头,避免多次扎针引起血肿或静脉炎。如需长期静脉给药,应由远心端向近心端进行注射。

(4)注射器具各部件要衔接严密,注射器及针头必须畅通无堵,当反复刺针时要注意针头是否畅通,当针头被组织块或血凝块堵塞时应随时更换。

(5)确认针头刺入血管后方能注入药液,注射前要排尽注射器或输液胶管内的空气。

(6)当注入大量药液时,注入速度不应太快。在注射过程中要注意动物心脏的负担,防止因注射过快而引起急性心力衰竭。

(7)在注射时要防止药液漏出血管外。当有刺激性的药物漏出血管外时,可以向周围组织注入生理盐水或蒸馏水,以便稀释后易被吸收。当漏出药物是氯化钙时,可注入适量10%的灭菌硫酸钠液,并在肿胀局部热敷,促进消散吸收。

(8)在注射强刺激性药物时,绝不能漏出血管外。当注射对组织有强烈刺激的药物时,注射前应先注入少量等渗盐水,证实针头确在血管内,再注入药物,以防药液外漏而发生组织坏死。

(9)在输液过程中要随时观察动物的表现,若发现骚动、出汗、气喘、肌肉震颤等异常征象,应及时停止注药,并采取相应措施;若输液速度突然减慢或停止,局部出现肿胀,应立即检查有无回血,未见回血时,应调整针头,或重新刺入。

四、常见的静脉注射失败的原因

(1)针头斜面一半在血管内,一半在血管外,回血断断续续,在注药时溢出至皮下,皮肤隆起,动物有痛感。

(2)针头刺入较深,斜面一半穿破对侧血管壁,见有回血,但推药不畅,部分药液溢出至深层组织。

(3)针头刺入过深,穿透对侧血管壁,药物注入深部组织,动物有痛感,没有回血,如只推注少量药液,局部不一定隆起。

技能六　动脉注射

动脉注射法是将药液直接注射于局部的动脉内,主要用于肢蹄、乳腺及头颈部的急性或化脓性炎症等的治疗,多使用普鲁卡因、青霉素或其他抗生素及磺胺类药物。

一、注射部位

正中动脉(在前臂部上1/3的内侧面,肘关节下方2~3 cm处,桡骨内侧嵴后方)、指总动脉(在掌骨内侧面上1/3和中1/3交界处,于指深屈肌前缘,可摸到其搏动)、跖背外侧动脉(在跖骨外侧上1/3处的大跖骨与小跖骨之间的沟中)、会阴动脉(在乳腺后正中提韧带附着部的上方 2～3 指处，可触知会阴部体表的会阴静脉，在会阴静脉侧方，并与其平行)、颈动脉(在颈部上 1/3 下界，颈静脉上缘与第 6 颈椎横突中央向下引垂线的交点)。

二、操作方法

充分暴露穿刺部位，常规消毒，范围要广泛；戴手套或用 2%的碘酊与 75%的酒精消毒左手食指和中指，以固定欲穿刺的动脉；右手持注射器，在两指间垂直或与动脉走向呈 40°刺入动脉，见有鲜红色回血，右手固定穿刺针的方向及深度，左手以最快的速度注射药液；操作完毕后，迅速拔出针头，局部按压止血 5～10 min。

三、注意事项

(1)动物保定要确实，操作要准确，严防意外。

(2)刺入动脉后应立即连接注射器注药，以防流血过多，污染术部，影响操作。

(3)在注射时要握紧活塞，以免因血压过高顶出活塞。

技能七　心 脏 注 射

当病畜心脏机能急剧衰竭、静脉注射急救无效时，可将强心剂直接注入心脏内，抢救病畜。此外，还可用于家兔、鸡、豚鼠等实验动物的心脏直接采血。

一、注射部位

采用心脏注射时，注射部位：牛的左侧肩关节水平线下，第 4～5 肋间；马的左侧肩关节水平线的稍下方，第 5～6 肋间；猪的左侧肩关节水平线下，第 4 肋间；犬的左侧肩关节水平线下，第 4～5 肋间；兔的左侧肩关节水平线下，第 3 肋间。

二、操作方法

以左手稍移动注射部位的皮肤然后压住，右手持连接针头的注射器，垂直刺入心外膜，再进针 3～4 cm 可达心肌；当针头刺入心肌时有心搏动感，注射器摆动，继续刺针可达左心室内，此时感到阻力消失；回抽针筒活塞时见有暗红色血液回流，后徐徐注入药液，很快进入冠状动脉，迅速作用于心肌，恢复心脏机能；注射完毕后，拔出针头，术部消毒。

三、注意事项

(1)动物保定要确实，操作要认真。

(2)刺入部位要准确，以防损伤心肌。

(3)在注入药液时，可配合人工呼吸。

(4)必须缓慢注入药液，若注入过急，可引起心肌的持续性收缩，易诱发急性心搏动停止。

(5)心脏注射不得反复应用，反复的注射刺激可引起传导系统发生障碍。

(6)未见回血忌注射，将药液直接注射于心内膜下或心肌内，有引起心动停搏或心肌持续性收缩的危险。

(7)当针刺入心房时，由于心房壁较薄，有随心搏动而出血的危险。

技能八　腹腔注射

腹腔注射是将药物注入胃肠道浆膜以外、腹膜以内的方法。因腹膜吸收能力很强，吸收速度较快（2 h 左右），故当患病动物心脏衰竭，静脉注射困难时，可通过腹腔注射进行补液。本法多用于小动物，特别是猪，当猪只因各种原因难以寻找耳静脉时，可以通过腹腔注射补液。

一、注射部位

在进行腹腔注射时，多选择脐后的腹腔内。乳猪、小猪于脐至耻骨前缘连线的中部，离开腹中线 2～5 cm 左（右）旁侧（图 6-18）。中、大猪不易提起，多站立或倒卧保定，注射部位于两侧肷部，距髂外结节、腰椎横突及最后肋骨等距离的腹壁点；待其停止挣扎，选择注射部位，一般在耻骨前方 3～6 cm 腹白线（正中线）的侧方。

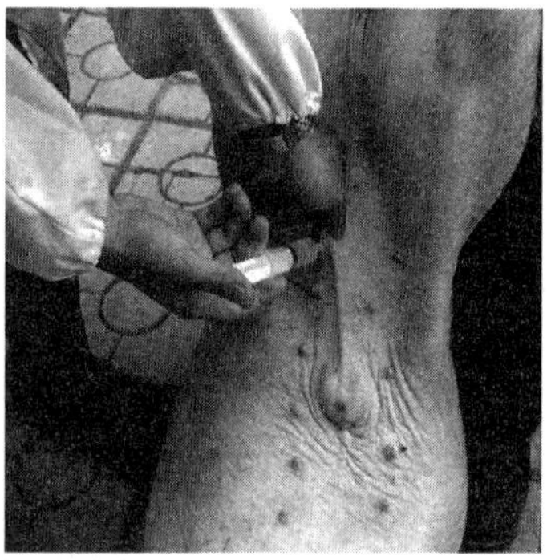

图 6-18　猪的腹腔注射

二、操作方法

将腹部局部剪毛、消毒后，垂直皮肤刺针，深 3～5 cm，然后注入药液。

猪可采用倒提法保定，在局部剪毛、消毒后，用右手持注射器，针头与皮肤垂直刺入腹腔；然后左手固定针头，右手推动注射器活塞，注入药液；注射完毕后，拔出针头，针孔用碘酊消毒。

三、注意事项

（1）在注射时先回抽活塞，确认无气体和液体后再缓慢注入药液。

（2）腹腔注射剂量不宜太大。一般情况下，输入家畜体重 5％的适宜液体是安全可靠的。当注入大量药液时，药液温度不宜过凉，要加热至与体温（37℃左右）相近的温度。

（3）对注射部位要进行严格的消毒，防止感染。动物保定要确实，确保药液注入腹腔内。

（4）腹腔注射次数不宜过多。一般隔天 1 次，连续 2～3 次即应停止使用。

（5）采取腹腔注射时，速度要快，且针头不宜过长，以防刺伤膀胱、肾或其他内脏器官。

（6）膀胱积尿者宜先导尿，若家畜患有尿毒症或腹腔积液、腹膜炎等，应谨慎使用。

（7）腹腔注射的药物要求：腹腔注射只宜用等渗药液，如 5％的葡萄糖溶液、0.9％的生理盐水，再适当配伍无刺激的药物，如肌苷、维生素 B_1、维生素 C 等；高渗盐水、葡萄糖水，如 10％的氯化钠溶液，10％、50％的葡萄糖溶液，均不能作为腹腔注射的药物；油乳剂、有沉淀的药物、半固体药剂等不易被吸收的药物不宜作为腹腔注射的药物；氯化钙、磺胺类药物、某些抗菌药物等有刺激的药物，不能作为腹腔注射的药物，因为其容易引发腹腔炎及组织坏死。

技能九　胸腔注射

胸腔注射是将药液直接注射到胸腔的注射方法，主要用于治疗支气管炎、肺炎、胸膜炎、胸腔积液。

一、注射部位

采用胸腔注射时，选择的注射部位：前界为肩胛骨后缘的垂线，后界为肩胛后角水平线与第 11 肋的交点，肩关节水平线与第 9 肋的交点，两点连线至肘突内所组成的近扇形区域；或在胸部第 6～9 肋间，肩关节水平线上方的胸区。

二、操作方法

(1)动物保定确实。

(2)抽取药物，并将注射器及针头里的空气排尽。

(3)注射药物。在注射部位将皮肤推移 1 cm 左右，右手持连接针头的注射器，沿肋骨前缘垂直刺入 2～3 cm，边退针边注入药液，然后迅速拔出针头，局部消毒(整个过程不超过 5 s)。

三、注意事项

(1)胸腔注射时要将注射器内的空气排尽，在注射部位将皮肤推移 1 cm 左右，与肋间肌错开一下，以防空气进入胸腔而引起气胸。

(2)胸腔注射速度一定要快，整个过程控制在 5 s 之内，否则由于肺组织的舒张和收缩，易划伤肺组织。

(3)胸腔注射药物的量不可太多，太多会影响注射速度，一般一次注射液不超过 18 mL。

(4)牛胸腔注射一般选用 12 号针头，若针头较小，推药速度慢易伤及肺部组织；若针头较大，针眼就大，易引起气胸。

技能十　瓣胃注射

瓣胃注射是将药液直接注入瓣胃内，使其内容物软化通畅，主要用于治疗牛的瓣胃阻塞或真胃积食。

一、注射部位

进行瓣胃注射时，注射部位为右侧第 8～10 肋间和肩关节水平线的交点处(图 6-19)。

二、操作方法

将动物站立保定，局部剪毛、消毒后，用 10～15 cm 长的 18 号针头刺向左前下方，对准对侧肘头刺入 10～12 cm；接上注射器，先注入少量药液，感觉有较大的阻力，回抽活塞时，如有淡黄色且混有细碎草渣的内容物，表明刺入正确，即可注射药液；注射完毕后，慢慢拔出针头，局部涂碘酊消毒。

三、注意事项

(1)注射部位要正确,偏上或偏后均可能刺到胆囊。

(2)在注射时针头要确实固定,以防止其左右摆动或过深、过浅。

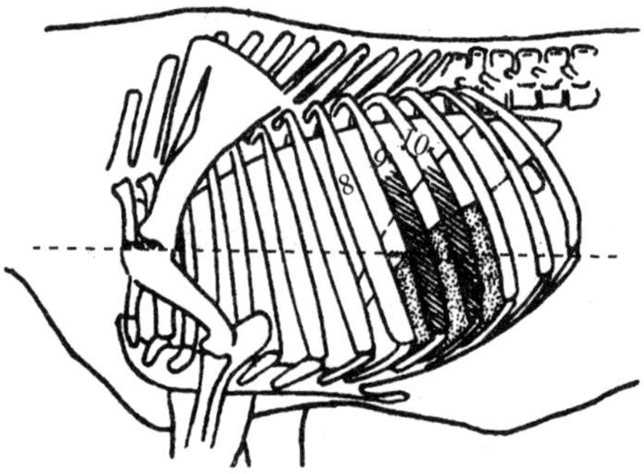

图 6-19 瓣胃注射部位

技能十一 关节腔注射

关节腔注射是将药液直接注射于关节腔内,用于治疗或诊断关节疾病,也可放出关节腔内的积液。

一、注射部位

在进行关节腔注射时,选择相应关节腔体表最明显处进针。

二、操作方法

在动物保定确实后,于关节腔体表最明显突出部刺针;刺入关节腔后阻力消失,流出关节液;放液后注入药液;注射完毕后拔针消毒,并用酒精棉球压迫针孔片刻。

三、注意事项

(1)保证严格无菌操作,以免造成继发性感染。

(2)若为关节透创,在冲洗关节腔时,应从创口对侧刺针冲洗,不应经原创口冲洗,以免造成感染。

技能十二 结膜下注射

结膜下注射是将药物注入结膜与巩膜之间的疏松间隙内,以提高药物在眼内的浓度,增强及延长药物作用时间,或由于注射液的刺激及渗透压的改变,促进血液循环,达到消炎和促进吸收的作用。常用药物有抗生素、激素、散瞳药、自家血清或高渗盐水等。

一、注射部位

在进行结膜下注射时,选择结膜与巩膜之间的疏松间隙内。

二、操作方法

确实保定动物头部，必要时应用化学保定剂，以使动物安静；一只手撑开眼睑，另一只手持针由外眼角球结膜处，与眼球表面平行刺入结膜下，连接注射器注入药液，注射完毕后拔针，轻轻按摩患眼。

三、注意事项

(1)动物保定要确实，以防伤及眼球。

(2)保证严格无菌操作，以防造成感染。

(3)进针时要避开血管，注射后如有出血，可用棉签压迫片刻；待出血停止后，进行热敷以助吸收。

(4)刺激性强、容易引起局部坏死的药物，不可作结膜下注射的药物。

(5)多次注射者，应常更换部位，以免结膜下结疤、粘连。

技能十三　乳池内注射

乳池内注射是用乳导管将药液注入乳池内，主要用于治疗乳牛、乳山羊的乳腺炎；若注入空气，可治疗乳牛生产瘫痪。

一、注射部位

乳池内注射采用乳头管注射(图 6-20)或乳腺基部分点注射。

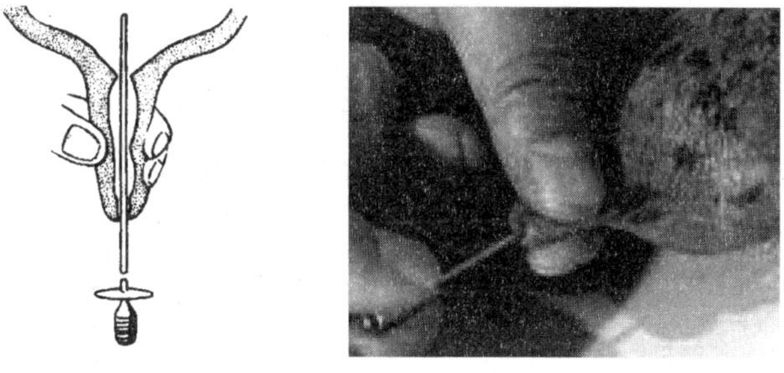

图 6-20　乳头管注射

二、操作方法

以左手握住乳头并轻轻下拉，右手持消毒过的乳导管，自乳头口徐徐导入；导入后交于左手，并与乳头一同固定，右手连接注射器或输液胶管，徐徐注药；完毕后拔出乳导管，以左手拇指与食指捏闭乳头口，防止药液外流，右手按摩乳腺，以促使药液充分扩散。

在乳腺送风之前，在金属滤过筒内，放置灭菌纱布，滤过空气，防止感染，将 4 个乳头分别充气，充气量以乳房皮肤紧张，乳腺基部边缘清楚变厚、轻敲乳腺发出鼓音为度；充气后手指轻轻捻转乳头肌，并结系 1 条纱布，防止空气溢出，1 h 后解除。

若为冲洗乳腺注入药液时，将洗涤药剂注入后，随即挤出，反复数次，至挤出液透明为止，最后注入抗生素。

三、注意事项

(1)保证严格执行无菌操作。
(2)动物保定要确实。
(3)在乳头管注射时必须用通乳针或无尖磨圆的针头,以防损伤乳头。
(4)乳腺基部分点注射适用于病变的乳腺。
(5)在乳腺送风或送乳后要用纱布条结扎并按摩 15～20 min。

技能十四 穴位注射

穴位注射是将药物注入穴位部位,以作用于穴位周围的神经,达到防治疾病作用的一种治疗方法。它可将针刺刺激和药物对穴位的渗透作用相结合,发挥其综合效应,故对某些疾病有特殊的疗效。

一、注射部位

在对动物进行穴位注射时,注射部位应选择健胃穴、抢风穴、百会穴、大胯穴、小胯穴、后海穴(图 6-21 至图 6-23)。

二、操作方法

对动物进行保定,选择适宜的消毒注射器和针头,抽取适量的药液,在穴位局部消毒后,右手持注射器对准穴位缓慢刺入,然后将针缓慢推进,达一定深度后如无回血,便可将药液注入。

三、注意事项

(1)严格消毒,防止感染。
(2)部位准确,注意避开神经干,以免损伤神经。
(3)控制进针深度。

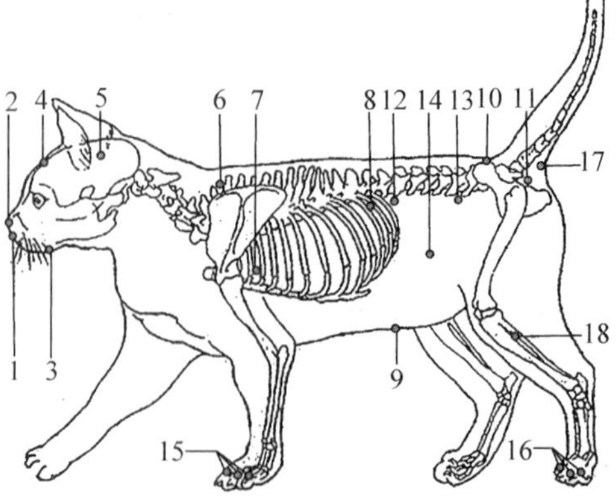

图 6-21 猫穴位图

.分水 2.素髎 3.廉泉 4.印堂 5.伏兔 6.大椎 7.抢风 8.脾俞 9.神阙 10.百会 11.环跳 12.肾俞 13.膀胱俞 14.大肠俞 15.指间 16.趾间 17.后海 18.后三里

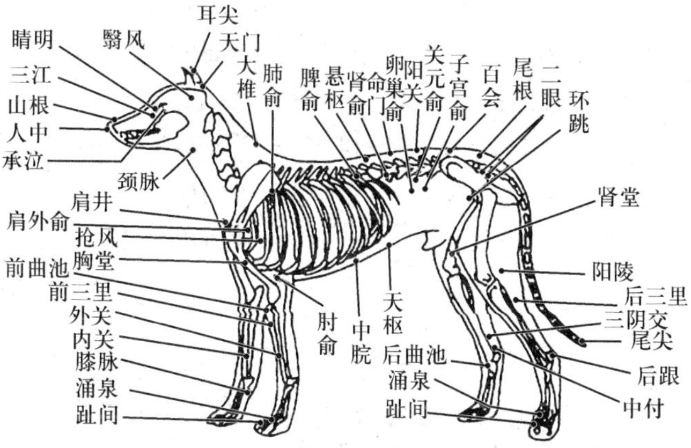

图 6-22 犬穴位图

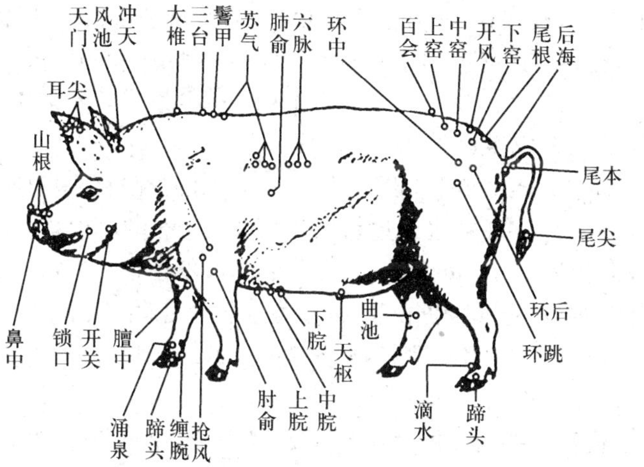

图 6-23 猪穴位图

技能十五 气管内注射

气管内注射是将药物直接注射到气管内，在临床上常用于牛、羊、猪、犬和猫肺部线虫病的驱虫、气管与肺部疾病的治疗。

一、注射部位

在进行气管内注射时，注射部位：牛选择在咽喉后 5～20 cm 处，气管腹侧正中线上，两个气管环(环状软骨)之间；猪、羊选择在咽喉后 3～10 cm 处，气管腹侧正中线上，两个气管环(环状软骨)之间(图 6-24)；犬、猫选择在咽喉后 3～5 cm 处，气管腹侧正中线上，两个气管环(环状软骨)之间。

二、操作方法

(1)牛站立保定，头颈稍抬向上；猪、羊、犬、猫仰卧或侧卧保定，整个躯体稍斜向上。

(2)注射部位剪毛、剃毛，常规消毒。

（3）左手固定术部皮肤，右手持连接针头的注射器，于两个气管轮之间垂直刺入气管内，如突然感觉阻力消失，或轻轻摆动针头感觉前端空虚或抽拉注射器活塞感到轻松自如，则提示针头已进入气管腔内。一般深度达气管内径的 1/2～2/3，牛和大、中猪为 3～4 cm，小猪、羊为 1.5～2 cm，犬、猫为 1～1.5 cm。针头刺入气管腔后，以一滴一滴的方式缓缓注入药液。注射完毕后拔出针头，涂擦碘酊消毒术部。

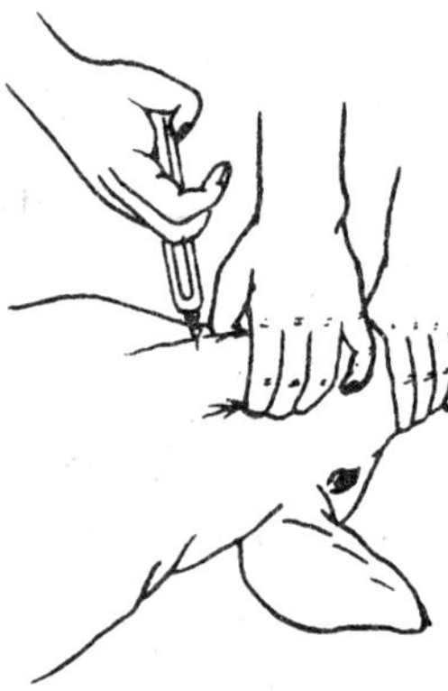
图 6-24 猪气管注射法

三、注意事项

（1）用于气管内注射的药物必须根据病因来正确选取，同时应选择没有刺激性，或者尽量选用刺激性较小的药物。

（2）为减轻对气管内膜的刺激，药液应以等渗盐水配制，并加热至与体温相近的温度。同时，药液总容积不宜过大，注入速度不能过快，牛、大猪不超过 40 mL，小猪、羊不超过 20 mL，犬、猫不超过 10 mL，具体用量视动物体型大小而定。注射用时不少于 5 min。

（3）为防止咳嗽，可预先向气管内注入 2%的普鲁卡因或利多卡因，牛为 4～6 mL，猪、羊为 1～2 mL，犬、猫为 1 mL，但应注意药物的配伍禁忌。

（4）应根据动物种类、体型大小来选用大小、长度合适的注射针头，过粗易造成气管创伤，过细则易造成环状软骨碎片堵塞或在注射过程中咳嗽时剧烈振动，引起针头折断。牛、大猪选用 9～12 号针头为宜，小猪、羊、犬、猫选用 7～9 号针头为宜，最好能在针头上加接一小段注射胶管。

（5）由于中、大猪颈部的皮下脂肪较厚，操作难度较大，不能像牛、羊那样隔着皮肤抓住气管直接注射，可采用人用 9～12 号穿刺长针（长度约 12 cm），边插针边抽拉注射器活塞，若活塞可轻松抽拉，则提示操作正确。

（6）犬、猫的气管内注射要注意做好保定，以防其抓、咬操作者；颈下部被毛较厚，事先应剪除干净；气管较小，稍不小心易穿透，故也宜采用边插针边抽拉注射器活塞的办法来操作，当活塞可轻松抽拉时，提示操作正确。

【复习与思考】

1. 给不同大小的动物进行肌内注射时，如何选择注射针头？
2. 列举几种常用的注射器消毒方法。
3. 连续注射器常用于哪种注射情况？

【知识链接】

静脉留置针

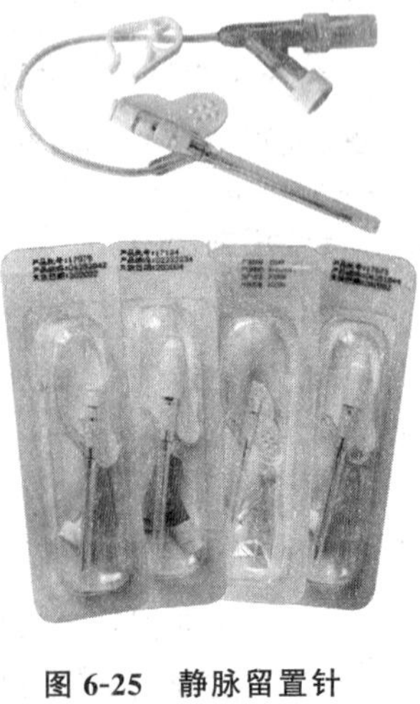
图 6-25 静脉留置针

静脉留置针（图 6-25）的使用能减少宠物因反复静脉穿刺而造成的痛苦，减轻宠物主人的焦躁情绪，便于临床用药，减轻护士的工作量，因而静脉留置针在临床上广泛应用。

静脉留置针又称静脉套管针，核心的组成部件包括可以留置在血管内的柔软的导管（套管），以及不锈钢的穿刺引导针芯，使用时将导管和针芯一起穿刺入血管内，当导管全部进入血管后，回撤出针芯，仅将柔软的导管留置在血管内从而进行输液治疗。

1. 导管的选择

在满足输液需要的同时，选择最短、最细的导管。所选择的静脉必须能够容纳导管的长度并至少是导管粗细的2倍以上以保障充分的血流，并满足静脉输液治疗。

2. 使用方法

(1)物品准备：输液瓶、输液器、固定敷料(胶带、透明贴膜)、连接配件(肝素帽、无针连接)、流速控制装置(输液泵、微量泵)、留置针、消毒碘伏、棉签、止血带。

(2)选择血管：选择粗、直、弹性好、血流丰富、避开静脉瓣和关节的血管。

(3)消毒皮肤。

(4)扎止血带：不宜过紧，不宜超过2 min。

(5)移除护针帽，松动针芯：垂直向上移除护针帽，左右松动针芯。

(6)连接头皮针，排气。

(7)穿刺：扒紧皮肤，直刺静脉，以15°～30°进针，进针慢，见回血后再进针0.2 cm。

(8)退针芯：一只手持针座，另一只手退针芯。

(9)送导管：将导管全部送入静脉内。

(10)松开止血带，调节滴速。

(11)封管与护理：用无菌透明贴，以穿刺点为中心固定。保持穿刺点清洁干燥，有不黏或污染时及时更换。

(12)记录：在静脉穿刺部位粘贴标签，署名穿刺日期、操作者姓名等，并每天记录导管留置情况。

3. 留置针失败的原因

留置针失败的原因有：①穿刺技术不熟练，使导管尖受损；②穿刺过度刺破静脉后壁；③仅将针尖刺入静脉而外套管尚在静脉壁外，导致送管失败；④穿刺角度过小，静脉壁划伤。

4. 留置针的封管与护理

(1)目的：将残留的刺激性药液冲入血流，避免刺激局部血管，保持静脉通路；避免下次连接输液时软管头端血液凝固，造成堵塞。

(2)正压封管的方法：采用边推注药液边退针的方法拔出注射针头。

(3)封管液体：等渗盐水5～10 mL，6～8 h冲管一次。稀释肝素溶液每毫升含肝素10～100单位，用量2～5 mL。抗凝作用持续12 h以上。

(4)正确冲管、封管步骤：生理盐水→给药→生理盐水→稀释肝素液。

5. 留置针的冲管与护理

(1)再次输液前，消毒肝素帽、冲管后再次连接注射器针头。

(2)目的：用生理盐水将导管内残留的药液冲入血管，避免因刺激局部血管而造成的化学性静脉炎，减少药物之间的配伍禁忌。应用于两种药物输注之间，或封管前。

(3)方法：注射器推注，采用推一下停一下的脉冲式冲洗方法，使生理盐水在导管内形成小漩涡，有利于把导管内的残留药物冲洗干净。

(4)冲洗液的最少量应为导管和附加装置容量的2倍。

任务七

免疫接种方法

【任务描述】

免疫接种就是用人工方法将免疫原或免疫效应物质输入到机体内，使机体通过人工自动免疫或人工被动免疫的方法获得防治某种传染病的能力。用于免疫接种的免疫原（即特异性抗原）、免疫效应物质（即特异性抗体）等皆属生物制品。动物常见的免疫接种是针对当地流行的主要疾病选用优秀的疫苗来进行免疫接种预防工作，以提高畜禽整体的免疫力，减少该种疾病的发生。

每种疫苗都有其特定的免疫方法和免疫途径，免疫时应根据其实际情况选择最佳的接种方法和途径。常见的免疫接种方法有饮水免疫，滴鼻、点眼免疫，喷雾免疫，肌内注射免疫，皮下、皮内注射免疫，刺种免疫等。临床上由于各种原因造成的免疫失败很多，因此，应掌握各种免疫方法的操作技术，规范操作，确保免疫有效。

【技能目标】

通过对本任务的学习，会进行免疫操作，能采用各种不同的免疫接种方法对动物进行免疫接种。

技能一　饮水免疫法

疫苗的饮水免疫主要用于鸡，是将疫苗放入水中，让鸡在规定的时间内饮完，达到免疫作用的免疫过程。

一、疫苗饮水免疫的优点和缺点

疫苗饮水免疫的优点是省时、省力、应激小、简便易行。

疫苗饮水免疫的缺点是每只鸡饮入的疫苗量不一，免疫效果参差不齐，免疫失败时有发生，免疫后鸡群产生抗体参差不齐。如新城疫疫苗饮水免疫时而发生非典型新城疫，建议饲养管理及环境卫生条件好的规范化养鸡场（户）可进行疫苗的饮水免疫，而饲养管理差、环境卫生条件差的鸡场最好不要进行。

二、疫苗饮水免疫的注意事项

（1）在疫苗饮水免疫前检查疫苗的批号、有效期、性状等。如使用冻干苗时要检查真空程度，失去真空的疫苗，空气进入疫苗瓶内，会导致污染，疫苗的效价降低，不能使用；使用油乳剂灭活苗时，应检查是否分层，因为若疫苗质量差、保存时间长会分层，这样的疫苗不能用。

(2)保证饮水免疫的质量。鸡免疫用水严格要求用凉开水或井水，禁用自来水，以防水中含有氯、锌、铁等离子灭活疫苗。如果用自来水，最好在饮水免疫前一天把水装入缸内过夜(过夜水)，第2天再用，不要用当天的自来水。在配制疫苗时，同时加入0.2%的脱脂奶粉，以保证疫苗的免疫效果。

(3)准备足够的饮水器，饮水器要比饮水前增加1/3的数量。饮水器具要干净，禁用金属制的饮水器，以保证疫苗的效价，以塑料制的为好，使用前应该反复用水冲刷干净后再用。使用乳头饮水器进行疫苗饮水免疫时，应将水箱和管道内进行清洁处理，否则管道内若含有对疫苗有害的残留物，会使疫苗灭活。

(4)饮水免疫之前要限制饮水，停止饮水，不断料，目的在于使每只鸡在饮水免疫前处于口渴的状态，但不要达到使鸡发疯的程度，以便饮水时保证每只鸡在较短时间内准确地饮到规定的疫苗水量，促使鸡群产生的抗体效果较统一。断水时间的长短应考虑气温、季节、鸡龄等。在夏季天气热时，断水时间为1～2 h，其他季节为3～6 h。

(5)配制疫苗的饮水量准确度很难掌握，其受气温、舍温、鸡龄等许多因素影响。只能是估计饮水量，最好在饮苗前做饮水试验，饮水量的确定以鸡群在30～60 min内饮完为准；也可根据饲养人员的经验给予，也可参考下列饮水原则，即4周龄以内的雏鸡每只饮水量为12 mL，8周龄以上的鸡每只饮水量为40 mL。

(6)饮水免疫的饮水量不宜过大。新城疫疫苗的饮水免疫3～5倍量即可，若疫苗的饮水量过大，会使免疫应答减弱，影响免疫的效果。

(7)饮水免疫的当天，禁止对鸡舍清毒或带鸡消毒以及口服抗生素、抗病毒药物。不宜在疫苗中加入维生素和抗生素，以免改变溶液的pH和渗透压。

(8)在饮水免疫期间尚未产生抗体前，应加强饲养管理，保持良好的饲养环境，禁用抗病毒药物；否则会因尚未产生免疫力之前感染强毒，而使免疫失败。根据鸡群的饮水量计算用水量，将口服疫苗3倍剂量溶于水中，装入容器中，供鸡群自由饮用，2 h内饮完。

技能二　滴鼻、点眼免疫法

滴鼻、点眼免疫法是将疫苗稀释于生理盐水中，充分摇匀，用专用滴管或滴瓶，将稀释后的疫苗滴入鸡鼻孔或结膜内，以刺激上呼吸道黏膜、哈德氏腺，从而产生局部免疫。

本法适用于鸡新城疫Ⅱ系、Ⅲ系、Ⅳ系疫苗和传染性支气管炎疫苗及传染性喉气管炎弱毒疫苗的接种。对幼雏应用这种方法，可以避免疫苗病毒被母源抗体中和，从而取得比较良好的免疫效果，而且能保证每只鸡普遍得到免疫，且剂量一致。因此，一般认为点眼、滴鼻法是鸡疫苗接种的最佳方法，尤其是对鸡新城疫疫苗的接种。

一、具体操作

(1)稀释液用量：选择免疫所用的滴管或滴瓶，确定每毫升多少滴，然后再计算出实际使用稀释液的用量(一般情况一滴的体积为0.03～0.05 mL)。疫苗用蒸馏水、生理盐水或专用稀释液稀释后待用。

(2)操作:对于小鸡雏,一只手手心握住鸡背,食指和拇指把握住鸡头,另一只手食指和拇指轻轻挤压滴瓶,将一滴疫苗溶液自 2~3 cm 高处,垂直滴进鸡的一只眼睛或一侧鼻孔,待眼睛眨动或鼻孔吸气将疫苗液吸收后方可将鸡松开。若药液滴入后,不向鼻内渗入,可用右手轻捏鸡的嘴或用手堵另一侧鼻孔,药液自然会渗入。成鸡免疫时,只需打开鸡笼门,握住鸡颈部(鸡只是头颈部在笼外,身体在笼内),滴鼻、点眼免疫方法同雏鸡。

二、注意事项

(1)免疫前、后 48 h 不能用消毒液消毒及洗刷饮水器、水(料)槽。

(2)疫苗应遵循“现用现配”的原则,避免时间过长,一般建议不超过 2 h。

(3)疫苗瓶和剩余疫苗应妥善处理(焚烧或深埋,也可以加入大剂量消毒剂)。

(4)有稀释液的疫苗瓶应避免被手掌长时间接触,以免影响免疫效果。

技能三　喷雾免疫法

喷雾免疫是指容器中的液体在压力的作用下(通常为 6~8 kg/cm^3),从喷头喷出变为雾滴,鸡只通过眼、鼻、口吸入或接触带有疫苗的雾滴(弱毒活疫苗),产生特异性抗体的过程。气雾免疫可以刺激黏膜产生分泌型免疫球蛋白 A 等,形成局部免疫,又可引起全身性的免疫应答,从而形成体内广泛而有效的免疫保护。免疫效果取决于鸡舍中飘浮的雾滴的浓度大小和时间长短,它关系到鸡只吸入或摄取疫苗的剂量是否足够。喷雾免疫根据其雾滴的大小,分为粗雾免疫和细雾免疫两种。

粗雾免疫:根据雾粒大小又分为大雾滴和粗雾滴两种。大雾滴直径为 100~150 μm,液体从喷头喷出后快速沉降,雾滴在空中不飘浮,此法适用于 1 日龄雏鸡,可直接在雏鸡盒内喷雾。粗雾滴直径为 70~120 μm,液体从喷头喷出后,雾滴有 50%飘浮,并较快沉降(半小时左右),另一半直接沉降(100 μm 以上)。粗雾免疫适用于 10 日龄以上的雏鸡,喷雾时,要先把雏鸡按圈集中,每平方米 30~40 只,以使喷出的雾滴尽可能落在雏鸡身上,疫苗通过眼、鼻、口进入鸡只体内。

细雾免疫:雾粒直径为 30~60 μm,雾粒直径在空中飘浮较长时间(1 h 以上),此法适用于 22 日龄以上的鸡群。细雾粒主要用于加强免疫,喷雾时把鸡群相对集中一下更好;不能集中时,为达到有效免疫效果,需加大疫苗的用量。30~50 μm 飘浮的雾粒很容易被吸入气管、细支气管,而 80 μm 以上的雾滴很难被吸入,100 μm 以上的雾粒基本不飘浮。

一、喷雾免疫的优点与缺点

喷雾免疫的优点是省时、省力,对某些对呼吸道有亲嗜性的疫苗特别有效,如新城疫Ⅱ系、Ⅳ系疫苗,传染性支气管炎弱毒疫苗等。

喷雾免疫的缺点是应激较大,会加重慢性呼吸道病及大肠杆菌引起的气管炎。

二、喷雾免疫的操作

(1)用该方法进行免疫接种一般选择在傍晚进行,以降低鸡群发生应激反应的概率,并避免阳光直射疫苗。关闭鸡舍的门窗和通风设备,减少鸡舍内的空气流动,并将鸡群圈于阴暗处。喷雾器或雾化器内应无消毒剂等药物残留，最好选用疫苗接种专用的器具。

(2)疫苗的配制及用量：选用不含氯元素和铁元素的清洁水溶解疫苗，并在水中打开瓶盖倒出疫苗。常用的水有去离子水和蒸馏水，不能选用生理盐水等含盐类的稀释剂，以免喷出的雾粒迅速干燥致使盐类浓度升高而影响疫苗的效力。该接种法疫苗的使用量通常是其他接种法疫苗使用量的 2 倍。

(3)喷雾方法：将鸡群赶到较长墙边的一侧，在鸡群顶部 30～50 cm 处喷雾，边喷边走，至少应往返喷雾 2～3 遍后才能将疫苗均匀喷完。喷雾时，应关闭风机，喷雾后 30 min 以后才能开启门窗通风。因为一般的喷雾雾粒大约需要 20 min 才会降落至地面。

粗雾免疫：手提喷雾器或背负式喷雾器或台式喷雾器，喷雾时应注意喷雾的压力，尽可能地使雾化的雾粒符合要求和均匀。1 日龄雏鸡每 1 000 只喷雾量在 200 mL 左右，喷雾时喷头距鸡 30～40 cm，并快速移动 2～3 遍，喷雾后鸡群应在原地或雏鸡盒中停留 20～30 min。

细雾免疫：喷雾设备有空气压缩机、胶皮管、喷漆枪、塑料桶(5 L)组成，喷雾前一天应带鸡消毒舍内环境，要求没有明显灰尘。喷雾时在鸡头顶上方 30～50 cm 处进行，快速往返 3～4 次，喷雾量为每立方米 15 mL 或每 1 000 只鸡 500 mL。

三、注意事项

(1)免疫前一天必须做好带鸡消毒工作，以净化鸡舍环境，从而降低免疫反应，提高免疫效果，喷雾免疫当天停止带鸡消毒。

(2)除 1 日龄雏鸡外，喷雾免疫疫苗用量须适当增加，应增加 0.5～1 倍。

(3)为避免疫苗反应，可在喷雾溶液中加一些抗生素。

(4)注意粗雾免疫和细雾免疫的不同之处，确保鸡群接触到或吸入足够的疫苗量。

(5)喷雾时，为减少应激和便于操作，应关闭灯光。

(6)禽舍温度在 22～25℃喷洒，相对湿度为 70%左右为宜，以免雾滴迅速蒸发，若湿度达不到要求，可以先在室内喷洒清水。

(7)以蒸馏水或去离子水稀释疫苗，并加入 0.1%的脱脂奶粉。

(8)避免鸡群在刚吃完料或饮完水后进行免疫，以防出现应激。炎热时宜在早、晚进行。

(9)雾化粒子的大小要适中，雾化粒子太大，由于沉降速度快，疫苗在空气中停留的时间短，疫苗的利用率降低；雾化粒子过小，疫苗在呼吸道内不易着落而被呼出。在喷雾前可以用定量的水试喷，掌握好最佳的喷雾速度、喷雾流量和雾化粒子大小。

(10)关闭门窗，停止所有通风设备，以减少空气流动。不要直接喷向鸡体表，应较慢、匀速地喷两遍至刚好用完。喷完后 20～30 min 再开门窗。

(11)免疫前、后应使用抗应激药物，添加抗生素防止气囊炎。

(12)该接种法在有慢性呼吸道传染病等疾病的鸡群中应慎用。

(13)新城疫弱毒苗等疫苗会引发喷雾人持续 2～3 d 的结膜炎，因此，喷雾人也应该注意自身防护，需要戴口罩和面罩来保护自己。

技能四　肌内注射免疫法

肌内注射免疫法是把疫苗注射到肌肉中，可使疫苗吸收准确、均匀，效果可靠。

一、注射部位

鸡常取胸肌、翅膀肩关节附近的肌肉或腿部外侧的肌肉进行肌内注射免疫，马、牛、猪、羊及其他动物常取颈部、臀部或股。

二、注射方法

进行肌内注射免疫时，左手固定注射部位，右手拿注射器，针头垂直刺入肌肉内，然后左手固定注射器，右手将针芯回抽一下，如无回血，将药液慢慢注入；若发现有回血，应变更位置。如动物不安或皮厚不易刺入，可将注射针头取下，右手拇指、食指和中指紧持针尾，对准注射部位迅速刺入肌肉，然后针尾与注射器连接可靠后，注入疫苗。注意：注射时要将针头留有 1/4 在皮肤外面，以防折针后不易拔出。

鸡的肌内注射主要用于 1 日龄雏鸡的马立克氏病弱毒疫苗及各种灭活疫苗的接种。对 1 日龄雏鸡进行肌内注射时，左手握住小鸡，使其头朝前腹低下，食指与拇指提起头颈部背侧皮肤，右手持注射器由前向后从皮肤隆起处刺入皮下，注入疫苗。注射点以在颈背侧 2/3 处为宜，太靠上时，头部皮下组织不易吸收，易引起水肿。

三、注意事项

(1)注射器、针头及注射管，每次使用前要进行彻底的清洗消毒(水中煮沸 20～30 min)。

(2)用前先将疫苗摇匀，油乳剂灭活苗分层后不能使用。

(3)鸡腿肌注射时要注入大腿外侧、肌肉最丰满处，避免注入肌腱或小腿处，否则会引起腿肿、运动障碍；胸肌注射时，注射角度不要过大，以 30°～45°为宜，避免损伤鸡的肝、心脏或胸腔，如果针头过长，要在针头根部垫一块胶皮或塑料。

技能五　皮下、皮内注射免疫法

一、注射部位

对马、牛等大动物进行皮下注射时，一律选择颈侧部位；对猪选择在耳根后方注射；对家禽选择在颈部或大腿内侧注射；对羊选择在股内侧、肘后及耳根处注射；对兔选择在耳后或股内侧注射；对鸡选择在颈部正中线的下 1/3 处注射。

羊痘弱毒疫苗采用皮内注射，注射部位多在尾根或尾下。

二、注射方法

皮下注射的注射方法：常规消毒，左手拇指与食指捏起皮肤成皱褶，右手持注射针管在皱褶底部稍倾斜快速刺入皮肤与肌肉间，缓缓推药。注射完毕后，将针拔出，立即以药棉揉擦，使药液散开。

皮内注射的注射方法：常规消毒，用左手指捏起皮肤成皱褶，右手持注射针管从皱褶顶部与之呈 20°～30°向下刺入皮肤内，缓慢注入疫苗；也可用左手的拇指与食指捏起皮肤呈皱褶进针。

技能六　刺种免疫法

刺种免疫法目前主要用于鸡痘苗的翅膀内侧刺种，适用于鸡痘、鸡脑脊髓炎、鸡痘—脑脊髓炎二联弱毒活疫苗等的免疫。

一、注射部位

刺种部位选择鸡翅翼膜内侧中央，严禁刺入肌肉、血管、关节等部位。

二、注射方法

将 1 000 羽份的疫苗稀释于 4～5 mL 的生理盐水中，充分混匀。助手一只手握住鸡的双腿，另一只手握住一翅，同时托住背部，使其仰卧；操作者左手握住另一翅尖，右手持接种针或钢笔尖蘸取疫苗，垂直刺入翅膀内侧无血管处的翼膜内，小鸡一针，大鸡两针。刺种后 5～10 d 后，检查部分鸡的结痂情况，若无反应，应重新接种。

三、刺种免疫法的优点与缺点

刺种免疫法的优点是剂量准确，效果确实，能够快速产生免疫保护。

刺种免疫法的缺点是耗费劳力较多，对鸡群应激较大，适用疫苗有限。

四、注意事项

(1)疫苗稀释液的质量要保证，推荐使用专用稀释液，当条件不允许时，可用灭菌蒸馏水或生理盐水替代。为保证稀释后疫苗的效价，疫苗瓶外需加装防热材料。稀释好的疫苗要在 1 h 内用完。

(2)刺种时，应保证刺种部位无羽毛，防止药液蘸在羽毛上，造成剂量不足。

(3)疫苗液须浸过刺种针槽，保证刺种时针槽内充满药液。防止刺种针手柄浸入疫苗溶液造成污染。

(4)刺种 3～5 d 后及时检查接种部位结痂情况，以评价免疫效果。结痂较差时要及时补充免疫。

(5)建议每次刺种时只接种相同的翅膀，便于检查鸡是否已获得免疫功能。

技能七　涂肛免疫法

涂肛免疫法仅用于接种传染性喉气管炎强毒型的疫苗。

一、操作方法

将 1 000 羽份的疫苗稀释于 30 mL 的生理盐水中。助手将鸡倒提，用手握腹，使肛门黏膜翻出；操作者将一滴疫苗或用去尖毛笔蘸取疫苗涂擦肛门。

二、注意事项

接种时应注意不能将疫苗滴落在鸡的皮肤、羽毛或地面上，以免造成环境污染。

【复习与思考】

1. 疫苗免疫前、后的注意事项有哪些？
2. 疫苗免疫失败的原因有哪些？
3. 疫苗免疫注射时，如何根据疫苗性状的不同，动物大小和营养程度的不同选择注射针头和注射方法？

【知识链接】

犬、猫免疫程序

疫苗可以有效地预防或控制犬和猫的一些传染病。疫苗能刺激肌体产生体液、黏膜、细胞介导的免疫应答。巨噬细胞抗原引起体液免疫应答，以B淋巴细胞和浆细胞产生IgM、IgG、IgA和IgE抗体为特征。抗体与病原体或其毒素结合后，通过促进凝集反应（病毒），增强吞噬作用（调理作用）、中和毒素、阻断细胞表面的连接、激活补体级联和抗体依赖性细胞介导的细胞毒性来预防感染疾病，抗体应答是病原体处于细胞外复制或毒素产生期间控制传染病原体的最有效方法。细胞介导性免疫应答主要由T淋巴细胞介导。T淋巴细胞特异性抗原，能消灭传染性病原体或通过产生能刺激巨噬细胞、中性粒细胞和自然杀伤细胞等其他白细胞因子来介导消灭病原体。细胞介导性免疫可控制大多数与细胞感染相关的传染病。

一、犬、猫常用疫苗

二联苗（幼犬）：预防犬瘟热、犬细小病毒。

四联苗：预防犬瘟热、犬细小病毒、犬副流感、犬传染性肝炎。

钩端二价苗：预防犬型钩端螺旋体病和黄疸出血型钩端螺旋体病。

猫三联苗：预防猫泛白细胞减少症、猫传染性鼻气管炎、猫杯状病毒。

狂犬病疫苗：预防狂犬病。

二、犬免疫程序

1. 首免时幼犬小于2月龄（28日龄）

首免：犬二联苗。

二免：犬二联苗（首免后2周）。

三免：犬四联苗＋钩端（二免后3周）。

四免：犬四联苗＋钩端＋狂犬疫苗（三免后3周）。

2. 首免时幼犬大于2月龄

首免：犬四联苗。

二免：犬四联苗＋钩端（首免后3周）。

三免：犬四联苗＋钩端＋狂犬疫苗（二免后3周）。

3. 初次免疫大于6月龄

首免：犬四联＋钩端。

3周后：犬四联＋钩端＋狂犬。

4. 加强免疫：犬四联苗＋钩端＋狂犬疫苗，每年1次。

备注：狂犬疫苗注射需满3月龄。

三、猫免疫程序

1.2月龄的猫

初次免疫：猫三联。

3周后：猫三联。

3周后：猫三联＋狂犬(狂犬注射需满3月龄)。

2. 大于6月龄的猫

初次免疫：猫三联。

3周后：猫三联＋狂犬。

3. 加强免疫

猫三联＋狂犬，每年1次。

四、免疫注意事项

(1)新购买的犬、猫需观察2周，若吃喝、大小便都正常，方可注射疫苗。

(2)如有发热、呕吐、咳嗽等患病症状不宜接种。

(3)由于受寄生虫干扰或犬、猫免疫力低下等影响，极少数动物在接种疫苗后不能产生较高滴度的抗体，建议免疫程序结束后3周，带宠物检测抗体滴度，以确保动物有效免疫。

(4)口服驱虫药须在注射疫苗3 d后服用，为了确保动物的健康，应每隔3至6个月给宠物驱虫一次。

任务八

内服给药方法

【任务描述】

随着养殖规模化程度的不断提高,内服给药技术不断被普及。内服给药包括直接灌药、胃导管灌药、混饲给药和混水给药等多种方法。规范、安全、有效的内服给药技术能保证药物的疗效。口服药物经胃肠道吸收后作用于全身,或停留在胃肠道发挥局部作用。其优点是操作比较简单,适合于大多数药物。其缺点是受胃肠内容物的影响较大,吸收不规则,显效慢;能被消化道破坏的药物也不宜口服;草食动物口服广谱抗生素易引起胃肠道菌群失调。

【技能目标】

通过对本任务的学习,会使用内服给药用具,能采用各种不同方法对动物进行内服给药。

技能一　直接灌药法

直接灌药法也叫经口灌药法,主要用于少量的水剂、糊剂,中药及其煎剂、片剂、丸剂、舔剂等剂型药物的投服,所有动物均可采用。尤其对苦味健胃药,常用面粉、糖麸等赋形药制成糊剂或舔剂,经口投服以加强健胃的效果。经口灌服的药物一般应无强刺激性和特殊异味。

一、操作方法

灌药前应先将动物确实保定,然后打开口腔并轻压舌头;选择适当的喂药工具,自一侧口角伸入,抬高药瓶并轻轻振抖,如是橡胶瓶则可轻压使药液流出,待动物吞咽后再继续灌入,直至灌完。

给犬、猫口服片剂或丸剂,助手左手握其下颚,使动物颊部皮肉置于上、下臼齿之间,打开口腔;用手或者镊子夹住药物送入舌根部,迅速抽出手或镊子,闭口并按摩咽部促使动物咽下药物。

投药用具有药匙(汤匙)、竹筒、橡皮瓶或长颈玻璃瓶、盛药盆或注射器等;舔剂一般可用光滑的木板或竹片;丸剂、片剂多可徒手投服。

二、注意事项

(1)灌药时,应将动物头部举起或吊起,高度以口角与眼角的连接线呈水平线为宜。当动物咀嚼、吞咽时，如有药液流出，应以盛药盆接取之，以免流失。

(2)每次灌入的药量不宜太多，不能过急。在灌药过程中，患病动物发生强烈咳嗽时，应暂停灌服并使其头部低下，使药液咳出，待安静后再灌服。

(3)给仔猪灌药时，第一匙的药物不要太多，否则容易因药物的异味使仔猪产生呕吐反射，灌第二匙时，仔猪的呕吐反应就会大大减少。

(4)如果仔猪不咽药，将药物含在口中，伺机吐出，则可用小匙按压仔猪舌体的后半部，或用手刺激咽喉的外部皮肤，促其产生吞咽反射，咽下药物。在灌药过程中，切不可采用捏小猪鼻子阻塞气管的办法令其咽下，否则会呛入仔猪气管，造成仔猪窒息死亡。

(5)对于重病后期或体质极度衰弱的仔猪，不宜采用灌药的方法给药。因为这时仔猪呼吸急迫、短促而无力，采用灌药的方式给药，药物极易呛入仔猪气管和肺内，造成仔猪窒息死亡。

技能二　胃导管灌药法

胃导管灌药法适用于大量水剂或可溶于水的药液的灌服。牛、羊等大动物常采用插入胃导管的方法投药。胃导管一般选用软硬适宜的橡皮管或塑料管，使用时应根据动物个体的大小选用相应的口径及长度。胃导管在使用前应清洗干净，并在前端涂以滑润油或水。

一、操作方法

1. 牛、羊胃导管灌药法

一人抓住牛、羊的两耳(角)，固定其头部并稍抬高；而后装上横木开口器，系在两角根后部；胃导管从开口器中间孔插入，前端抵达咽部时，轻轻抽动，刺激牛、羊吞咽，随咽下动作将胃导管插入食道；确定胃导管确定在食道后，再将胃导管前端推送至牛、羊颈部下 1/3 处；然后连接漏斗，先灌入少量清水，证明插入无误后，即可投药；投药结束后，再用少量清水冲洗漏斗(图 8-1)。

图 8-1　牛胃导管灌药法

2. 猪胃导管灌药法

将猪横卧保定或站立保定。横卧保定时，要将颈部压紧(不要压胸部和腹部)；站立保定时，要抓住两前肢，用开口器将口撑开，投药管从舌旁伸入(管的弯曲要向内下方)咽部再伸入食道，伸过咽头再伸进 7～10 cm，将胃导管固定，检查证明胃导管进入胃内后，即可接上漏斗，灌入药液。灌完后再向管内灌入少量清水，使胃导管内药物排空，然后迅速拔出胃导管。

3. 检查胃管是否插入食道或胃内的方法

(1)用压瘪的胶皮球连接在胃导管的外口上，如胶皮球仍保持原状而不鼓起，或用胶皮球向胃导管内打气畅通无阻，即证明胃导管已进入食道或胃内。

(2)将胃导管外口浸在水中，如随呼气喷出气泡，则是插入了气管；如无气泡发生，则是插入食管。

(3)如胃导管插入气管，则动物不叫或叫声低弱；如胃导管插入食道内，则叫声不变。

二、注意事项

(1)胃导管使用前要清洗、消毒、涂上润滑油。

(2)一定要在确定胃导管插入食道而不是气管后,才可以灌药。

(3)在灌药过程中,若动物出现咳嗽应停止灌药。

(4)在寒冷季节,灌入药物前最好提前加温,以防动物出现胃肠痉挛。

技能三　混饲给药法

混饲给药是指将药物均匀拌入饲料中,让畜禽采食的同时吃进药物。药物预防是集约化养殖场预防疾病的常用措施,而混饲给药是畜禽群体给药最常用的一种途径。

一、混饲给药法的优点与缺点

混饲给药法的优点是简便易行、节省人力、减少应激、切实可靠,适用于长期投药,对于不溶于水或适口性差的药物更为恰当。通常抗球虫病药物、促生长剂及控制某些传染病的抗菌药物常用此法。其缺点是动物个体差异较大,采食量不同,治疗效果不均一,特别是瘦弱或有疾病的动物由于采食量少,很难获得足够剂量的治疗药物。

二、操作方法

在生产中,混饲给药时常用递加稀释法,又称分级混合法,即先将一定剂量的药物加入少量饲料中混合均匀,再与 2 倍量饲料混合,依此类推,直至混合到全部饲料当中。

三、注意事项

(1)混饲给药时,要准确计算所用药物剂量。如果按采食量给药,应详细、准确地了解畜禽日平均采食量,再计算所需药量;如果按畜禽体重给药,则必须抽样测得畜禽平均体重,算出全群(场)体重数,再计算所需药量。

(2)药物与饲料必须搅拌均匀,尤其是一些安全范围较小的药物和用量较小的药物。注意不能将药片直接加入颗粒料中,否则药物会沉积到料槽(桶)底部,造成混合不均,以致引起畜禽个体采食药量不均衡,药量不足达不到药效,药量过大会引起畜禽药物中毒。切忌将药物一次性地加入饲料当中。

(3)要根据需要,给畜禽提供充足的采食位置和采食时间,保证在药物有效期内,每头(只)畜禽可同时采食完预定的饲料、摄入预定数量的药物,包括混饲给药之前的适当限制饲喂量(注意不能停水),适当调整弱小畜禽的采食位置和适当延长其采食时间等。

(4)注意饲料添加剂与药物的配伍禁忌,如较长时间应用磺胺类药物时,应补给维生素 B_1 和维生素 K;应用氨丙啉时,则应减少维生素 B_1 的用量。此外,在饲料中添加金霉素或土霉素时,这些抗生素会与饲料中的金属离子,尤其是钙离子结合而不能被肠道吸收利用,这时可在每千克饲料中添加 13 g 硫酸铜,使饲料中的钙离子与硫酸根结合成不溶性的硫酸钙。

(5)注意避免药物间的拮抗作用,如泰妙菌素与盐霉素、甲基盐霉素等有拮抗作用,诺氟沙星不可与利福平、呋喃妥因合用,利福平可拮抗诺氟沙星的作用,呋喃妥因可对抗诺氟沙星在尿道中的抗菌作用；鞣酸蛋白不宜与胰酶、胃蛋白酶、乳酶生同服，因这些蛋白质与鞣酸结合即失去活性，鞣酸可使硫酸亚铁、氨基比林、洋地黄类药物发生沉淀，而妨碍吸收，影响疗效；硫酸亚铁等铁剂与四环素类药物可形成络合物，互相妨碍吸收。

技能四 混水给药法

混水给药就是将药物溶解于水中，让药物在畜禽饮水过程中进入体内。此法常用于预防和治疗畜禽群发性疾病，投喂的药物应该是较易溶于水的药剂，如葡萄糖、维生素 C 等。此法尤其适用于因病不吃食，但还能饮水的动物。

一、操作方法

先将一定剂量易溶于水的药物加入少量饮水中混合均匀，再加入 2 倍量饮水搅拌混合，依此类推，直至药物全部溶解，然后再投放到特定的容器中供畜禽饮用。

二、注意事项

(1)易溶于水的药物可采用混水给药，难溶于水的药物不可采用混水给药，否则容易引起中毒。

(2)严格掌握药物的浓度。应先计算出一群畜禽所需的药量，并严格按比例配制成符合浓度要求的药液。只有配制准确的药液浓度才能避免浓度过低无疗效，浓度过高产生中毒反应。

(3)根据畜禽的可能饮水量来计算药液量。饮水量与畜禽种类、饲养方式、饲料、季节及气候紧密相关。冬季饮水量一般减少，配制的药液不宜过多，而夏季饮水量增加，配制的药液必须充足，否则就会造成部分畜禽缺水，达不到防治效果。

(4)掌握给药时间。对于在水中不易破坏的药物，其药液可以让畜禽全天自由饮用；在水中超过一定的时间就容易破坏的药物，要求在一定时间内饮完，以保证药效。为此，混水给药前要停止给畜禽群供水，一般夏天停 1～2 h，冬天停 3～4 h，然后喂药液；待畜禽群饮完药液后，恢复正常供水。

【复习与思考】

1. 混饲给药时如何避免药物混合不均匀？
2. 饮水给药有哪些注意事项？
3. 胃导管灌药法在操作时如何判断胃导管是否进入食道或胃内？

【知识链接】

饮水给药和拌料给药在家禽生产中的应用

1. 饮水给药

饮水给药即把药物溶于饮水中饲喂，是禽用药物的最适宜、最方便的途径，这一方法适用于短期投药和紧急治疗投药，特别有利于发病后采食量下降的禽群。

(1)注意药物特性和饮水要求。饮水给药要注意药物必须是水溶性的，要能溶于水。同时，饮用水要清洁，若是用氯消毒的自来水，应先用容器装好露天放置 1～2 d，让余氯挥发掉，以免药物效果受到影响。

(2)注意调药均匀。按量给水调配药液时,药物要充分溶解并搅拌均匀,保证绝大部分禽只在一定时间内饮到一定量的药物水,一般药水以在 1 h 内饮完为好,防止剩水过多,造成吸入禽体内的药物剂量不够,或加水不够,饮水不够,饮水不均。调药时要认真计算不同日龄及禽群大小的供水量,并掌握饮水中的药物浓度,浓度通常以百分比表示。

(3)注意饮水前停水,确保药效,保证禽只饮入适量的药物。用药前要让整个禽群停止饮水一段时间(具体时间视气温而定),一般寒冷季节停水 4 h 左右,气温较高的季节停水 2～3 h。经过一定时间的停水,然后添加对症的带药饮水,不仅能让禽只在一定时间内充分饮到药水,而且治疗效果十分理想。

2. 拌料给药

在现代集约化养禽中,拌料给药是常用的一种给药途径。这种方法是将药物均匀地拌入料中,让禽只采食时,同时吃进药物。拌料给药简便易行,节省人力,减少应激,效果可靠,主要适用于预防性用药,尤其适用于几天、几周,甚至几个月的长期性投药。

(1)拌料给药的药物。拌料给药的药物一般是难溶于水或不溶于水的药物。此外,如一般的抗球虫药及抗组织滴虫药,只有在一定时间内连续使用才有效,因此多采用拌料给药。抗生素用于控制某些传染病时,也可混于饲料中给药。

(2)准确掌握混料浓度。进行混料给药时应按照拌料给药浓度,准确、认真计算所用药物的剂量。若按禽只体重给药,应严格按照禽只体重计算总体重,再按照要求把药物拌进料内。药物的用量要准确称量,切不可估计,以免造成药量过小起不到作用,或过大引起中毒等不良反应。混于饲料中的药物浓度以百万分之(10^{-6})表示,例如百万分之 125,等于每吨饲料加入 125 g 药物,或每千克饲料加入 125 mg 药物。

(3)确保用药混合均匀。为了使所有禽只都能吃到大致相等的药物,必须把药物和饲料混合均匀。拌药时要坚持做到:从小堆到大堆,反复多次搅拌,避免个别禽只中毒的发生。加入饲料中的药量越小,越要先用少量饲料混匀,因为直接将药加入大批饲料中是很难混匀的。对于容易引起药物中毒或副作用大的药物,如磺胺类、呋喃类药物尤其要混合均匀,切忌把全部药量一次加入所需饲料中简单混合,造成部分禽只药物中毒和部分禽吃不到药,达不到防治目的。开料时要保证有充足的料位,让所有禽只能同时采食,从而使每只禽都吃到合适的药量。

(4)用药后密切注意有无不良反应。

任务九

穿 刺 技 术

【任务描述】

穿刺技术是兽医临床上比较常用的一种诊疗技术，对辅助诊断或局部治疗具有重要意义。通过穿刺不仅可以获取病畜体内特定的病理材料，以供实验室检查，为疾病的确诊提供有力证据；而且也可以对某些因急性肠、胃臌气而致的危急病例，通过穿刺放气迅速缓解症状，为进一步诊断与治疗提供条件。本项目介绍了瘤胃、瓣胃、胸腔、腹腔、脑脊液、肠管、膀胱、心包等穿刺技术，从应用范围、穿刺部位、操作方法、注意事项等方面进行了详细介绍。

【技能目标】

通过对本任务的学习，会使用各种穿刺用具，能采用各种不同的穿刺技术对动物进行穿刺。

技能一　瘤胃穿刺术

瘤胃穿刺是指用穿刺针或套管针穿透瘤胃壁，到达瘤胃腔内的一种穿刺方法，主要用于治疗急性瘤胃臌气或向瘤胃内注入药液。

一、穿刺部位

牛选择在左侧肷窝部进行穿刺，即左侧髋结节向最后肋骨所引的水平线的中点，距腰椎横突 10～12 cm 处；羊选择在距腰椎横突 3～5 cm 处穿刺。严重的瘤胃臌气可在肷窝臌胀明显处进行穿刺。

二、操作方法

瘤胃穿刺时，使病牛、病羊行站立保定，对穿刺部位进行剪毛、消毒，左手将穿刺部皮肤稍向前推，右手持套管针（或穿刺针）朝向前肢的方向刺入，也可先用外科刀在穿刺点做一小切口再刺入；固定套管（或穿刺针）拔出针芯，瘤胃内的气体即自动排气，如遇针孔阻塞，可用针芯通透，继续排气；为了防止臌气继续发生，造成重复穿刺，可根据病情，留放一定时间后再拔出，必要时也可以从套管向瘤胃内注入止酵剂。拔出套管时，将针芯插回套管，压定针孔周围的皮肤，再拔出套管针，然后进行消毒处理，皮肤切口结节缝合一针，再用碘酊涂擦消毒。

三、注意事项

(1)放气时不能太快,要断续、缓慢排出,否则可引起动物大脑急性贫血,发生昏迷。
(2)治疗泡沫性瘤胃臌气时要注入止酵药和消沫药。
(3)针头被食物阻塞时,可用针芯疏通。
(4)穿刺和放气时,应注意防止针孔局部感染。
(5)经套管针注入药液时,要确认套管针仍在瘤胃内。

技能二　瓣胃穿刺术

瓣胃穿刺主要用于牛、羊瓣胃阻塞(百叶干)时的注药治疗。

一、穿刺部位

瓣胃穿刺时,穿刺部位选择在右侧第 9～11 肋骨前缘与肩端水平线交点的上方或下方 2 cm范围内,一般以第 9 肋间为好。

二、操作方法

瓣胃穿刺时,使动物站立保定,术部剪毛、消毒,左手稍移动皮肤,用 15～20 cm 长的瓣胃穿刺针,与皮肤垂直并稍向前下方刺入 10～12 cm(针头透过肋间后再向左侧肘头的方向刺入),羊稍浅,刺入瓣胃后有硬、实、沙沙的感觉;连接注射器,先注入 30～50 mL 生理盐水,并迅速回抽,如回抽的液体混浊并带有草渣,证明刺入正确,即可进行瓣胃内注射所需药物(如 25%～30%的硫酸钠溶液 300～500 mL、10%的温生理盐水 2 000 mL、液体石蜡等);注药完毕后,用注射器将针体内液体全部打入瓣胃后迅速拔针,术部用碘酊消毒。

三、注意事项

(1)穿刺部位必须准确。
(2)控制进针深度。
(3)一定要先注入生理盐水或蒸馏水,然后马上回抽,当液体混浊并带有草渣时,才可注入药液。若回抽液体变红色或绿色,说明位置偏高,刺入了肝,须向下调整针头方向。

技能三　胸腔穿刺术

胸腔穿刺是指用穿刺针刺入胸膜腔的穿刺方法,主要用于胸腔积液的诊断和治疗。

一、穿刺部位

牛、羊及猪选择在右侧第 5 肋间、左侧第 6 肋间、肘关节水平线上或胸外静脉上方 2～3 cm 处进行胸腔穿刺。

二、操作方法

将动物保定好(大动物应站立保定于柱栏内,小动物以蹲坐姿势为好),术部剪毛、消毒。

穿刺时，左手将术部皮肤向前(向后、向上，向下也可)稍稍移动 1～2 cm 并压紧，右手持适当大小的灭菌套管针(无套管针时可用注射针头代替，针基部连接一小段细胶管或塑料管，并将其用止血钳夹住或折转，防止空气进入胸腔)，沿肋骨前缘垂直刺入。针刺入的深度，大动物为 2～4 cm，小动物为 1～2 cm(即相当于胸壁厚度)。当感觉阻力突然降低时，即表示已刺入胸腔。拔出套管针的针芯，如胸腔内积液甚多并很稀薄，同时穿刺正确时，则液体可自动流出，如不自动流出，可用注射器吸取。当点滴流出鲜血，则有刺伤肺的可能，应立即把穿刺针稍向外抽，调节深度。流出或吸出的液体，按检验目的不同，收集于清洁无杂质的容器或灭菌容器中送检。如针孔阻塞不流时，可用针芯疏通。需进行药物治疗时，可在放液完毕，将药物经穿刺针注入。穿刺完毕，插入针芯，左手紧按针刺点，右手拔出穿刺针，使皮肤恢复原状，进行术部消毒。

三、注意事项

(1)胸腔穿刺应严格遵守操作规程，所用针头、注射器及胶管等事先都要经过消毒。抽出的液体要做微生物学检查时，则更应注意无菌操作，并防止空气进入胸腔。

(2)如必须在左胸穿刺时，则应相应地向后移一肋间(即牛、羊及猪在第 6 肋间)，以免伤及心脏。

(3)排出液体和注入药剂时应缓慢进行，同时注意观察动物有无异常表现。

(4)当无液体流出或取下注射器时，必须夹住胶管或堵住套管(尤在吸气时更应注意)。

(5)穿刺时，应用手指控制套管针的刺入深度，防止刺入过深损伤动物的心、肺。

技能四 腹腔穿刺术

腹腔穿刺是指用穿刺针刺入腹膜腔的穿刺方法。腹腔穿刺主要用于腹腔积液的诊断和治疗。

一、穿刺部位

腹腔穿刺一般选择在腹腔最低点，腹白线两侧任选一侧施行。对牛进行穿刺时，为了避开瘤胃，应在白线右侧 2～3 cm，或脐孔与右侧膝关节连线中点穿刺；对猪进行穿刺时，选择脐后方白线两侧 1～2 cm 处；对犬进行穿刺时，选择脐至耻骨前缘的连线中央，腹白线两侧。

二、操作方法

使大动物在柱栏内站立保定，小动物站立保定或横卧保定；术部剪毛、消毒后，将皮肤略向侧方移动，用灭菌的穿刺套管针或大号注射针头，垂直刺入腹腔，深 2～4 cm，刺入不宜过深，以免伤及肠管；然后抽出套管针芯，则腹腔液经套管或针头而自动流出。

三、注意事项

(1)严格消毒，执行无菌操作。

(2)穿刺位置准确，控制穿刺深度，以免伤及肠管。

(3)抽、放液体时速度不可过快。

(4)穿刺过程中，应注意动物的反应，当出现异常时，应停止操作，并进行适当处理。

技能五　脑脊液穿刺术

一、穿刺部位

大家畜通常选择在腰部穿刺，以“百会穴”为穿刺点，也就是最后腰椎与第一荐椎之间的凹窝处。脑脊液穿刺时，要将动物确实保定，特别要保定好后躯。

颈部穿刺部位在寰椎与枢椎之间的寰枢孔进行，即在寰椎两后角连线与颈背正中线的交点处为穿刺点。该部位穿刺通常取侧卧位(或站立位)保定，小动物取横卧位并使腰部稍向腹侧弯曲便于施术。

二、操作方法

对大家畜进行脑脊液穿刺时，采用长约 15 cm，内径约 2 mm 的脑脊液穿刺针(或用封闭长针头代替)，并消毒备用。穿刺时，将穿刺点剪毛、消毒，手持针并靠在动物背部作为稳定支持点，将针垂直刺入。先穿通皮肤和肌肉，通过腰、荐椎间隙刺入脊髓管。当穿过棘间韧带及硬膜时，针感稍有阻力。当刺破硬膜时，动物尾根(甚至后躯)，可见突然跳动。此时将针芯拔出，即有脑脊液流出。对牛进行穿刺时，穿刺深度 6～8 cm。

在寰枢孔穿刺时，局部常规处理后，针垂直刺入皮肤，此时阻力较大，当针头通过阻力较小的项韧带间隙后，即刺到枢椎的齿突上，此时将针略后退(约 0.5 cm)，使动物头部弯向腹侧，再将针头继续向前下方刺入，并拔出针芯再接上注射器，边刺入边回抽注射器，一旦抽出脑脊液时，立即停止进针。当针刺破硬膜时，动物出现轻微震颤和不安。抽取脑脊液后，注入灭菌容器内或留在注射器内送检化验。

技能六　肠管穿刺术

肠管穿刺是指用穿刺针刺入肠腔的一种穿刺方法。肠管穿刺用于排除盲肠、结肠内的积气和向肠腔内注入药液。

一、穿刺部位

马属动物盲肠穿刺，选在右肷窝的中心处，即从右侧髋结节中央点向最后的肋骨所引的水平线的中点前方 1～2 cm 处；结肠穿刺选在左侧腹部膨胀最明显处。

二、操作方法

将动物安全保定后，术部剪毛、消毒；穿刺针先垂直刺透皮肤后，然后针头对准对侧肘头方向(盲肠膀胱穿刺术穿刺)刺入 6～10 cm(结肠穿刺时，针头与腹壁垂直刺入 3～4 cm)；针头刺入肠管后，气体自然排出；排气完毕(或连接注射器向肠内注药)后拔下针头，术部用碘酊消毒。

技能七　膀胱穿刺术

膀胱穿刺术是用穿刺针刺入膀胱抽取尿液的一种诊疗技术。对因尿道阻塞引起的急性尿潴留，经膀胱穿刺可暂时缓解膀胱的内压，防止内压过大而继发膀胱破裂；可使用膀胱穿刺采集尿液进行检验。

一、穿刺部位

小动物在耻骨前缘 3～5 cm 处腹白线一侧的腹底壁上进行膀胱穿刺；大动物在直肠内进行穿刺，首先温水灌肠排净直肠内蓄粪，用带一 30～40 cm 长胶管的针头进行穿刺。针头在膀胱体穿刺，而不在膀胱顶部穿刺。

二、操作方法

对小动物进行膀胱穿刺时采取仰卧保定，大动物则选择在六柱栏内站立保定。对小动物术部消毒后，左手隔着腹壁固定膀胱，右手持 16～18 号针头，刺入皮肤，经肌肉、腹膜、膀胱壁刺入膀胱内，尿液即可从针头内流出。大动物需在直肠内穿刺：右手持针头带入直肠内，感觉膀胱的轮廓，于膀胱体进行穿刺；穿刺针经直肠壁、膀胱壁进入膀胱内，手在直肠内固定针头，以防针头随肠蠕动而脱出，连接针头的胶管在肛门外，即可见到尿液排出；穿刺完毕后拔下针头，消毒术部。

技能八　心包穿刺术

心包穿刺术是借助穿刺针直接刺入心包腔的诊疗技术，用于诊断创伤性心包炎，放出心包内渗出液和向心包内注入药物以控制心包内感染。

一、穿刺部位

心包穿刺时，穿刺部位选择在左侧第 4 肋间隙，胸外静脉上方，或肘头水平线与第 4 肋间隙交点处。

二、操作方法

将大家畜在六柱栏内站立保定，左前肢向前方牵引伸展，充分暴露肘头内侧心区；小动物侧卧保定，左前肢向前方伸展。对动物进行局部剪毛、消毒，大家畜在穿刺术部用手术刀做一个 0.5 cm 的皮肤小切口，小动物可直接用穿刺针穿刺；穿刺针经皮肤小切口垂直刺入，经肋间肌、胸膜、心包壁而刺入心包腔内，针头一旦进入心包腔内，即可经针头向外排出心包液，采集心包液进行检验。

若牛患创伤性心包炎，可在心包腔内留置引流管，其操作方法如下：将针头刺入心包腔内，固定针头，取直径 1.0～1.5 mm 的聚乙烯塑料管经针头向心包腔内插入 15～20 cm，此时腐败性心包液可经塑料管端流出；用左手固定塑料管，右手拔出穿刺针头，塑料管即留置在心包腔内。心包腔长期引流和向心包腔内注入药物都可经塑料管完成，这样减少了对心包的穿刺次数。

【复习与思考】

1. 奶牛急性瘤胃臌气如何治疗？
2. 瓣胃体表投影位置在哪里？

3. 胸腔穿刺的位置在哪里?

4. 简述腹腔穿刺的操作方法。

【知识链接】

瘤胃臌气

本病为病畜过食易于发酵的大量饲草,如露水草、带霜水的青绿饲料、开花前的苜蓿、马铃薯叶以及已发酵或霉变的青贮饲料等,或误食毒草或过食大量不易消化的豌豆、油渣等引起,这些饲料在胃内迅速发酵,产生大量气体,因而引起急剧膨胀。

1. 瘤胃臌气的发病原因

(1)原发性原因:主要由于动物采食大量容易发酵的饲料,如品质不良的青贮料,腐败、变质的饲草,过食带霜露雨水的牧草等,其都能在动物体内迅速发酵,在瘤胃中产生大量气体。特别是在开春后开始饲喂大量肥嫩多汁的青草时最危险。若奶牛误食某些麻痹胃的毒草,如乌头、毒芹和毛茛等,常可引起中毒性瘤胃臌气。另外,饲料或饲喂制度的突然改变也易诱发本病。

(2)继发性原因:继发于某些疾病之后,是该疾病的一种临床症状。瘤胃臌气常继发于食管阻塞、麻痹或痉挛、创伤性网胃炎、瘤胃与腹膜粘连、慢性腹膜炎、网胃与膈肌粘连等。

2. 瘤胃臌气的症状

动物采食不久后发病,弓腰举尾,腹部膨大,烦躁不安,采食、反刍停止,左腹部突出,叩之如鼓,气促喘粗,张口伸舌,左腹部迅速胀大,摇尾踢腹,听诊瘤胃蠕动音消失或减弱。

3. 瘤胃臌气的治疗

对于瘤胃臌气的治疗,原则是排气减压,制止发酵,恢复瘤胃的正常生理功能。

(1)臌气严重的病牛要用套管针进行瘤胃放气;臌气不严重的用消气灵 10 mL 3 瓶、石蜡油 500 mL 1 瓶加水 1 000 mL,灌服。

(2)为抑制瘤胃内容物发酵,可内服防腐制酵药,如将鱼石脂 20～30 g、福尔马林 10～15 mL、1%的克辽林 20～30 mL 加水配为 1%～2%的溶液,内服。

(3)促进嗳气,恢复瘤胃功能,其方法是向舌部涂布食盐、黄酱,或将一棵树根衔于口内,促使其呕吐或嗳气,静脉注射 10%的氯化钠 500 mL,内加 10%的安钠加 20 mL。

(4)对妊娠后期或分娩后的病牛或高产病牛,可静脉注射 10%的葡萄糖酸钙 500 mL 一次。

4. 瘤胃臌气的预防

(1)防止牛采食过量的多汁、幼嫩的青草和豆科植物(如苜蓿)以及易发酵的甘薯秧、甜菜等;不在雨后或带有露水、霜等草地上放牧。

(2)大豆、豆饼类饲料要用开水浸泡后再喂。

(3)做好饲料保管和加工调制工作,严禁饲喂发霉腐蚀的饲料。

任务十

冲 洗 技 术

【任务描述】

洗胃是瘤胃积食和中毒性疾病的基本治疗方法，子宫冲洗是治疗子宫内膜炎的常用技术。本项目介绍了洗胃技术和子宫冲洗技术的操作方法及注意事项。

【技能目标】

通过对本任务的学习，会使用各种冲洗用具，能对动物进行胃、阴道和子宫的冲洗。

技能一 洗 胃 技 术

用一定量的溶液灌洗胃，清除胃的内容物的方法即洗胃法。主要用于瘤胃积食，代谢性酸、碱中毒，农药、有毒植物中毒或药物中毒等的治疗。

一、操作方法

将动物确实保定，抬头装好开口器，缓慢插入经清洗、消毒、涂上润滑油的胃导管；确认将胃导管插入胃内后，接上漏斗，灌入洗胃液；然后放低，利用虹吸原理，放出洗胃液。如此反复进行，直到洗胃液澄清透明、无味为止。冲洗完毕后，缓慢抽出胃导管，解除保定。

二、注意事项

(1)操作中要注意保障人和动物的安全。

(2)根据动物种类、大小的不同，选择适宜长度和粗细的胃导管。

(3)确定胃导管插入胃内后，才可以灌洗胃液。

(4)洗胃液的温度应接近体温，并且分少量、多次灌注。

(5)根据不同的目的，正确选择洗胃液。如敌百虫中毒不能用肥皂水，乐果中毒不能用高锰酸钾。

(6)洗胃液每次的灌入量与吸出量要基本相符。

(7)洗胃过程中，应随时观察动物脉搏、呼吸的变化，如有异常，马上停止。

技能二　阴道及子宫冲洗技术

阴道和子宫冲洗技术是用于治疗阴道炎和子宫内膜炎的一种技术，以排出阴道或子宫内的炎性分泌物，促进黏膜修复，尽快恢复生殖机能。

一、操作方法

冲洗液可选用温生理盐水、0.1%～0.5%的高锰酸钾溶液、0.1%的雷夫奴尔等。

冲洗子宫时，应先充分洗净外阴部，术者手臂常规消毒，手握输液瓶或漏斗所连接的长胶管，先轻轻插入子宫颈口，再缓慢导入子宫内；待输液瓶或漏斗中的冲洗液快流完时，迅速将输液瓶或漏斗放低，借虹吸作用使子宫内液体自行排出。如此反复冲洗 2～3 次，直至流出的液体透明为止。

冲洗阴道时，将导管的一端插入阴道内，提高漏斗，冲洗液即可流入，借病畜的努责，冲洗液可自行排出，反复至冲洗液透明为止。

冲洗阴道或子宫后，可放入抗生素或其他抗菌消炎药物。

二、注意事项

(1)操作过程要认真，防止粗暴，特别是在冲洗管插入子宫内时，须谨慎缓慢以免造成子宫壁穿孔。

(2)不要应用强刺激性或腐蚀性的药液冲洗，且药液量不宜过大，一般 500～1 000 mL 即可。冲洗完后，应尽量排净子宫内残留的洗涤液。

【复习与思考】

1. 洗胃时有哪些注意事项？
2. 阴道及子宫冲洗主要治疗哪些疾病？
3. 阴道及子宫冲洗时选用的冲洗液有哪几种？

【知识链接】

奶牛子宫内膜炎

一、病因

产房卫生条件差，临产母牛的外阴、尾根部遭粪便污染而未彻底洗净消毒；助产或剥离胎衣时，术者的手臂、器械消毒不严，胎衣不下腐败分解，恶露停滞等，均可引起产后子宫内膜感染。产后早期能引起子宫炎的细菌有：化脓性放线菌、坏死梭杆菌、拟杆菌、大肠杆菌、溶血性链球菌、变形杆菌、假单胞菌、梭状芽孢杆菌。产后治疗不及时或久治不愈常转为慢性子宫炎，子宫内由多种混合菌变成单一的化脓性放线菌感染。此外，子宫积水、双胎子宫严重扩张、产道损伤、低血钙、分娩环境脏等都能引起子宫感染。在极冷、极热时，身体抵抗力降低和饲养管理不当都会使子宫炎的发病率升高。另外，一些传染病如滴虫病、钩端螺旋体、牛传染性鼻气管炎、病毒性腹泻等都能引起子宫发炎。慢性子宫炎多由急性炎症转化而来，有的因配种消毒不严而引起的，没有明显的全身症状。

二、症状

根据病理过程和炎症性质，奶牛子宫内膜炎可分为急性黏液脓性子宫内膜炎、急性纤维蛋白性子宫内膜炎、慢性卡他性子宫内膜炎、慢性脓性子宫内膜炎和隐性子宫内膜炎。通常在产后一周内发病，轻者无全身症状，发情正常，但不能受孕；严重的伴有全身症状，如体温升高，呼吸加快，精神沉郁，食欲下降，反刍减少等表现；病牛拱腰、举尾，有时努责，不时从阴道流出大量污浊或棕黄色黏液脓性分泌物，有腥臭味，内含絮状物或胎衣碎片，常附着于尾根，形成干痂；此时对牛进行直肠检查，发现子宫角变粗，子宫壁增厚；若子宫内蓄积渗出物时，触之有波动感。

三、诊断

当发生子宫内膜炎时，如果病变轻微，一般很难确诊，尤其在患隐性子宫内膜炎时更是如此。一般情况下，产后子宫内膜炎，根据临床症状及阴门排出的分泌物即可做出临床诊断。慢性子宫内膜炎，可以根据临床症状、发情时分泌物的性状、阴道检查、直肠检查和实验室检查进行诊断。

1. 发情分泌物形状的检查

正常发情时奶牛分泌物的量较多，清亮透明，可拉成丝状。患子宫内膜炎的病畜的分泌物量多，但较稀薄，不能拉成丝状，或量少且黏稠，混浊，呈灰白色或灰黄色。

2. 阴道检查

阴道内可见子宫口不同程度的肿胀和充血；在子宫颈封闭不全时，有不同形状的炎性分泌物经子宫颈排出；如子宫颈封闭时则无分泌物排出。

3. 直肠检查

母牛患慢性卡他性子宫内膜炎时，直肠检查子宫角变粗，子宫壁增厚，弹性减弱，收缩反应减弱，但有的查不出明显的变化。

4. 实验室诊断

子宫分泌物的镜检检查：将分泌物涂片、镜检，可见脱落的子宫内膜上皮细胞、白细胞或脓球。

发情时的分泌物的化学检查：4%的氢氧化钠 2 mL，加等量分泌物煮沸、冷却后，无色为正常，呈微黄或柠檬黄为阳性。

细菌学检查：无菌采取子宫分泌物分离培养确定病原物是一种科学的确定方法。

5. 鉴别诊断

阴道炎：炎性阴道炎，触诊有疼痛反应。

慢性子宫颈炎：与阴道炎类似处是有些病畜会有脓性分泌物流出；不同处是患慢性子宫颈炎，可引起结缔组织增生，子宫颈黏液皱襞肥大，呈菜花样。直肠检查子宫颈变粗，而且坚实。

四、防治

产房要彻底打扫消毒，对于临产母牛的后躯要清洗消毒，助产或剥离胎衣时要无菌操作。治疗奶牛子宫内膜炎主要是通过控制感染、消除炎症和促进子宫腔内病理分泌物的排出，对有全身症状的进行对症治疗。如果子宫颈未开张，可肌内注射雌激素制剂促进开张，开张后肌内注射催产素或静脉注射 10%的氯化钙溶液 100～200 mL，促进子宫收缩而排出炎性产物。然后用 0.1%的高锰酸钾液或 0.02%的新洁尔灭液冲洗子宫，20～30 min 后向子宫腔内灌注青霉素链霉素合剂，每天或隔天 1 次，连续 3～4 次；但是，对于纤维蛋白性子宫内膜炎，禁止冲洗，以防炎症扩散，应向子宫腔内注入抗生素，同时进行全身治疗。对于慢性化脓性子宫内膜炎的治疗可选用中药当归活血止痛排脓散，组方为当归 60 g、川芎 45 g、桃仁 30 g、红花 20 g、元胡 30 g、香附 45 g、丹参 60 g、益母 90 g、三菱 30 g、甘草 20 g，以黄酒 250 mL 为引，隔日 1 剂，连服 3 剂。

任务十一

其他治疗技术

【任务描述】

本项目主要介绍灌肠技术、药物熏蒸技术、气雾给药技术、药浴技术和封闭治疗技术，这些治疗技术都是在兽医临床中常用的技术，本项目从应用范围、治疗目的、操作方法、注意事项等方面进行了详细介绍。

【技能目标】

通过对本任务的学习，会使用各种治疗用具，能采用各种不同的治疗技术对动物进行治疗。

技能一　灌 肠 技 术

灌肠是指将药液灌入直肠或结肠的方法，主要用于治疗家畜便秘。

一、操作方法

将动物站立保定，助手将尾部拉向一侧，操作者一只手提盛有药液的灌肠用吊桶，另一只手将连接吊桶的胶管轻轻插入肛门，缓慢向前推进，直至插入直肠或结肠；然后高举吊桶使药液进入直肠内；灌肠完毕后，抽出胶管，用尾根压迫肛门数分钟。

灌肠液可选择温水、肥皂水、0.1%的高锰酸钾溶液、甘油、2%的硼酸溶液、葡萄糖溶液等。

二、注意事项

(1)当直肠内存有积粪时，要先取出，再进行灌肠。

(2)避免粗暴操作，以防损伤肠黏膜或造成肠穿孔。

(3)溶液注入直肠后，由于排泄反射易被排出，应用手压迫尾根和肛门，或于注入药液的同时用手刺激肛门周围，也可按摩腹部减少排出。

(4)灌肠器应根据动物种类的不同而选择不同的工具。

(5)灌肠时，胶管应由浅入深、边插入边冲洗，直到冲洗液澄清透明为止。

技能二　药物熏蒸技术

药物熏蒸法是利用熏蒸药物产生的蒸汽进行治疗的方法，是一种传统的物理疗法。

在对动物进行群体治疗时，可采用室内熏蒸法。治疗室面积以 10～12 m^2 为宜，应密闭；内设药物蒸汽锅，将药物加水倒入锅内，加热煮沸，让蒸汽弥漫室内；将待治疗动物放入室内，每次治疗时间为 15～30 min，每天或隔天 1 次。此疗法适用于流行性感冒、支气管炎、肺炎以及某些皮肤病的治疗。

对个体病例也可采用上述室内熏蒸疗法，但治疗室不宜太大，以免影响疗效。也可采用喷熏疗法，即用自制的小型蒸汽发生器，用时先将药液放于蒸汽发生器内，加热使其喷出药物蒸汽，将喷头对准所需治疗部位进行喷熏，每次 20 min 左右。此疗法用于咽喉炎、支气管炎、乳腺炎、关节炎等病的治疗。

技能三　气雾给药技术

气雾给药技术将药物以气雾的形式喷出，使之分散成微粒，让动物经呼吸道吸入而在呼吸道发挥局部作用，或使药物经肺泡吸收进入血液而发挥全身治疗作用；若喷于皮肤或黏膜表面，则可发挥保护创面、消毒、局麻、止血等局部作用。

气雾给药是家禽有效给药途径之一，它充分利用家禽独特的气囊功能特性，促进药物增大扩散面积，从而增大药物吸收量；使用时应注意控制雾粒的大小，防止出现不良反应。

气雾给药时，应注意以下事项。

(1)严格掌握适用药物种类，使用的药物必须对动物呼吸道无刺激，而且能溶解于呼吸道的分泌物中，否则不能被吸收或造成呼吸道炎症。药物吸湿性差的比吸湿性高的更适合于气雾给药；吸湿性高的药物在通过湿度较大的呼吸道时，会发生微粒膨大，会减少药物进入肺深部与气囊的量，影响药物作用。

(2)要控制好喷雾微粒，雾粒的大小主要由喷雾器的设计功能和用药距离所决定，如雾粒过小，其与肺泡表面的黏着力小，容易随呼气排出，影响药效；但若雾粒过大，则易引起家禽上呼吸道炎症。药物微粒直径以 0.5～5 μm 为宜。

(3)科学配置药液，用深井水或自来水、纯净水、冷开水，水温 35℃左右，现配现用，一次用完，疫苗稀释要按说明书规定进行。

(4)保持环境清洁卫生，气雾给药前必须对环境进行彻底清扫，清除粪便、尘土及杂物等。

(5)消毒药物应根据不同药物的消毒作用和机制，按一定时间交替使用，避免病原微生物对消毒药产生抗药性。

技能四　药 浴 技 术

药浴就是用杀虫剂药液对羊只体表进行洗浴。药浴的目的：一是驱杀羊体表的寄生虫、杂菌，使羊只体表清洁卫生以利于羊生长发育；二是预防和治疗疥癣病。

一、操作方法

药浴分为池浴、盆浴、淋浴 3 种。池浴是在专业的药浴池内进行，适合于大型羊场和养羊数量较多的专业户；淋浴要求在特设的淋浴场内进行，要求操作人员有专业的保护设施；盆浴是一种适合于小型养殖场或散养的数量较少的农户养羊，是一种简单、方便的药浴形式。

二、药浴池的建造

药池要求狭长，长度约 10 m，宽约 1 m，以保证绵羊通过时，身体能充分浸泡在药液中；深度以绵羊平均身高的 2 倍为宜，在药液能淹没羊体的同时，要求药液面以上的池沿必须保持足够的高度，防止绵羊从池沿爬出；入口与出口处分别砌有斜坡，以备绵羊安全出入药池；在药池的出口处砌有滴流台，使羊身上的药液能充分回流到药池内。

三、注意事项

(1)对 2 个月内的羔羊、妊娠 2 个月以上的母羊、病羊或有伤的羊只禁止药浴。

(2)药浴的顺序是先让健康的羊进行药浴，有疥癣的羊最后进行药浴。

(3)药浴后不能马上放牧，应把羊只赶到通风、避光、干燥处观察 1～2 h，如有中毒现象应立即抢救治疗。

(4)应注意掌握好药液的浓度、温度和浸泡时间。

(5)药浴前 8 h 停止喂料，入浴前 2 h 给羊饮足水，以免羊入浴池后吞饮药液。

(6)药液的深度以淹没羊体为原则。浴池为一个狭长的走道，当羊走近出口时，要将羊头压入药液内 1～2 次，以防头部发生疥癣。

(7)离开药池后，让羊在滴流台上停留 20 min，待身上药液滴流入池后，才将羊收容在凉棚或宽敞的厩舍内，免受日光照射，过 6～8 h 后，方可饲喂或放牧。

(8)药浴的时间最好是剪毛后 7～10 d 进行，如过早，则羊毛太短，羊体上药液沾得少；若过迟，则羊毛太长，药液沾不到皮肤上，都对消灭体外寄生虫和预防疥癣病不利。第一次药浴后，应隔 8～14 d 再药浴 1 次。

(9)牧羊犬也应同时进行药浴。

(10)工作人员应戴好口罩和橡皮手套，以防中毒。

技能五　封闭治疗技术

封闭疗法是以不同剂量和不同浓度的局部麻醉药注入组织内，利用其局部麻醉作用减少局部病变对中枢的刺激并改善局部营养，从而促进疾病痊愈的一种治疗方法。常用药物有 1%～2%的普鲁卡因、0.5%～1%的利多卡因、类固醇类药物(醋酸泼尼松龙、曲安奈德、地塞米松等)。

一、主要作用

(1)保护神经系统。普鲁卡因、利多卡因是对神经系统有亲和性的麻醉药物，它可以阻断疼痛的恶性循环，使神经系统得到休息和调整。

(2)镇痛作用。普鲁卡因、利多卡因等麻醉药物有很强的镇痛作用，可以阻断局部病变发出的疼痛信号。

(3)消炎作用。大多数软组织疼痛反应多由于局部的无菌性炎症及软组织充血水肿刺激神经系统，因此会引起疼痛反应。利多卡因等麻醉药物合并类固醇药物可以改变局部的血液循环，减少炎性渗出，促进局部代谢产物的排出，从而起到消炎的作用。

二、封闭方法

1. 病灶周围封闭法

首先将注射部位剪毛、消毒，然后根据封闭的不同要求，采用直线、菱形、扇形或分层等形式，将0.25%～0.5%的盐酸普鲁卡因溶液注入病灶周围的皮下与肌肉深部，使普鲁卡因药液包围整个病灶，药量以能达到浸润麻醉的程度即可，每天或隔天1次。为了提高疗效，可于药液内加入50万～100万IU青霉素。

本法常用于治疗创伤、溃疡、局部炎症等，当羊患乳腺炎时可将药液注入于乳腺基部的周围，注意勿将针头刺入脓腔内或血管中。

2. 四肢环状封闭法

四肢环状封闭法是将0.25%～0.5%的盐酸普鲁卡因溶液注射于四肢病灶上方3～5 cm处的健康组织内，分别在前、后、内、外从皮下到骨膜进行环状分层注射药液。将注射部位剪毛、消毒后，针头与皮肤呈45°或垂直刺入皮下；再横向推进针头，直到骨膜为止，一面退一面注射药液；拔出针头，再以同样方法环绕患肢注射数点，注入所需量的药液。用量应根据部位的粗细而定，每天或隔天1次。要注意的是，注射时应注意针头勿损伤较大的神经和血管。

本法适用于四肢和蹄部疾病的治疗。

3. 静脉内封闭法

静脉内封闭法是将普鲁卡因溶液注入静脉内，使药物作用于血管内壁感受器以达到封闭目的。其操作方法与一般静脉注射法相同，但注入速度要缓慢。有的动物在注射后，出现暂时兴奋，但多数表现沉郁，常站立不动，垂头，眼半闭，不久即恢复正常。一般用0.1%～0.25%的普鲁卡因生理盐水，中等体型的牛每次用量100～200 mL，每2 d 1次，连用3～4次。

本法适用于蜂窝织炎、顽固性浮肿、久不愈合的创伤、风湿症、化脓性炎症、乳腺炎以及过敏性疾病等。

4. 穴位封闭法

穴位封闭法是在针灸穴位上进行封闭注射。临床上常用0.25%～0.5%的盐酸普鲁卡因溶液注入抢风穴或巴山穴，分别治疗前肢或后肢疾病，每天1次，连用3～5次。其具体操作是将注射部位剪毛、消毒后，用连接胶管的封闭针头于皮肤垂直刺入4～6 cm深，回抽不见血液后，即可缓慢注入药液。注意要定准穴位，深度适当，防止针头折断。

三、注意事项

(1)做好保定工作，注射部位应剪毛、消毒，防止感染。

(2)注射的溶液最好预热到体温温度。

(3)封闭局部炎症疾病时，加入适量青霉素粉剂将会提高疗效。但在加入青霉素时，不可用0.5%以上浓度的普鲁卡因溶液，因青霉素一遇到较浓的普鲁卡因溶液，即变为长条状的结晶，而不溶解。

(4)虽然封闭疗法止痛效果好，但不适合长期使用，以免导致局部骨质疏松，必要时需加用抗骨质疏松药物。

【复习与思考】

1. 灌肠时的注意事项有哪些？
2. 气雾给药时的注意事项有哪些？
3. 哪些情况下宜使用封闭疗法？

【知识链接】

羊药浴

羊药浴是用一种药品（固体或液体）入水配成一定比例后，将羊只放入，一定时间后使其走出或将其取出，从而达到杀灭体外寄生虫的一种目的。羊药浴是羊饲养管理中不可缺少的一项工作，是预防和治疗羊体外寄生虫的一种很好的方法。各种羊剪毛后都必须进行一次药浴，以此来消灭体外寄生虫。规模养殖场为了预防，对没有体外寄生虫的羊每年也应进行一次药浴。

1. 羊药浴的程序

（1）在绵羊剪毛后 7～10 d（6 月下旬至 7 月上旬）进行药浴为最佳时期。在药浴前要进行药浴药物选择，如 40%的辛硫磷（乳油）、六六粉等，本次介绍以 40%的辛硫磷（乳油）为例。提前准备药浴药品、解毒药品。

（2）药浴选择清晨，空腹（空腹一宿），入浴前给羊充足饮水，以免羊因口渴入浴池后吞饮药液。提前看好天气预报，尽可能选在晴朗无风天或微风天进行药浴。药浴的药液现用现配，一般根据羊体外寄生虫情况（有无寄生虫），将药液配成（0.05%～0.07%）。

（3）在药浴前 2 d 放好水，尽量使水温达到自然温度。根据羊只多少准备人员、钩子、叉子、栅栏等，人员要准备齐全。

（4）为了安全，可先用少数羊试浴，确认安全后，再让大群羊入浴；应先浴成羊、后浴羔羊；先浴健康羊，后浴疥癣羊。

（5）药浴前应对羊进行检查，病羊、身上有伤口的羊不能药浴。

（6）羊在药浴池中停留 3～5 min 为宜，浴中用压扶杆将羊头压入药液中 2～3 次，使其周身都受到药液浸泡。

（7）成羊和羔羊要分别药浴，以免相互碰撞而发生意外。

（8）离开药浴池后，让羊在滴流台上停留 20 min，待身上药液滴流入池后，再将羊放到草原上通风良好地带或收容在凉棚、宽敞的圈舍内。但禁止在密集高温、不通风的场所停留，以免吸入药物中毒。

2. 羊药浴的注意事项

（1）羊药浴应在羊剪毛后 10 d 左右进行，参加药浴人员应戴口罩、穿防护服，以免引起中毒。

（2）一定要计算好水的体积及药品的成分，计算好药液浓度，使浓度适合，以免中毒。

（3）对于小羔羊、病弱羊、妊娠后期羊一定要单独药浴。

（4）对有体外寄生虫的羊群一定要在药浴后 7～8 d 再药浴一次；同时将羊舍及其用具用 0.1%的辛硫磷溶液进行消毒，必要时可用火焰高温消毒杀虫。

（5）阴雨天绝对不能进行药浴。药浴后注意观察是否有中毒现象，特别是羔羊毛长，药液在毛丛中存留时间长，药浴后 2～3 d 仍可发生中毒现象，当发现中毒时应立即抢救；夜间更需要加倍留意观察。药浴前备些强心、解毒（阿托品、碘解磷定）等药品，防止中毒后解救不及时。

(6)一定使羊全部进入到池里药液中，以达到药浴效果。但将羊压入药液后应立刻放开，以免呛到羊等造成死亡；压入羊头时动作要快，不能是“想压不想压”，如此会呛到羊，造成其中毒或患上肺炎。

(7)抓羊时要注意避免羊因惊慌而互相踩踏，造成死亡。

(8)注意不要让羊淋雨，以免影响药浴后的效果。

(9)药浴后不能马上对羊进行人工授精工作，不然会导致死精现象发生，应在药浴 2 d 后再进行配种。

项目三

兽医临床外产科基本操作技术

任务十二

兽医临床外科基本操作技术

【任务描述】

动物的外科病在兽医临床上比较常见，本项目主要介绍兽医临床外科基本操作技术，包括消毒法、麻醉法、组织切开与分离、止血技术、缝合技术、拆线技术和包扎技术。

【技能目标】

通过对本任务的学习，会使用各种外科和产科器械，能进行一般外科手术操作。

技能　一般外科技术

一、消毒法

（一）外科无菌术的概念

无菌术是在外科范围内防止伤口（包括手术创）发生感染的综合性预防性技术。它包括的具体内容主要有灭菌和抗菌，二者又称为消毒，目的是消除细菌、防止感染。

习惯上所说的灭菌术是指用物理方法彻底杀灭一切微生物，如干热和湿热的灭菌（包括常用的高压蒸汽灭菌和干燥灭菌箱的运用）、人工紫外线灭菌、微波灭菌、辐射灭菌、超声波灭菌。而使用各种化学消毒剂达到抗感染的目的称为抗菌术。在手术过程中通常把灭菌术和抗菌术配合起来应用，以达到抗感染的目的。

（二）常用的化学消毒剂

（1）醛类消毒剂：以甲醛为最常用，此外还有戊二醛，但应用较少。

（2）酚类消毒剂：包括苯酚、煤酚和复合酚等。

（3）酸类与碱类消毒剂：常用的有乳酸、醋酸、硼酸以及氢氧化钠、生石灰和碳酸钠等。

（4）含氯消毒剂：以漂白粉、次氯酸钠、氯胺等应用较多。

（5）醇类消毒剂：如乙醇、异丙醇、甲醇、苯甲醇、苯乙醇、乙二醇、二氯丙甲醇和苯氯乙醇等。

（6）过氧化物消毒剂：如过氧乙酸、过氧化氢以及臭氧等。

（7）烷基化类气体消毒剂：常用的有环氧乙烷、乙型丙内酯、环氧丙烷以及溴化甲烷等。

(8)碘与含碘消毒剂:碘酊是最常用的外科消毒剂,其他的含碘消毒剂有碘伏、碘仿、聚乙烯酮碘、三氯化碘以及碘甘油等。

(9)季铵盐类消毒剂:如新洁尔灭、度米芬、醋酸氯己定、消毒净等。

(三)手术人员的准备与消毒

1. 更衣

手术人员在术前应穿着清洁的衣服和鞋套,上衣最好是短袖衫以充分裸露手臂,并戴好手术帽和口罩。手术帽应把头发全部遮住,要求帽的下缘应达到眉毛直上和耳根顶端。手术口罩应完全遮住口和鼻,对防止手术创发生飞沫感染和滴入感染极为有效。

2. 手、臂的清洗与消毒

手术人员手、臂的清洗与消毒对防止手术创感染具有重要意义,手、臂消毒不好就很难保证在无菌条件下进行手术。手和臂的消毒方法如下。

(1)手、臂的洗刷:用肥皂反复擦刷和用流水充分冲洗以对手臂进行初步的机械性清洁处理。

(2)手、臂的消毒:将擦刷过的手臂浸泡在以下的化学药品内,可选用其中一种进行浸泡。使用70%的酒精浸泡或拭洗5 min,浸泡前应将手、臂上的水分拭干,以免降低酒精浓度;使用0.1%的新洁尔灭溶液浸泡5 min;也可选用适当浓度的其他化学消毒剂进行手、臂的消毒。

浸泡完毕后,用无菌巾拭干。用酒精浸泡消毒后,用2%的碘酊涂擦甲缘、指端,再用70%的酒精脱碘,穿手术衣和戴灭菌手套;用新洁尔灭浸泡消毒后的手臂,自然干燥后穿上手术衣。穿手术衣时用两手拎起衣领部,放于胸前将衣服向上抖动,双手趁机伸入上衣的两衣袖内,助手协助手术人员在背后系上衣带,然后再戴灭菌手套,双手放在胸前轻轻举起妥善保护手臂,准备进行手术。

(四)动物术部的准备与消毒

术部准备通常分为3个步骤。

1. 术部除毛

家畜的被毛浓密,容易沾染污物,并藏有大量的微生物。因此手术前必须用肥皂水刷洗术部及周围大面积的被毛,然后剃毛。剃毛的范围要超出切口周围20~25 cm,小动物可在10~15 cm的范围。术部剃完毛后,用肥皂反复擦刷并用清水冲净,最后用灭菌纱布拭干。

2. 术部消毒

术部的皮肤消毒,最常用的药物是5%的碘酊和70%的酒精,在消毒时要注意:无菌手术,应由手术区中心部向四周涂擦(图12-1),如是已感染的创口,则应由较清洁处向患处涂擦(图12-2)。

消毒的范围要相当于剃毛区。术部用碘酊消毒后必须稍待片刻,待完全干后,再以70%的酒精将碘酊擦去,以免碘沾及手术器械,带入创内,造成不必要的刺激。

对口腔、鼻腔、阴道、肛门等处黏膜的消毒不可使用碘酊,可用0.1%的新洁尔灭溶液、高锰酸钾溶液、利凡诺溶液;结膜多用2%~4%的硼酸溶液消毒。

3. 术部隔离

采用大块有孔的手术巾覆盖于手术区,仅在中间露出切口部位,使术部与周围完全隔离。

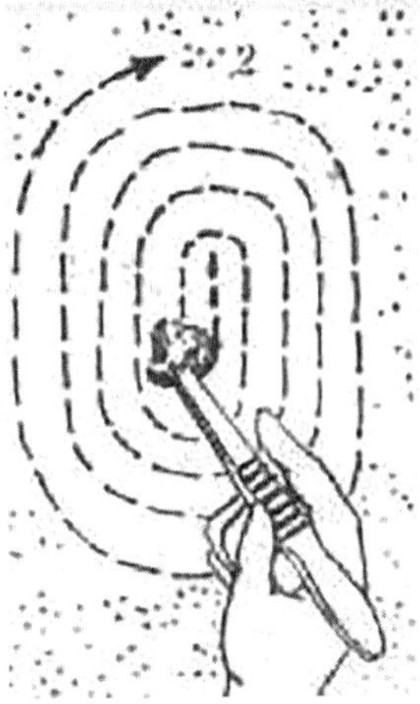

图 12-1　无菌手术术部消毒方法

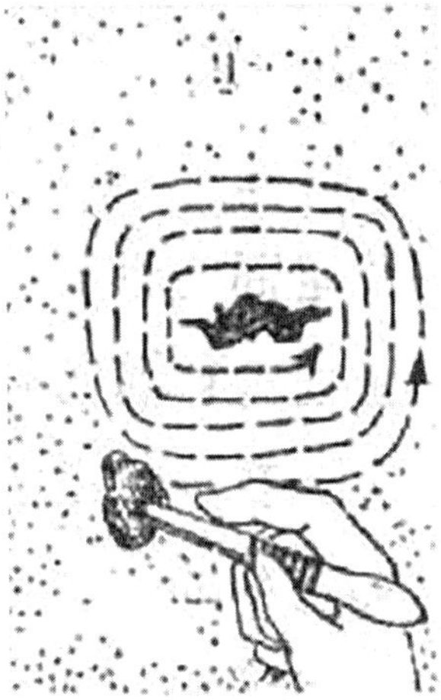

图 12-2　感染创口区域消毒方法

二、麻醉法

(一)麻醉的分类

目前外科临床上常用的麻醉方法可分为以下两大类。

1. 局部麻醉

利用某些药物有选择性地暂时阻断神经末梢、神经纤维以及神经干的冲动传导,从而使其分布或支配的相应局部组织暂时丧失痛觉的麻醉方法,称为局部麻醉。

2. 全身麻醉

利用某些药物对中枢神经系统广泛性地产生抑制作用,从而暂时地使机体的意识、感觉、反射和肌肉张力部分或完全丧失的麻醉方法,称为全身麻醉。

(二)常用的局部麻醉药

1. 盐酸普鲁卡因

将盐酸普鲁卡因注入组织后,1～3 min 后动物出现麻醉,一次量可维持 0.5～1 h。本药品穿透黏膜力量弱,不宜做表面麻醉。临床上应用 0.5%～1%的盐酸普鲁卡因进行局部浸润麻醉,2%～5%的进行传导麻醉,2%～3%的进行脊髓麻醉,4%～5%的进行关节内麻醉。

2. 盐酸利多卡因

本药品局部麻醉强度和毒性在 1%的浓度以下时,与普鲁卡因相似;在 2%的浓度以上时,其麻醉强度增强至 2 倍,并有较强的穿透力和扩散性,作用出现的时间快,能持久,一次给药量可维持 1 h 以上。所用浓度:局部浸润麻醉为 0.25%～0.5%;神经传导麻醉为 2%;表面麻醉为 2%～5%,硬膜外麻醉为 2%。

3. 盐酸丁卡因

本药品麻醉作用强、作用迅速,并具有较强的穿透力,最常用于表面麻醉。其毒性比普鲁卡因大 12～15 倍,麻醉强度大 10 倍,表面麻醉强度比利多卡因大 10 倍,点眼时不散大瞳孔,不妨碍角膜愈合,因此该药常用于表面麻醉,可用 1%～2%的溶液。

(三)局部麻醉方法

1. 表面麻醉

利用麻醉药的渗透作用,使其透过黏膜而阻滞浅在的神经末梢的方法,称为表面麻醉。进行表面麻醉时,结膜和角膜使用 0.5%的丁卡因或 2%的利多卡因,鼻、口腔、直肠黏膜使用1%～2%的丁卡因或 2%～4%的利多卡因;每隔 5 min 用药一次,共 2～3 次。一般将局部麻醉药滴入、涂抹、填塞或喷雾等使药液作用于局部组织黏膜而达到麻醉效果。

2. 局部浸润麻醉

沿手术切口线皮下注射或深部分层注射,阻滞神经末梢的方法,称局部浸润麻醉(图 12-3)。该方法常用浓度为 0.5%～1%的盐酸普鲁卡因进行麻醉。麻醉方法是将针头插至皮下,边注药边推进针头至所需的深度及长度。局部浸润麻醉分为直线浸润、菱形浸润、扇形浸润、基部浸润、分层浸润(图 12-3)。

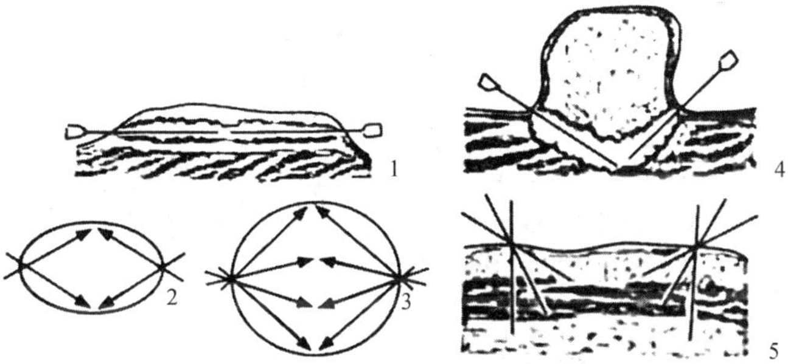

图 12-3　局部浸润麻醉方法

注:图片来源于《兽医外科学》(丁明星主编)。

3. 传导麻醉(神经阻滞)

在神经干周围注射局部麻醉药,使其所支配的区域失去痛觉的方法,称为传导麻醉。其优点是能够使用少量麻醉药产生较大区域的麻醉。进行传导麻醉时,常使用浓度为 2%的盐酸利多卡因或 2%～3%的盐酸普鲁卡因,所用浓度及用量与所麻醉的神经大小成正比。

4. 脊髓麻醉

将局部麻醉药注射到椎管内,阻滞脊神经的传导,使其所支配的区域无痛的方法,称为脊髓麻醉。根据注入部位的不同,脊髓麻醉分为硬膜外腔麻醉和蛛网膜下腔麻醉。

脊髓外被 3 层膜包裹:外层为硬脊膜,厚而坚韧;中层为蛛网膜,薄而透明;内层为脊软膜,有丰富的血管。在硬脊膜与椎管的骨膜之间有一较宽的间隙,称为硬脊膜外腔,内含疏松结缔组织、静脉和大量脂肪,两侧脊神经即在此经过,向腔内注入麻醉药液,可阻滞若干对脊神经;硬脊膜与脊蛛网膜之间有一狭窄的腔,称为硬脊膜下腔,此腔往往紧贴一处,不能作脊髓麻醉之用;脊蛛网膜与脊软膜之间形成一较大腔隙,称为蛛网膜下腔,内含脑脊髓液,向前与脑蛛网膜下腔相通,麻醉药注入此腔可向前、后阻滞若干对在此经过的脊神经根(图 12-4)。

(四)全身麻醉

全身麻醉有两类:一类是非吸入性麻醉,另一类是吸入性麻醉。

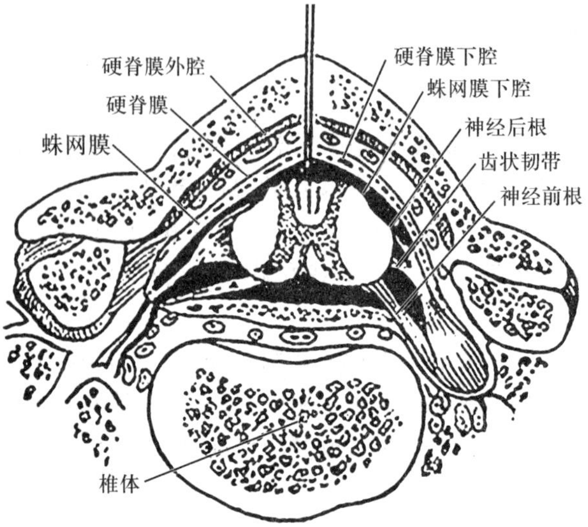

图 12-4 脊髓横切面

1. 非吸入性麻醉

麻醉药不经吸入方式而进入体内并产生麻醉效应的方法称非吸入性麻醉。非吸入性麻醉的输入途径有多种，如静脉注射、皮下注射、肌内注射、腹腔注射、口腔及直肠灌注等。常用的非吸入性麻醉药，包括非巴比妥类和巴比妥类。

2. 吸入性麻醉

吸入性麻醉采用气态或挥发性液态的麻醉药物，使药物经过呼吸由肺泡毛细血管进入循环，并达到中枢，使中枢神经系统产生麻醉效应。常用吸入麻醉药有以下几种。

(1)麻醉乙醚：乙醚麻醉安全、方便、价格便宜。作为吸入麻醉药，应该使用符合药典标准的麻醉乙醚。乙醚易被空气和光分解，遇热也会分解破坏，故应密闭保存于阴凉处(装棕色瓶中)。乙醚对呼吸道黏膜有强烈的刺激性，可使分泌增多，若随唾液进入胃内可引起呕吐，故在麻醉前应给予阿托品。乙醚的诱导和苏醒都比较慢，如果使用基础麻醉，则诱导将会平稳。一般来说，乙醚用于吸入麻醉是很安全的，在麻醉中如果不是严重缺氧，对肝、肾的功能影响并不大。在麻醉的初期，由于呼吸道受刺激，可反射性引起呼吸增快，随着麻醉的加深，呼吸数逐渐减少而呼吸深度增加；若达到中毒浓度时，则呼吸变浅和无节律并发生缺氧现象。乙醚可用于开放式、半关闭或关闭方式的吸入麻醉。

(2)氟烷(三氟乙烷，三氟溴氯乙烷)：氟烷是兽医临床应用较为普遍的吸入麻醉药，被广泛应用于各种动物的麻醉，它的特点就是麻醉性能很强。氟烷的麻醉强度要比乙醚强得多。用氟烷吸入麻醉，其诱导时间和苏醒恢复都较快，但会引起血压下降、心动徐缓和呼吸抑制等。因其价格较贵，多用关闭式吸入麻醉，诱导时使用浓度为 4%～5%，维持时使用浓度为 1.5% 左右，需要特殊专用的蒸发器来控制浓度。

(3)甲氧氟烷：麻醉效力强，是氟烷的 2～4 倍，但诱导和恢复要慢。它的镇痛和肌松作用都强，且在术后镇痛效果也好。

(4)安氟醚：本药不刺激呼吸道，气管腺和唾液腺的分泌无明显增加；临床特征更像氟烷。

(5)异氟醚：新型的卤族麻醉药；对机体的生理干扰较轻；对肝、肾的影响也较小，肌松作用好，诱导平稳而快，苏醒也比较快；术后复原好，很少有副作用。

(6)氧化亚氮(笑气):它是气态全麻药的代表,是无机气体,无爆炸性,但可以助燃;若与乙醚和氧混合,可引起爆炸,应慎重使用。本品的毒性小,镇痛效果较好,麻醉后的恢复也快,但其麻醉作用较弱,单独使用麻醉程度不会超出浅麻醉的范围。其麻醉效能不理想,应多与其他吸入麻醉药物混用,如与乙醚、氟烷、甲氧氟烷以及安氟醚和异氟醚等混合应用。

(五)其他麻醉方法

1. 电针麻醉

针刺麻醉是在祖国医学针灸疗法的基础上发展起来的麻醉方法,电针麻醉又是从针刺麻醉发展而来,是属于针刺麻醉的一种特殊形式。针刺麻醉是用针刺并进行手法捻针,但在兽医临床实践上,因手法捻针较费力与不便,刺激量也较弱,所以目前一般多改用各种不同波形、频率和电压进行刺激,以代替手法捻针,这种方法称为电针麻醉。

2. 激光麻醉

在我国,激光麻醉是在针刺麻醉的基础上发展起来的。激光麻醉可分为氦氖激光麻醉和二氧化碳激光麻醉两种。氦氖激光麻醉方法在我国首先由东北农业大学外科教研室提出,是在马外周神经和马群慧穴电针麻醉成功的基础上,把传统的针麻和现代激光技术相结合,成功地用于马属动物的外科手术,并取得了满意的镇痛效果;在此基础上又试用于牛、羊、犬、猪的外科手术,也都取得了较好的镇痛效果。二氧化碳激光麻醉的优点是后续镇痛效应持久,在手术进行前即可麻醉完毕,因此又称之为激光手术期前麻醉。

三、组织切开与分离

(一)组织切开

组织切开是显露手术野的重要步骤。适宜的切口应该符合下列要求。

(1)切口须接近病变部位,最好能直接到达手术区,并能根据手术需要,便于延长、扩大。

(2)切口在体侧、颈侧以垂直于地面或斜行的切口为好,体背、颈背和腹下沿体中正线或靠近正中线的矢状线的纵行切口比较合理。

(3)切口应避免损伤大血管、神经和腺体的输出管,以免影响术部组织或器官的机能。

(4)切口应该有利于创液的排出,特别是脓汁的排出。

(5)二次手术时,应该避免在瘢痕上切开,因为瘢痕组织再生力弱,易发生弥漫性出血。

按上述原则选择切口后,在操作上需要注意下列问题。

(1)切口大小必须适当。切口过小,不能充分显露;不必要的大切口会损伤过多组织。

(2)切开时,须按解剖层次分层进行,并注意保持切口从外到内的大小相同;切口两侧要用无菌巾覆盖、固定,以免操作过程中把皮肤表面细菌带入切口,造成污染。

(3)切开组织必须整齐,力求一次切开。手术刀要与皮肤、肌肉垂直,防止斜切或多次在同一平面上切割,造成不必要的组织损伤。

(4)切开深部筋膜时,为了预防深层血管和神经的损伤,可先切一小口,用止血钳分离张开,然后再剪开。

(5)切开肌肉时,要沿肌纤维方向用刀柄或手指分离,少做切断,以减少损伤,影响愈合。

(6)切开腹膜、胸膜时,要防止内脏损伤。

(7)切割骨组织时,先要切割分离骨膜,尽可能地保存其健康部分,以利于骨组织愈合。

在进行手术时,还需要借助拉钩帮助显露。负责牵拉的助手要随时注意手术过程,并按需要调整拉钩的位置、方向和力量;并可以利用大纱布垫将其他脏器从手术野推开,以增加显露。

(二)组织分离

分离是显露深部组织和游离病变组织的重要步骤。分离的范围,应根据手术的需要确定。一般按照正常组织间隙的解剖平面进行分离,但是在有炎症性粘连、瘢痕组织以及大的肿物时,正常解剖关系已改变,或正常组织间隙已不清楚,分离比较困难,要提高警惕,谨慎进行,防止损伤邻近的重要器官。分离的操作方法,分为以下两种。

1. 锐性分离

锐性分离是用刀或剪刀进行组织分离。用刀分离时,以刀刃沿组织间隙做垂直、轻巧、短距离地切开。用剪刀时以剪刀尖端伸入组织间隙内,不宜过深;然后张开刀柄,分离组织,在确定没有重要的血管、神经后,再予以剪断。锐性分离对组织损伤较小,术后反应也少,愈合较快;但必须熟悉解剖,在直视下辨明组织结构时进行,动作要准确、精细。

2. 钝性分离

钝性分离是用刀柄、止血钳、剥离器或手指等进行组织分离。其方法是将这些器械或手指插入组织间隙内,用适当的力量,分离周围组织。这种方法最适用于正常肌肉、筋膜和良性肿瘤等的分离。钝性分离时,组织损伤较重,往往残留许多失去活性的组织细胞,因此,术后组织反应较重,愈合较慢。在瘢痕较大、粘连过多或血管、神经丰富的部位,不宜采用该方法。

(三)皮肤切开法

1. 紧张切开

由于皮肤的活动性比较大,切皮时易造成皮肤和皮下组织切口不一致,为了防止上述现象的发生,较大的皮肤切口应由术者与助手用手在切口两旁或上、下将皮肤展开固定(图 12-5),或由术者用拇指及食指在切口两旁将皮肤撑紧并固定(图 12-6),刀刃与皮肤垂直,用力均匀地一刀切开所需长度和深度皮肤及皮下组织切口;必要时也可补充运刀,但要避免多次切割,重复刀痕,以免切口边缘参差不齐,出现锯齿状的切口,影响创缘对合和愈合。

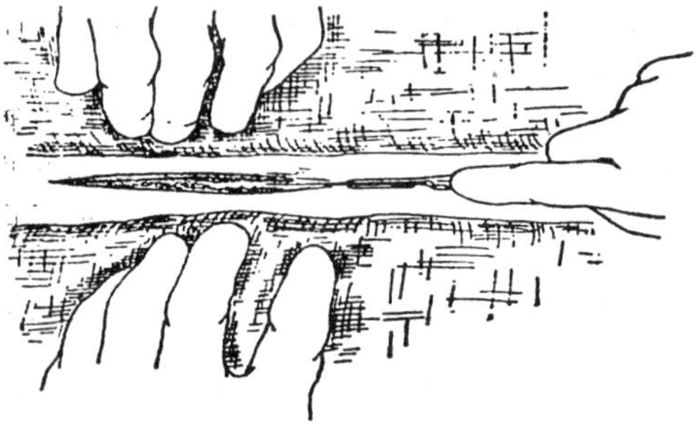

图 12-5 皮肤紧张切开(一)

注:图片来源于《兽医外科学》(丁明星主编)。

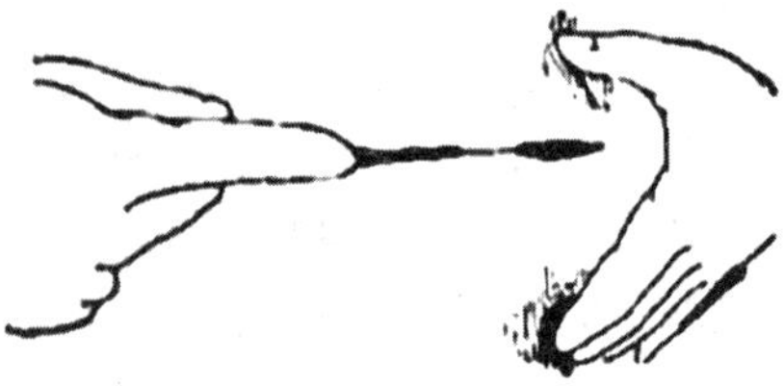

图 12-6 皮肤紧张切开(二)

2. 皱襞切开

在切口的下面有大血管、大神经、分泌管和重要器官,而皮下组织甚为疏松,为了使皮肤切口位置正确且不误伤其下部组织，术者和助手应在预定切线的两侧，用手指或镊子提拉皮肤呈垂直皱襞，并进行垂直切开(图 12-7)。

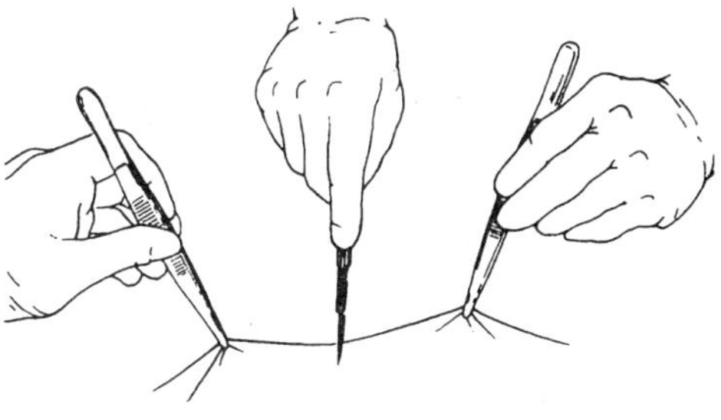

图 12-7　皮肤皱襞切开

(四)皮下组织及其他组织的分离

切开皮肤后，组织的分割宜用逐层切开的方法，以便识别组织，避免或减少对大血管、大神经的损伤，只有当切开浅层脓肿时，才采用一次切开的方法。

1. 皮下疏松结缔组织的分离

皮下结缔组织内分布有许多小血管，故多用钝性分离。其方法是先将组织刺破，再用刀柄、止血钳或手指进行剥离。

2. 筋膜和腱膜的分离

用刀在术部中央做出一小切口，然后用弯止血钳在此切口上、下将筋膜下组织与筋膜分开，沿分开线剪开筋膜；筋膜的切口应与皮肤切口等长；若筋膜下有神经血管，则用手术镊将筋膜提起，用反挑式执刀法做出一小孔，经小切口伸入镊子，在其引导下切开。

3. 肌肉的分离

肌肉的分离一般是沿肌纤维方向做钝性分离。其方法是顺肌纤维方向用刀柄、止血钳或手指剥离，扩大到所需要的长度(图 12-8)，但在紧急情况下，或肌肉较厚并含有大量腱质时，为了使手术通路广阔和排液方便也可横断切开。横过切口的血管可用止血钳钳夹，或用细缝线从两端结扎后，从中间将血管切断(图 12-9)。

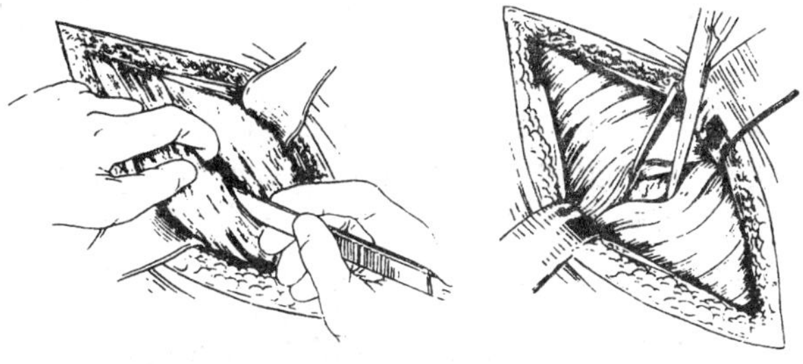

图 12-8　肌肉钝性分离

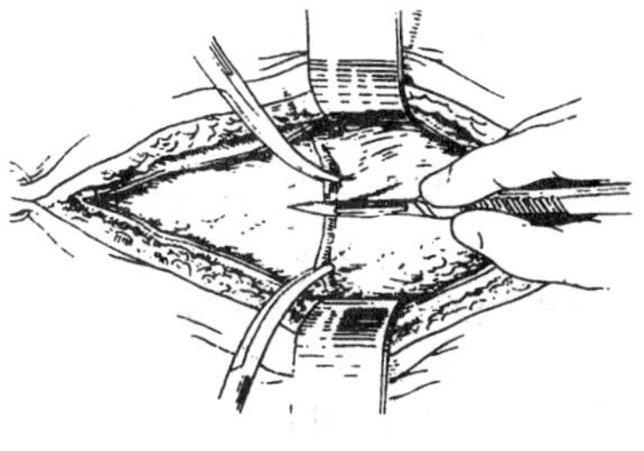

图 12-9　血管横断切开

4. 腹膜的分离

腹膜切开时，为了避免伤及内脏，可用组织钳或止血钳提起腹膜做出一小切口，利用食指和中指或有沟探针引导，再用手术刀或剪刀分割(图 12-10)。

5. 肠管的分离

肠管侧壁切开时，一般于肠管纵带上纵行切开，并应避免损伤对侧肠管(图 12-11)。

6. 索状组织的分离

索状组织(如精索)的分割，除了可应用手术刀(剪)做锐性切割外，尚可用刮断、拧断等方法，以减少出血。

7. 良性肿瘤、放线菌病灶、囊肿及内脏粘连部分分离宜用钝性分离

分离的方法是：对未机化的粘连可用手指或刀柄直接剥离；对已机化的致密组织，可先用手术刀切一小口，再用钝性剥离。剥离时手的主要动作应是前、后方向或略施加压力于一侧，

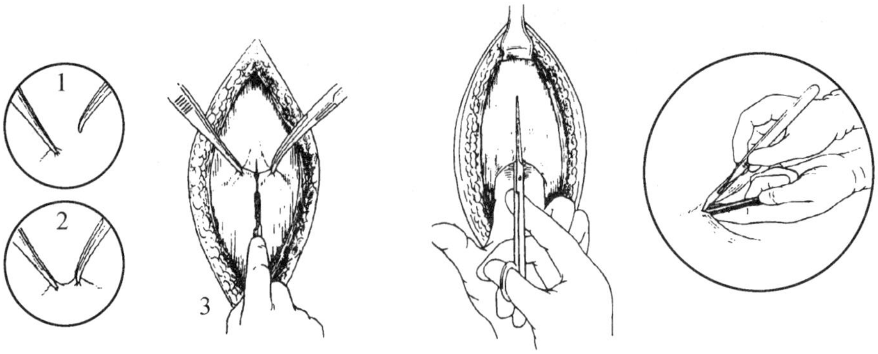

图 12-10　腹膜的分离

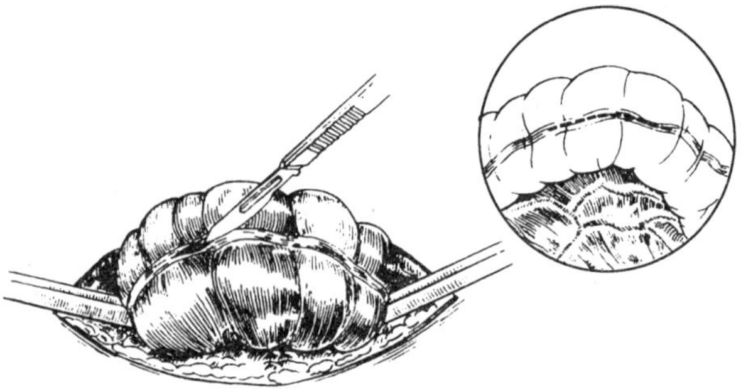

图 12-11　肠管的分离

使较疏松或粘连最小部分自行分离，然后将手指伸入组织间隙，再逐步深入。在深部非直视下，手指左、右大幅度的剥离动作，应少用或慎用，除非确认为稀松的纤维蛋白粘连，否则，易导致组织及脏器的严重撕裂或大出血。对某些不易钝性分离的组织，可将钝性分离与锐性分割结合使用，一般是用弯剪伸入组织间隙，用推剪法，即将剪尖微张，轻轻向前推进，进行剥离。

（五）骨组织的分割

分离骨组织时，首先应分离骨膜，然后再分离骨组织。分离骨膜时，应尽可能完善地保存健康部分，以利于骨组织愈合。分离骨膜时，先用手术刀切开骨膜（切成“十”字形或“工”字形），然后用骨膜分离器分离骨膜。骨组织的分离一般是用骨剪剪断或骨锯锯断，当锯（剪）断骨组织时，不应损伤骨膜。为了防止骨的断端损伤软部组织，应使用骨锉锉平断端锐缘，并清除骨片，以免遗留在手术创内引起不良反应和愈合障碍。

（六）硬组织的分离

蹄和角质的分离属于硬组织的分离。蹄角质可用蹄刀、蹄刮挖除，浸软的蹄壁可用柳叶刀切开；闭合蹄壁上的裂口可用骨钻、锔子钳和锔子；截断牛角、羊角时可用骨锯或断角器。

四、止血技术

止血技术是手术过程中自始至终经常遇到而又必须立即处理的基本操作技术。手术中完善地止血，可以预防失血的危险和保证术部良好的显露，直接关系到施术动物的健康。因此要求术者在手术中进行止血时必须迅速而可靠，并在手术前采取积极有效的预防性止血措施，以减少动物在手术中的出血量。

(一)常用的止血方法

1. 全身预防性止血法

全身预防性止血法是在手术前给家畜注射增高血液凝固性的药物和同类型血液，借以提高机体抗出血的能力，减少手术过程中的出血。常用下列几种方法。

1)输血

输血的目的在于增高施术家畜血液的凝固性，刺激血管运动中枢反射性地引起血管的痉挛性收缩，以减少动物在手术中的出血量。操作方法：在术前 30～60 min，给动物输入同种、同型血液，其中牛、马的输血量为 500～1 000 mL，猪、羊的输血量为 200～300 mL。

2)注射增高血液凝固性以及促进血管收缩的药物

通过肌内注射，给动物注射 0.3%的凝血质注射液，以促进血液凝固，其中牛、马注射 10～20 mL；给动物注射维生素 K 注射液，以促进血液凝固，增加凝血酶原，其中牛、马注射 100～400 mg，猪、羊注射 2～10 mg；给动物注射卡巴克洛注射液，以增强毛细血管的收缩力，降低毛细血管渗透性，其中牛、马注射 30～60 mg，猪、羊注射 5～10 mg；给动物注射酚磺乙胺注射液，以增强血小板机能及黏合力，减少毛细血管渗透性，其中牛、马注射 1.25～2.5 g，猪、羊注射 0.25～0.5 g。

通过肌内注射或静脉注射对羧基苄胺(抗血纤溶芳酸)，以拮抗纤维蛋白的溶解，抑制纤维蛋白原的激活因子，使纤维蛋白溶酶原不能转变成纤溶酶，从而减少纤维蛋白的溶解而发挥止血作用。这对于手术中的出血及渗血、尿血、消化道出血有较好的止血效果，使用时可加葡萄糖注射液或生理盐水注射，注射时宜缓慢；其中牛、马一次注射量为 1～2 g，猪、羊一次注射量为 0.2～0.4 g。

(二)局部预防性止血法

1. 肾上腺素止血

应用肾上腺素进行局部预防性止血时，常配合局部麻醉进行。一般是在每 1 000 mL 的 0.5%的普鲁卡因溶液中加入 2 mL 的 0.1%的肾上腺素溶液，利用肾上腺素收缩血管的作用，达到减少手术局部出血的目的，其作用可维持 20 min 至 2 h。但当手术局部有炎症病灶时，因高度的酸性反应，可减弱肾上腺素的作用。此外，在肾上腺素作用消失后，小动脉管扩张，如若血管内血栓形成不牢固，可能发生二次出血。

2. 止血带止血

应用止血带止血适用于四肢、阴茎和尾部手术，可暂时阻断血流，减少手术中的失血，有利于手术操作。用橡皮管止血带或其代用品——绳索、绷带时，局部应垫以纱布或手术巾，以防损伤软部组织、血管及神经。

橡皮管止血带的装置方法是：用足够的压力(以止血带远侧端的脉搏将消失为度)，在手术部位上 1/3 处缠绕数周固定，其保留时间不得超过 2～3 h，冬季不超过 40～60 min，在此时间内如手术尚未完成，可将止血带临时松开 10～30 s，然后重新缠扎。松开止血带时，宜用多次“松—紧—松—紧”的办法，严禁一次松开。

(三)手术过程中的止血法

手术过程中的止血方法很多,现将几种常用的止血方法叙述如下。

1. 机械止血法

(1)压迫止血:用纱布或泡沫塑料压迫出血的部位,以清除术部的血液,辨清组织和出血路径及出血点,以便进行止血措施。在毛细血管渗血和小血管出血时,如机体凝血机能正常,压迫片刻,出血即可自行停止。为了提高压迫止血的效果,可选用温生理盐水、1%～2%的麻黄素、0.1%的肾上腺素、2%的氯化钙溶液浸湿后拧干的纱布块做压迫止血。在止血时,必须是按压,不可用擦拭,以免损伤组织或使血栓脱落。

(2)钳夹止血:利用止血钳最前端夹住血管的断端,钳夹方向应尽量与血管垂直,钳住的组织要少,切不可进行大面积钳夹。

(3)钳夹扭转止血:用止血钳夹住血管断端,扭转止血钳1～2周,轻轻移去止血钳,则断端闭合止血;如经钳夹扭转不能止血时,则应予以结扎,此法适用于小血管出血。

(4)钳夹结扎止血是常用而可靠的基本止血法,多用于明显而较大血管出血的止血。其方法有以下两种。

①单纯结扎止血:用丝线绕过止血钳所夹住的血管及少量组织而结扎(图12-12)。在结扎结扣的同时,由助手放开止血钳,于结扣收紧时,即可完全放松,过早放松,血管可能脱出,过晚放松则结扎住钳头不能收紧。结扎时所用的力量也应大小适中。结扎止血法,适用于一般部位的止血。

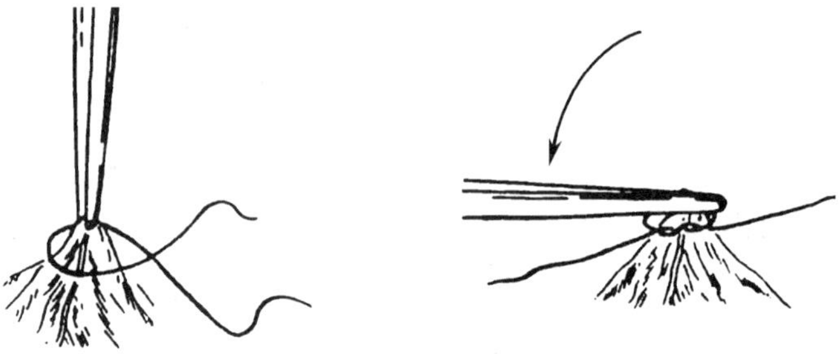

图12-12 单纯结扎止血

②贯穿结扎止血:将结扎线用缝针穿过所钳夹组织(勿穿透血管)后进行结扎,常用的方法有"8"字缝合结扎及单纯贯穿结扎两种(图12-13)。

贯穿结扎止血的优点是结扎线不易脱落,适用于大血管或重要部分的止血。在不易用止血钳夹住的出血点,不可用单纯结扎止血,而宜采用贯穿结扎止血的方法。

(5)创内留钳止血:用止血钳夹住创伤深部血管断端,并将止血钳留在创伤内24～48 h。为了防止止血钳移动,可把用绷带固定止血钳的柄环部拴在家畜的体躯上。创内留钳止血法多用于大家畜去势后继发精索内动脉大出血。

(6)填塞止血:本法是在深部大血管出血,一时找不到血管断端,钳夹或结扎止血困难时,用灭菌纱布紧塞于出血的创腔或解剖腔内,压迫血管断端以达到止血的目的。在填入纱布时,必须将创腔填满,以便有足够的压力压迫血管断端。填塞止血留置的敷料通常是在12～48 h后取出。

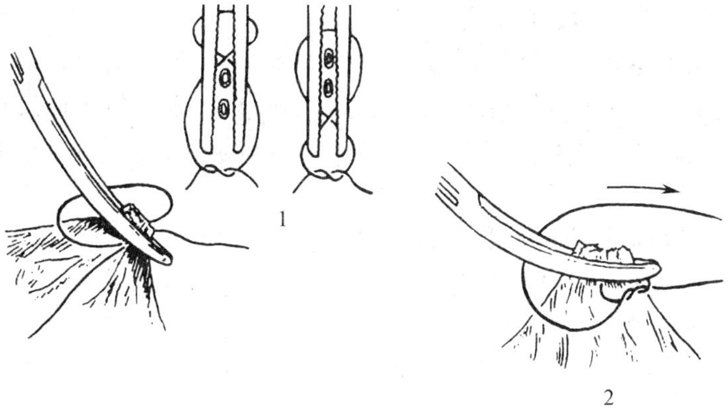

图 12-13　贯穿钳夹结扎止血

1."8"字缝合结扎　2. 单纯贯穿结扎

2. 电凝及烧烙止血法

(1)电凝止血:利用高频电流凝固组织的作用达到止血目的。使用方法是用止血钳夹住血管断端,向上轻轻提起,擦干血液,将电凝器与止血钳接触,待局部发烟即可。电凝时间不宜过长,否则烧伤范围过大,影响切口愈合。在空腔脏器、大血管附近及皮肤等处不可用电凝止血,以免组织坏死,发生并发症。电凝止血的优点是止血迅速,不留线结于组织内,但止血效果不完全可靠,凝固的组织易于脱落而再次出血,所以对较大的血管仍应以结扎止血为宜,以免发生继发性出血。

(2)烧烙止血:用电烧烙器或烙铁烧烙作用使血管断端收缩封闭而止血。其缺点是损伤组织较多,兽医临诊上多用于弥漫性出血,羔羊断尾术和某些摘除手术后的止血。使用烧烙止血时,应将电阻丝或烙铁烧得微红,才能达到止血的目的,但也不宜过热,以免组织炭化过多,使血管断端不能牢固堵塞。烧烙时,烙铁在出血处稍加按压后即迅速移开,否则组织黏附在烙铁上,当烙铁移开时而将组织扯离。

3. 局部化学及生物学止血法

(1)麻黄索、肾上腺素止血:用1%～2%的麻黄素溶液或0.1%的肾上腺素溶液浸湿的纱布进行压迫止血。临床上也常用上述药品浸湿系有棉线绳的棉包用于鼻出血、拔牙后齿槽出血的填塞止血,待止血后拉出棉包。

(2)明胶海绵止血:多用于一般方法难以止血的创面出血,实质器官、骨松质及海绵质出血;使用时将明胶海绵铺在出血面上或填塞在出血的伤口内,即能达到止血的目的,如果在填塞后加以组织缝合,更能发挥优良的止血效果。明胶海绵的种类很多,如纤维蛋白海绵、氧化纤维素、淀粉海绵等。它们止血的摹本原理是促进血液凝固和提供凝血时所需要的支架结构。明胶海绵能被组织吸收和使受伤血管日后保持贯通。

(3)活组织填塞止血:用自体组织如网膜,填塞于出血部位。通常用于实质器官的止血,如肝损伤用网膜填塞止血,或用于取自腹部切口的带蒂腹膜、筋膜和肌肉瓣,牢固地缝在损伤的肝上。

(4)骨蜡止血:外科临床上常用市售骨蜡制止骨质渗血,用于骨的手术和断角术。

(四)输血疗法

输血疗法是给病畜静脉输入保持正常生理功能的同种属动物血液的一种治疗方法。输血的作用和意义：给病畜输入血液可部分或全部地补偿机体所损失的血液，扩大血容量，同时补充了血液的细胞成分和某些营养物质；输血有止血作用，是促进凝血过程的结果；输入血液能激化肝、脾、骨髓等各组织的功能，并能促使血小板、钙盐和凝血活酶进入血流中，这些对促进血液凝固有重要作用；输血具有对病畜刺激、解毒、补偿以及增强生物学免疫功能等作用。

1. 适应证及禁忌证

输血疗法适用于大失血、外伤性休克、营养性贫血、严重烧伤、大手术的预防性止血等；禁忌证为严重的心血管系统疾病、肾病和肝病等。

2. 血液的采集和保存

对动物采用输血疗法时，供血者应该是健康、体壮的成年家畜，无传染病及血原虫病的家畜。

3. 血液相合性的判定

输血前必须进行血液相合性试验，以防发生输血反应。临床上常用的方法有玻片凝集试验法及生物学试验法，两者结合应用更为安全可靠。每次输血时，最好先将供血者的少量血液(马、牛 150～200 mL，犬 40～50 mL)注入受血者静脉内，10 min 后，若受血者的体温、脉搏、呼吸及可视黏膜等无明显变化，即可将剩余的血液全部输入。

4. 输血的路径、数量及速度

常用输血路径为静脉注射，一次输血量须按病情确定。当急性大失血时，应该大量输血以挽救生命；若以止血为目的，宜用小剂量。马、牛一次输血量为 1～2 L，犬为 5～7 mL/kg，输血速度宜缓慢，不宜过快，马、牛 1 L 血液需 20 min 输完。输血操作时要严格保证无菌。

5. 副作用及抢救

应用输血疗法时，可能出现以下几种副作用。

(1)发热反应。输血后 15～30 min，若受血者出现打寒战和体温升高，应停止输血。

(2)过敏反应。当受血者出现呼吸急迫、痉挛，皮肤有荨麻疹等症状，应停止输血，采用肌内注射方法注射苯海拉明或 0.1%的肾上腺素溶液进行治疗。

(3)溶血反应。若受血者在输血过程中突然不安，呼吸、脉搏增数，肌肉震颤，排尿频繁，高热，可视黏膜发绀等，应停止输血，配合强心、补液治疗。

五、缝合技术

缝合技术是将已切开、切断或因外伤而分离的组织、器官进行对合或重建其通道，保证良好愈合的基本操作技术。在愈合能力正常的情况下，愈合程度与缝合的方法及操作技术有一定的关系。

(一)缝合的基本原则

(1)严格遵守无菌操作。

(2)缝合前必须彻底止血，清除凝血块、异物及无生机的组织。

(3)为了使创缘均匀接近，在缝合时，两针孔之间要有相当距离，以防拉穿组织。

(4)缝针刺入和穿出部位应彼此相对，针距相等，否则易使创伤形成皱襞和裂隙。

(5)凡无菌手术创或非污染的新鲜创经外科常规处理后，可进行对合密闭缝合。具有化脓腐败过程以及具有深创囊的创伤可不缝合，必要时可进行部分缝合。

(6)在组织缝合时，一般是同层组织相缝合，除非特殊需要，不允许把不同类的组织缝合在一起。缝合、打结应有利于创伤愈合，如打结时既要适当收紧，又要防止拉穿组织，缝合时不宜过紧，否则将造成组织缺血。

(7)创缘、创壁应互相均匀对合，皮肤创缘不得内翻，创伤深部不应留有无效腔、积血和积液。在条件允许时，可选择多层缝合，正确与不正确的缝合见图12-14。

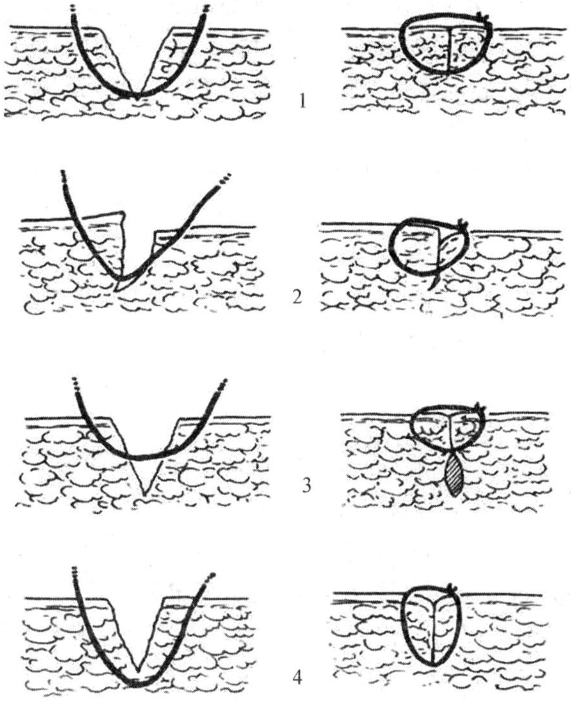

图 12-14　正确与不正确的切口缝合

1. 正确的缝合　2. 两皮肤创缘不在同一平面　3. 缝合太浅，形成无效腔　4. 缝合太紧，皮肤内陷

(8)缝合的创伤，若在手术后出现感染症状，应迅速拆除部分缝线，以便排出创液。

(二)常用的缝合材料

缝合材料是用于闭合组织和结扎血管。兽医外科临床上，所应用的缝合材料种类很多。选择适宜的缝合材料是很重要的。

缝合材料按照在动物体内吸收的情况分为吸收性缝合材料和非吸收性缝合材料。缝合材料在动物体内，60 d内发生变性，其张力强度很快丧失的为吸收性缝合材料；缝合材料在动物体内60 d以后仍然保持其张力强度的为非吸收性缝合材料。

缝合材料按照其材料来源分为天然缝合材料和人造缝合材料。

1. 天然吸收性缝合材料

肠线由羊的肠黏膜下组织或牛的小肠浆膜组织制成。肠线分为A、B、C、D共4种类型。其中，C型为中度铬盐处理型，植入体内20 d被吸收，是手术常用的肠线类型；D型为超级铬盐处理型，植入体内40 d被吸收。

2. 天然非吸收性缝合材料

丝线是蚕茧的连续性蛋白质纤维，是传统的、广泛应用的非吸收性缝线。

丝线有型号编制，使用时应根据不同的型号，用于缝合不同的组织。粗线为7～9号，抗张力为 2.7～4.5 kg，适用于大血管结扎，筋膜或张力较大的组织缝合；中等线为 3～4 号，抗张力为 1.65 kg，适用于皮肤、肌肉、肌腱等组织缝合；细线为 0～1 号，抗张力为 0.9 kg，适用于皮下、胃肠道组织的缝合；最细线为 000～0000 号，抗张力为 0.5 kg，适用于血管、神经缝合。

丝线的优点：价廉，广泛应用；容易消毒；编织丝线张力强度高，操作使用方便；打结确实。

丝线的缺点：缝合空腔器官时，如果丝线露出腔内，易产生溃疡；缝合膀胱、胆囊时，易形成结石。因此，丝线不能用于空腔器官的黏膜层缝合，不能缝合被污染或感染的创伤。

3. 不锈钢丝

现在使用的不锈钢丝是唯一被广泛接受的金属缝线。适用于制作不锈钢丝的材料是铬镍不锈钢。不锈钢丝有单丝和多丝两种。

4. 尼龙缝线

尼龙是由六次甲基二胺和脂肪酸制成。尼龙缝线分为单丝和多丝两种。其生物学特性为惰性，植入组织内对组织反应很小，张力强度较强。

（三）缝合材料的选择

缝合材料的选择要根据缝合材料的生物学、物理学和兽医临床需要情况来决定。虽然一般没有理想的缝合材料，但选择缝合材料时应遵循下列原则。

1. 缝合材料张力强度丧失应该和被缝合组织获得张力强度相适应

皮肤张力强，愈合慢，对缝合材料强度要求较强，要求其保持时间较长。非吸收性缝线适用于皮肤缝合。胃、肠组织脆弱，愈合快，要求缝线强度较小，植入组织内保持张力强度在 14～21 d，使用吸收性缝线适用于这些组织。

2. 缝线的生物学作用能改变创伤愈合过程

缝线的物理学和化学性质，影响缝合组织抵抗创伤感染的能力。同样的缝合材料，单丝缝线耐受污染创比多丝缝线好；人造缝线抵抗创伤感染能力比天然缝线好；聚乙醇酸缝线、单丝尼龙等用于污染组织；感染率很低、膀胱、胆囊的缝合，应用丝线易形成结石。

3. 缝线机械特性应该与被缝合的组织特性相适应

聚丙烯和尼龙缝线最适用缝合具有伸延性的组织，例如皮肤；而肠线和聚乙醇酸缝线适用于较脆弱的组织，例如肠管、子宫等。

4. 不同的组织使用不同的缝合材料

皮肤缝合使用丝线、尼龙等非吸收性缝线。皮下组织使用人造可吸收性缝线是适宜的。筋膜缝合时，腹壁和许多其他部位的筋膜张力强度较大，愈合慢，需要缝线强度较强，应用中等规格尼龙等非吸收性缝线是适宜的。对张力较小部位的筋膜，可以应用人造可吸收性缝线。肌肉缝合应用人造可吸收性或非吸收性缝线。空腔器官缝合应用肠线、聚乙醇酸缝线和单丝非吸收性缝线。腱的修补通常应用尼龙、不锈钢丝等。血管缝合需要最小致凝血酶原性缝线。聚丙烯缝线、尼龙缝线用于血管缝合。神经缝合要考虑对缝合组织无反应性的缝线，应用尼龙和聚丙烯缝线。

（四）打结

打结是外科手术最基本的操作之一，正确而牢固地打结是结扎止血和缝合的重要环节。熟练地打结，不仅可以防止结扎线的松脱而造成的创伤哆开和继发性出血，而且可以缩短手术时间。

1. 结的种类

常用的结有方结、三叠结和外科结(图 12-15)。

(1)方结:又称平结,是手术中最常用的一种,用于结扎较小的血管和各种缝合时的打结,不易滑脱。

(2)三叠结:又称加强结,是在方结的基础上再加一个结,共 3 个结;较牢固,结扎后即使松脱一道,也无妨;但遗留于组织中的结扎线较多。三叠结常用于有张力部位的缝合,如大血管和肠线的结扎。

(3)外科结:打第一个结时绕两次,使摩擦面增大,故打第二个结时不易滑脱和松动。此结牢固可靠,多用于大血管、张力较大的组织和皮肤缝合。在打结过程中,常产生的错误结有假结和滑结两种。假结(斜结)易松脱;打方结时,两手用力不均,只拉紧一根线,虽则两手交叉打结,结果仍形成滑结,而非方结,其也易滑脱,应尽量避免发生。

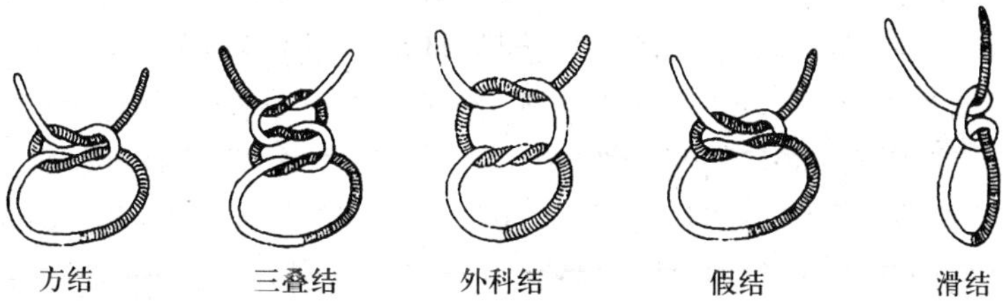

图 12-15　结的种类

2. 打结方法

常用的打结方法有 3 种,即单手打结、双手打结和器械打结。

(1)单手打结:为常用的一种方法,简便迅速;左、右手均可打结;虽各人打结的习惯常有不同,但基本动作相似(图 12-16)。

(2)双手打结:除了用于一般结扎外,对深部或张力大的组织缝合,较为方便可靠(图 12-17)。

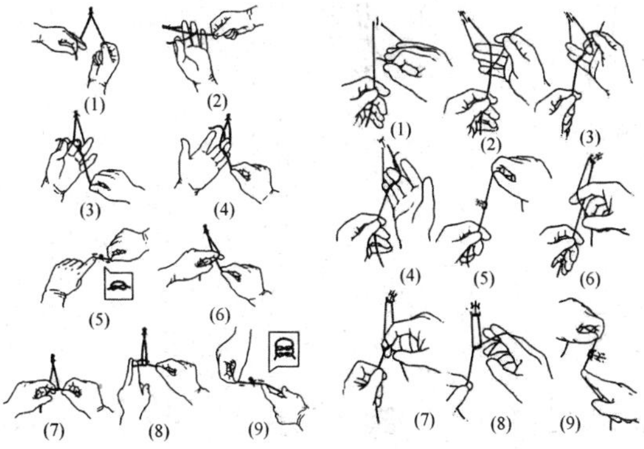

图 12-16　单手打结

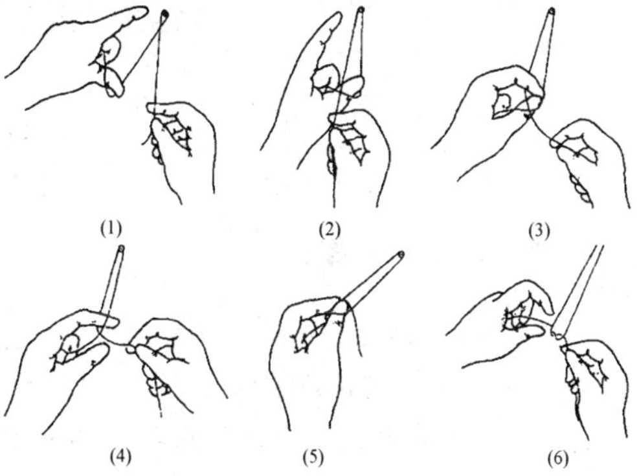

图 12-17　双手打结

(3)器械打结:用持针钳或止血钳打结,适用于结扎线过短、狭窄的术部、创伤深处和某些精细手术的打结;方法是把持针钳或止血钳放在缝线的较长端与结扎之间,用长线头端缝线环绕血管钳一圈后再打结,即可完成第一结,打第二结时用相反方向环绕持针钳一圈后拉紧,成为方结(图 12-18)。

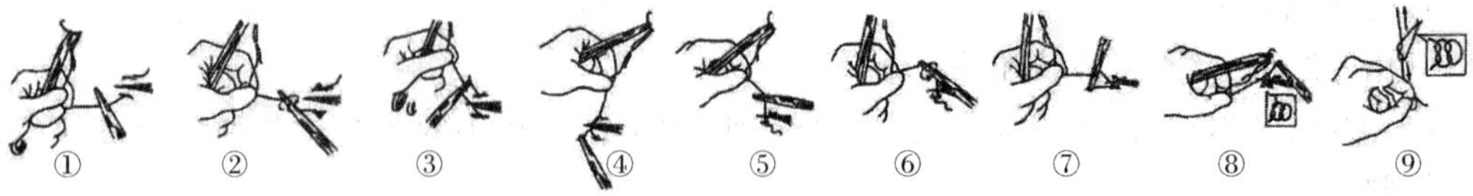

图 12-18 器械打结

3. 打结注意事项

(1)打结收紧时要求三点成一线,即左、右手的用力点与结扎点成一直线,不可呈一定角度向上提起,否则容易使结扎点撕脱或结松动。

(2)无论用何种方法打结,第一结和第二结的方向不能相同,即两手需要交叉,否则即成假结;如果两手用力不均,可成滑结。

(3)打结时要用力均匀,两手的距离不宜离线太远,特别是深部打结时,最好用两手食指伸到结旁,以指尖顶住双线,两手握住线端,徐徐拉紧,否则易松脱。埋在组织内的结扎线头,在不引起结扎松脱的原则下,应剪短以减少组织内的异物,其中,丝线、棉线一般留 3～5 mm,较大血管的结扎应略长,以防滑脱;肠线留 4～6 mm;不锈钢丝留 5～10 mm,并应将钢丝头扭转埋入组织中。

(4)正确的剪线方法是术者结扎完毕后,将双线尾提起略偏术者的左侧,助手用稍张开的剪刀尖沿着拉紧的结扎线滑至结扣处,再将剪刀稍向上倾斜,然后剪断,倾斜的角度取决于要留线头的长短(图 12-19)。如此操作比较迅速、准确。

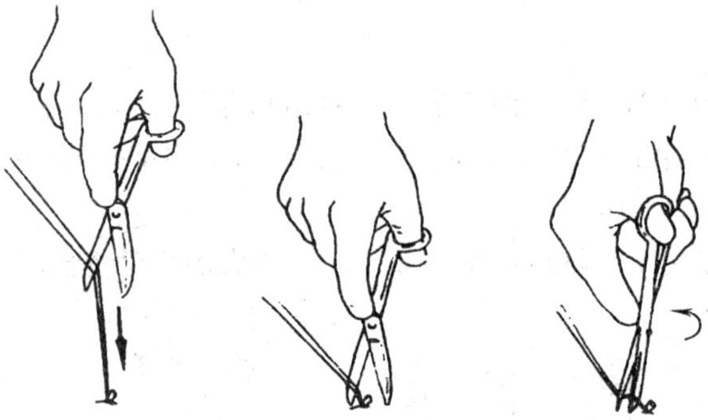

图 12-19 剪线方法

(五)软组织的缝合

1. 对接缝合

1)单纯间断缝合(图 12-20)

单纯间断缝合或称为结节缝合,是最古老、最常用的缝合方式。缝合时,将缝针引入 15～25 cm 缝线,于创缘一侧垂直刺入,于对侧相应的部位穿出打结;每缝一针,打一次结;缝合要求创缘密切对合;缝线距创缘距离,根据缝合的皮肤厚度来决定,小动物 3～5 mm,大动物0.8～1.2 cm;缝线间距要根据创缘张力来决定,使创缘彼此对合,一般间距 0.5～1.5 cm;打结在切口一侧,防止压迫切口。单纯间断缝合用于皮肤、皮下组织、筋膜、黏膜、血管、神经、胃肠道缝合。

单纯间断缝合的优点:操作容易,迅速;在愈合过程中,即使个别缝线断裂,其他邻近缝线不受影响,不致整个创面裂开;能够根据各种创缘的伸延张力正确调整每个缝线张力;如果创口有感染可能，可将少数缝线拆除排液；对切口创缘血液循环影响较小，有利于创伤的愈合。

单纯间断缝合的缺点：需要较长的时间和较多的缝线。

2)单纯连续缝合(图 12-21)

单纯连续缝合是用一条长的缝线自始至终连续地缝合一个创口，最后打结。缝合时，第一针和打结的操作同结节缝合，以后每缝一针之前，对合创缘，避免创口形成皱褶，使用同一缝线以等距离缝合，拉紧缝线，最后留下线尾，在一侧打结。其常用于具有弹性、无太大张力的较长创口，用于皮肤、皮下组织、筋膜、血管、胃肠道的缝合。

单纯连续缝合的优点是节省缝线和时间，密闭性好；缺点是一处断裂，全部缝线拉脱，创口哆开。

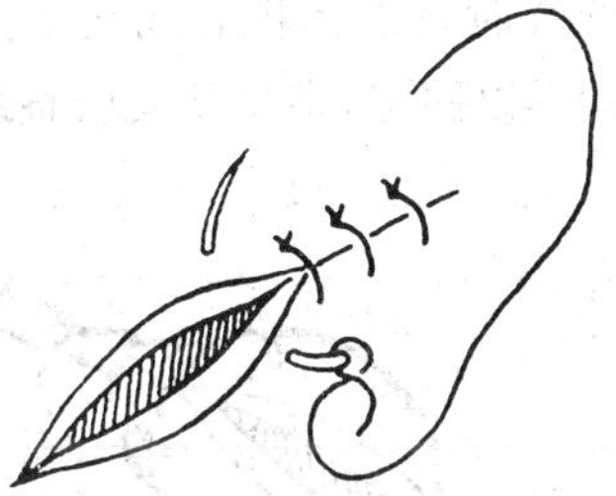

图 12-20　单纯间断缝合

图 12-21　单纯连续缝合

3)表皮下缝合(图 12-22)

表皮下缝合适用于小动物表皮下缝合。缝合时，在切口一端开始，缝针刺入真皮下，再翻转缝针刺入另一侧真皮，在组织深处打结，应用连续水平褥式缝合平行切口；最后缝针翻转刺向对侧真皮下打结，埋置在深部组织内。其一般选择可吸收性缝合材料。

表皮下缝合的优点是能消除普通缝合针孔的小瘢痕，操作快，节省缝线；缺点是连续缝合，张力强度较差。

4)压挤缝合法(图 12-23)

压挤缝合用于肠管吻合的单层间断缝合法。通过犬、猫肠管吻合的临床观察，认为该法是很好的吻合缝合法，也可用于大动物的肠管吻合。

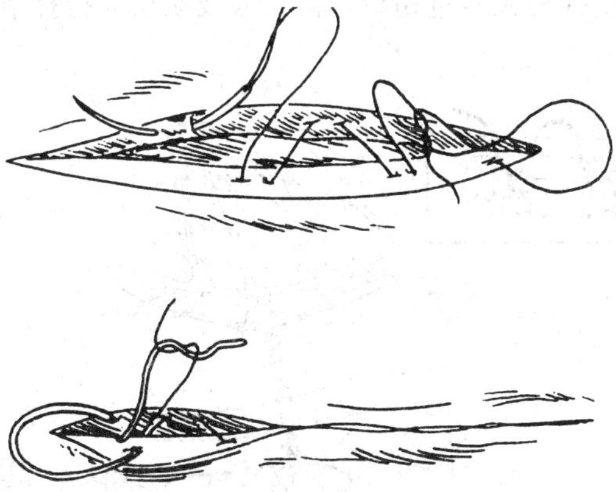

图 12-22　表皮下缝合

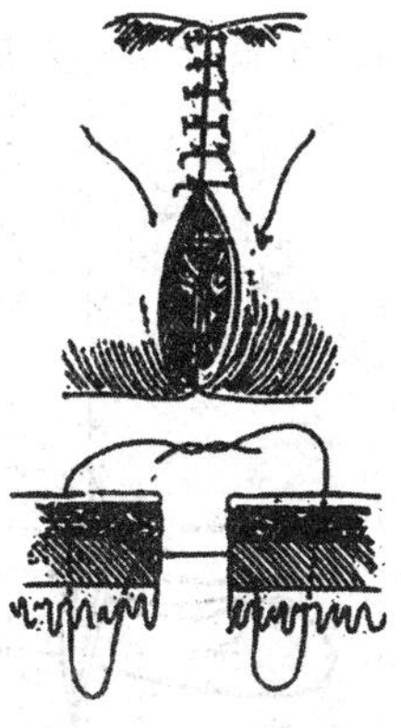

图 12-23　压挤缝合法

缝合时，缝针刺入浆膜、肌层、黏膜下层和黏膜层进入肠腔；在越过切口前，从肠腔再刺入黏膜到黏膜下层；越过切口，转向对侧，从黏膜下层刺入黏膜层进入肠腔；在同侧从黏膜层、黏膜下层、肌层到浆膜刺出肠表面；两端缝线拉紧、打结。这种缝合使浆膜、肌层相对接，黏膜、黏膜下层内翻。这种缝合使肠组织本身组织的相互压挤，能够很好地防止液体泄漏，有利于肠管吻合的密切对接和保持正常的肠腔容积。

5)十字缝合法(图 12-24)

使用十字缝合法进行缝合时，第一针开始，缝针从一侧到另一侧进行结节缝合，第二针平行第一针从一侧到另一侧穿过切口，缝线的两端在切口上交叉形成 X 形，拉紧打结。其用于张力较大的皮肤缝合。

6)连续锁边缝合法(图 12-25)

这种缝合方法与单纯连续缝合基本相似，在缝合时每次都将缝线交锁。此种缝合能使创缘对合良好，并使每针缝线在进行下一次缝合前就得以固定，多用于皮肤直线形切口及薄而活动性较大的部位缝合。

图 12-24　十字缝合法

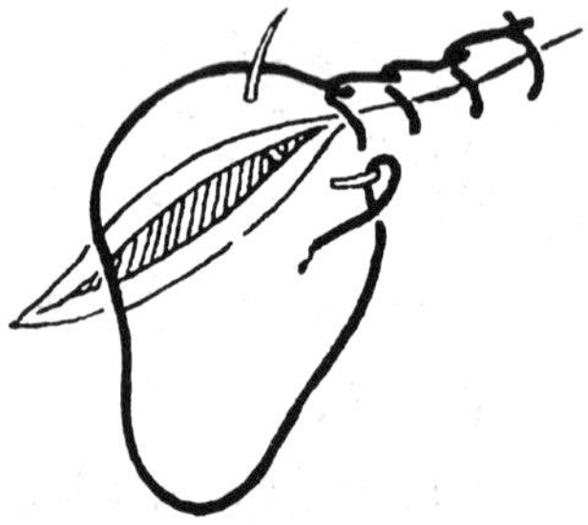

图 12-25　连续锁边缝合法

2. 内翻缝合

内翻缝合适用于胃肠、子宫、膀胱等空腔器官的缝合，主要有以下几种方法。

1)伦勃特氏缝合法

伦勃特氏缝合法又称为垂直褥式内翻缝合法，分为间断与连续两种，常用的为间断伦勃特氏缝合法；在胃肠或肠吻合时，用以缝合浆膜肌层。

(1)间断伦勃特氏缝合法(图 12-26)：缝线分别穿过切口两侧浆膜及肌层即行打结，使部分浆膜内翻对合，用于胃肠道的外层缝合。

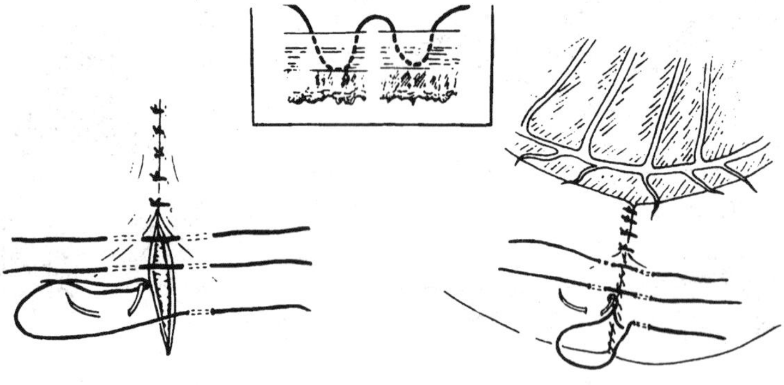

图 12-26　间断伦勃特氏缝合法

(2)连续伦勃特氏缝合法(图 12-27):于切口一端开始,先对一浆膜肌层进行间断内翻缝合,再用同一缝线对浆膜肌层进行连续缝合至切口另一端。其用途与间断内翻缝合相同。

2)库兴氏缝合法(图 12-28)

库兴氏缝合法又称连续水平褥式内翻缝合法,这种缝合法是从连续伦勃特氏缝合法演变来的;缝合方法是于切口一端开始先做一浆膜肌层间断内翻缝合,再用同一缝线平行于切口做浆膜肌层连续缝合至切口另一端;适用于胃、子宫浆膜肌层缝合。

图 12-27　连续伦勃特氏缝合法

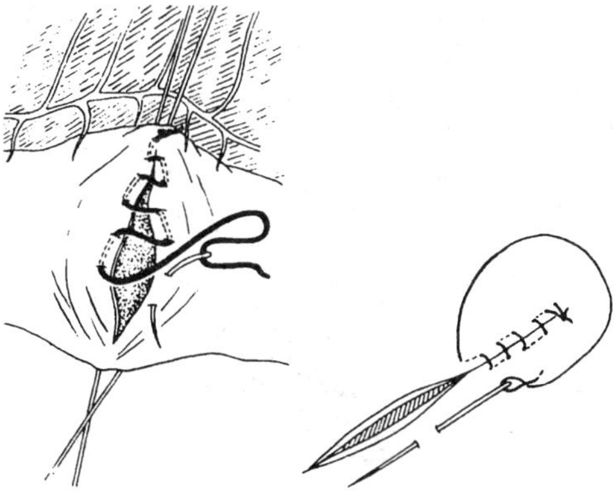

图 12-28　库兴氏缝合法

3)康乃尔氏缝合法(图 12-29)

这种缝合法与连续水平褥式内翻缝合法相同,仅在缝合时用缝针贯穿全层组织,当将缝线拉紧时,则肠管切面即翻向肠腔。其多用于胃、肠、子宫壁缝合。

4)荷包缝合法(图 12-30)

荷包缝合法,即做环状的浆膜肌层连续缝合,主要用于胃肠壁上小范围的内翻缝合,如缝合小的胃肠穿孔;此外还用于胃肠、膀胱造瘘等引流固定的缝合方法。

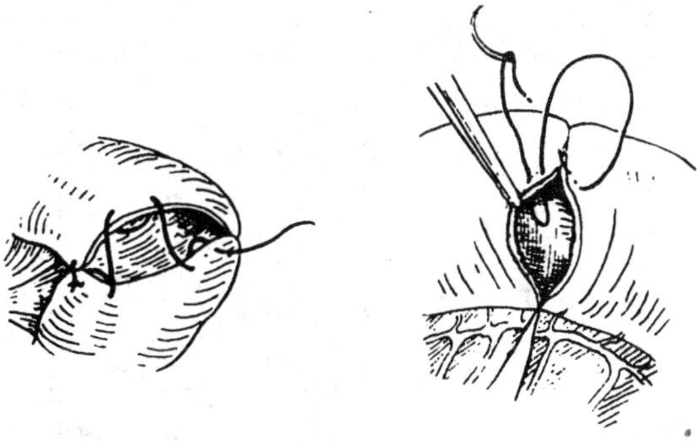

图 12-29　康乃尔氏缝合法

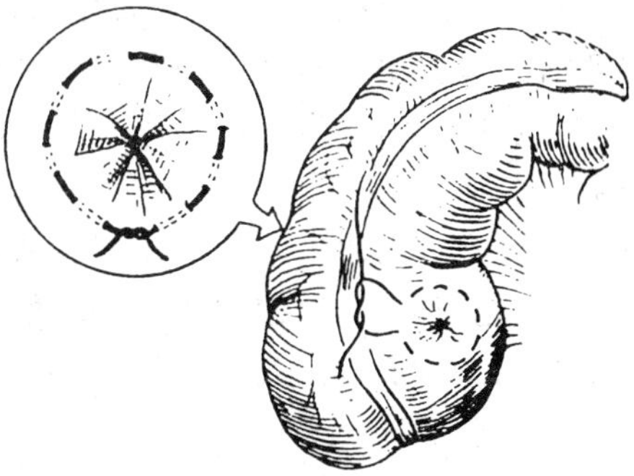

图 12-30　荷包缝合法

3. 张力缝合

1)间断垂直褥式缝合(图 13-31)

间断垂直褥式缝合是一种张力缝合。缝合时,缝针刺入皮肤,距离创缘约 8 mm,创缘相互对合,越过切口到相应对侧刺出皮肤;然后缝针翻转在同侧距切口约 4 mm 刺入皮肤,越过切口到相应对侧距切口约 4 mm 刺出皮肤,与另一端缝线打结。该缝合要求缝针刺入皮肤时,只能刺入真皮下,接近切口的两侧刺入点要求接近切口,这样皮肤创缘对合良好,不能外翻;缝线间距为 5 mm。

其优点是该缝合方法相较于水平褥式缝合具有较强的抗张力强度，对创缘的血液供应影响较小；缺点是缝合时需要较长的时间和较多的缝线。

2)间断水平褥式缝合(图 12-32)

间断水平褥式缝合是一种张力缝合，特别适用于马、牛和犬的皮肤缝合。缝合时，缝针刺入皮肤，距创缘 2～3 mm，创缘相互对合，越过切口到对侧相应部位刺出皮肤；然后缝线与切口平行向前约 8 mm，再刺入皮肤，越过切口到相应对侧刺出皮肤，与另一端缝线打结。该缝合要求缝针刺入皮肤时，只能刺在真皮下，不能刺入皮下组织，这样皮肤创缘对合才能良好，不出现外翻；根据缝合组织的张力，每个水平褥式缝合间距为 4 mm。

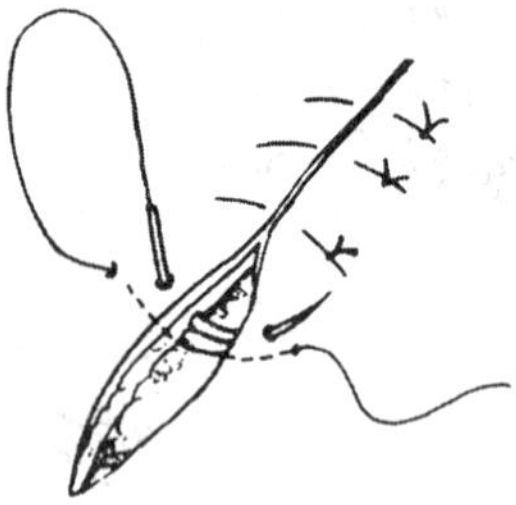

图 12-31 间断垂直褥式缝合

图 12-32 间断水平褥式缝合

间断水平褥式缝合的优点：使用缝线较节省，操作速度较快；具有一定的抗张力条件，对于张力较大的皮肤，可在缝线上放置胶管或纽扣，增加抗张力强度。

间断水平褥式缝合的缺点：该缝合方法对初学者操作较困难；根据水平褥式缝合的几何图形，该缝合能减少创缘的血液供应。

3)近远-远近缝合(图 12-33)

近远-远近缝合是一种张力缝合。缝合时，第一针接近创缘垂直刺入皮肤，越过创底，到对侧距切口较远处垂直刺出皮肤；翻转缝针，越过创口到第一针刺入侧，距创缘较远处，垂直刺入皮肤；越过创底，到对侧距创缘近处垂直刺出皮肤，与第一针缝线末端拉紧打结。

该缝合方法的优点是创缘对合良好，具有一定的抗张力强度；缺点是切口处有双重缝线，需要缝线数量较多。

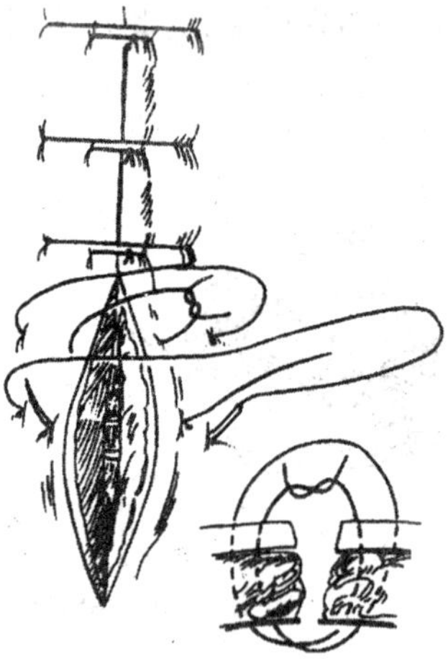

图 12-33 近远-远近缝合

4. 各种软组织的缝合技术

1)皮肤的缝合

缝合前创缘必须对好，缝线要在同一深度将两侧皮下组织拉拢，以免皮下组织内遗留空隙，滞留血液或渗出液易引起感染。缝合时，两侧针眼距创缘 1～2 cm，距离要相等。皮肤缝合采用间断缝合，缝合反应在创缘侧面打结，打结不能过紧。皮肤缝合完毕后，必须再次将创缘对好。

2)皮下组织的缝合

缝合时要使创缘两侧皮下组织相互接触，一定要消除组织的空隙；使用可吸收性缝线，打结应埋置在组织内。

3)筋膜的缝合

对筋膜缝合时应考虑其张力强度。筋膜的切口应该与张力线平行,而不能垂直于张力线。所以,筋膜缝合时,要垂直于张力线,使用间断缝合。缝合时,若大量筋膜切除或缺损,应使用垂直褥式或远近-近远等张力缝合法。

4)肌肉的缝合

对肌肉缝合时,要求将纵行纤维紧密连接,瘢痕组织生成后,不能影响肌肉收缩功能。缝合时,应用结节缝合分别缝合各层肌肉。当小动物手术时,肌肉一般是纵行分离而不切断,因此,肌肉组织经手术细微整复后,可不需要缝合。对于横断肌肉,因其张力大,应该在麻醉或使用肌松剂的情况下连同筋膜一起缝合,进行结节缝合或水平褥式缝合。

5)腹膜的缝合

腹膜缝合时必须完全闭合,不能使网膜或肠管漏出或钳闭在缝合切口处。

6)血管的缝合(图 12-34)

血管缝合常见的并发症是出血和血栓的形成。故缝合时,操作要轻巧、细致、不得损伤血管壁;血管端端吻合要严格执行无菌操作,防止感染;血管内膜紧密相对,因此,血管的边缘必须外翻,让内膜接触,外膜不得进入血管腔;缝合处不宜有张力,血管不能有扭转;血管吻合时,应该用弹力较低的无损伤的血管夹阻断血流;缝合处要有软组织覆盖。

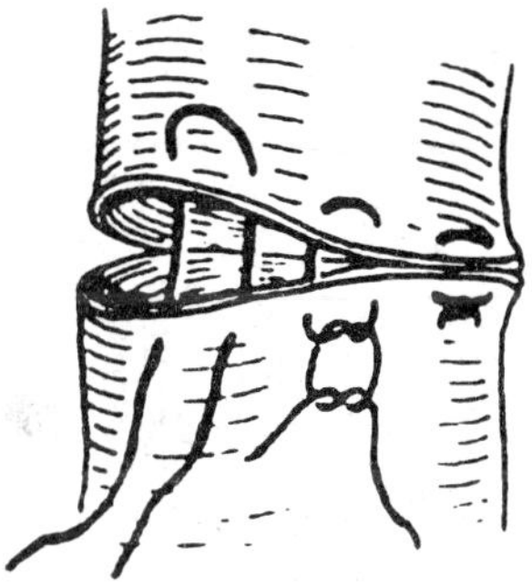

图 12-34　血管的缝合

7)神经的缝合

神经缝合应具备的条件:操作要轻柔;有精细的缝合器械;神经横断面要准确对合,避免神经鞘内和神经周围出血;缝合时,不能损伤神经组织。

神经缝合根据损伤程度的不同,可分为端端缝合和部分端端缝合两种。

(1)端端缝合:用以修复神经干完全断裂。对新鲜的损伤,经清创后,用利刃修切神经干两断端使断面整齐,然后在神经两端的内、外侧各缝一针,作为固定牵引线,按 2～3 mm 的针距,2 mm 左右的边距用细丝线进行结节或单纯连续缝合;前侧缝合完毕后,调换固定缝线,使神经翻转 180°,以同法缝合后侧(图 12-35);缝合后,神经置于健康肌肉或皮下组织内覆盖。

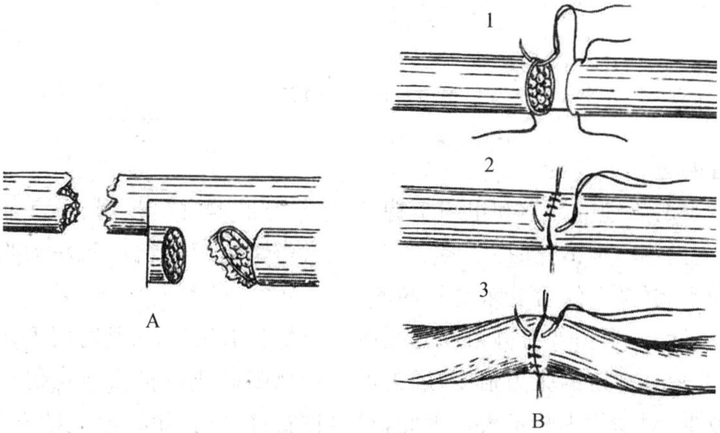

图 12-35　神经的缝合

(2)部分端端缝合：用于修复部分断裂的神经干，对新鲜的神经部分切割断面整齐者，可直接进行结节缝合；反之，用利刃切除损伤部分，再行部分端端缝合。

对晚期神经部分断裂伤，应将神经充分显露并游离出来，在健康与损伤的交界处，纵切神经外膜，仔细地分开损伤与正常的神经束，切除神经纤维瘤或疤痕组织，将两断端对合后进行结节缝合；缝合时要消除部分张力，以免断端接触不良，妨碍神经再生。

8)腱的缝合

腱的断端应紧密连接，如果末端间有裂缝被结缔组织填补，将影响腱的功能。缝合时，操作要轻柔，不能使腱的末端受到挫伤而引起坏死；若缝合部位周围粘连，会妨碍腱愈合后的运动，因此，腱的缝合要求腱鞘要保留或重建，腱、腱鞘和皮肤的缝合部位，不要相互重叠，以减少腱周围的粘连；手术必须在无菌操作下进行。

腱的缝合使用白奈尔氏(Bunnell)缝合(图 12-36)，缝线放置在腱组织内，保持腱的滑动机能。腱鞘的缝合采用结节缝合，使用非吸收性缝合材料，特别使用特制的细钢丝缝合。肢体固定是非常重要的，至少要进行肢体固定 3 周，使缝合的腱组织不能有任何张力。

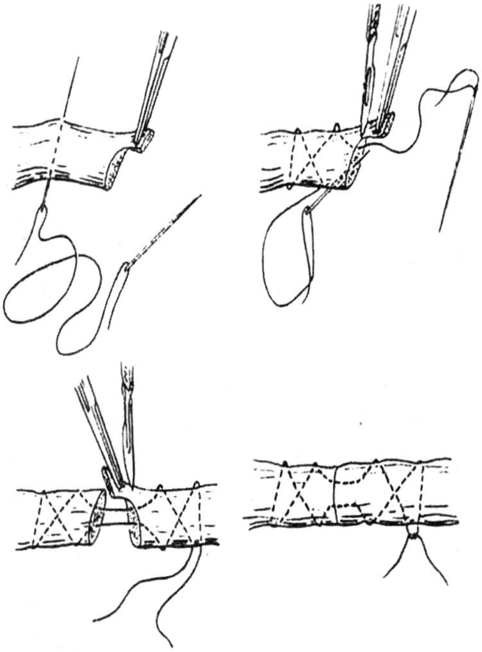

图 12-36 腱的缝合

9)空腔器官的缝合

根据空腔器官的生理解剖学和组织学特点，缝合空腔器官(胃、肠、子宫、膀胱)时，要求良好的密闭性，防止内容物泄漏；保持空腔器官的正常解剖组织学结构和蠕动收缩机能。因此，对于不同动物和不同器官，缝合要求是不同的。

犬、猫的胃的缝合：胃内具有高浓度的酸性内容物和消化酶，故缝合时要求良好的密闭性，防止污染；缝线要保持一定的张力强度，因为术后动物呕吐或胃扩张会对切口产生较强压力，术后胃腔容积减少，对动物影响不大。因此，对胃进行缝合时，第一层连续全层缝合或连续水平褥式内翻缝合，第二层缝合在第一层缝合上面，采用浆肌层间断或连续垂直褥式内翻缝合。

小肠的缝合：小肠血液供应好，肌肉层发达，其解剖特点是低压力导管，而不是蓄水囊；内容物是液态的，细菌含量少。小肠缝合后 3～4 h，纤维蛋白覆盖、密封在缝线上，产生良好的密闭条件，术后肠内容物泄漏发生机会较少。由于小肠肠腔较小，缝合时防止肠腔狭窄是重要的。马的小肠缝合可以使用内翻缝合，但是要避免较多组织内翻引起肠腔狭窄；小动物(犬、猫)的小肠缝合使用单层对接缝合。常用的压挤缝合法能达到良好对接，不易发生泄漏、狭窄和感染；缝合切口愈合快，有少量纤维结缔组织沉积，反应轻微；愈合后瘢痕较小，肠腔直径变化很小。

大肠缝合：大肠内容物是固态，细菌含量多。大肠缝合的并发症是内容物泄漏和感染，内翻缝合是唯一安全的方法。内翻缝合是将浆膜与浆膜对合，防止肠内容物泄漏，并能保持足够的缝合张力强度；采用第一层连续全层或连续水平内翻缝合，第二层采用间断垂直褥式浆肌层内翻缝合。内翻缝合部位的血管因受到压迫，血流阻断，术后第 3 天黏膜水肿、坏死；第 5 天内翻组织脱落，黏膜下层、肌层和浆膜保持接合强度；术后 14 d 左右瘢痕形成，炎症反应消失。

子宫缝合：剖腹取胎术实行子宫缝合有其特殊的意义，因为子宫缝合不良会导致母畜不孕、术后出血和腹腔内粘连。

母牛子宫缝合：首先在子宫浆膜面做斜行刺口，使第一个结埋置在内翻的组织内；然后进行连续库兴氏缝合，每针都斜行刺入，但是不穿透子宫内膜；浆膜与浆膜紧密对合，缝线埋置在内翻的组织内，而连续缝合的最后一个结也要求埋置在组织内，不使其暴露在子宫浆膜表面。这种缝合方法，使缝线不但不能在子宫表面暴露，而且也不在子宫内膜露出。所以，该法能防止缝线和打结与内脏器官粘连，特别是缝线和打结不露在子宫内膜面上，不易引起慢性子宫内膜炎。临床资料证明，该法使剖宫产后生育率明显提高。

对犬、猫的空腔器官缝合时，要求使用小规格缝线，因为大规格缝线通过组织时，对组织损伤严重。空腔器官缝合时，最好使用无损伤性缝针、圆体针，以减少组织损伤。

10)实质器官的缝合(图 12-37)

实质器官包括肝、肾、脾等组织。由于不同的器官组织解剖结构不同，其缝合方法是不同的。

脾组织非常脆弱，如果脾损伤，不能缝合，只能实行脾摘除术。

肝的缝合分为浅表裂创、创面无活动性出血两种情况，可用 1～0 号肠线进行结节缝合修补，每针相距 1～1.5 cm。当肝发生较深裂创时，可选择褥式缝合。当肝组织小范围缺损时，

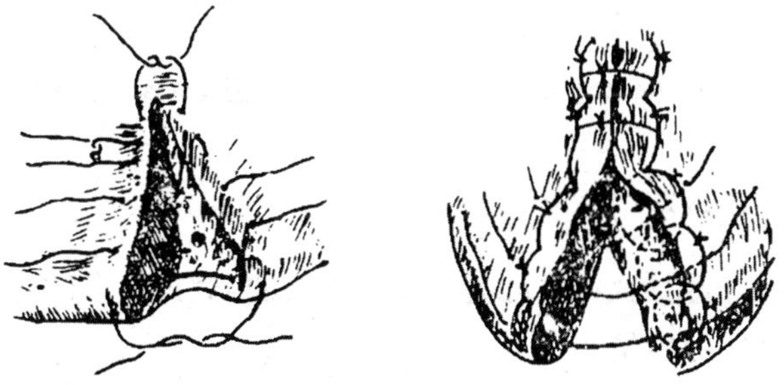

A　　B

图 12-37　实质器官的缝合

注：图片来源于《兽医外科学》(丁明星主编)。

可在创面填塞带蒂大网膜后，再以1～0号肠线对创口两侧进行贯穿缝合，缝线先穿过大网膜，后穿过肝实质；当肝组织完全断裂，创面有活动性出血时，应该先结扎出血点，将血管从创面钝性分离、结扎，然后以1～0号肠线平行创缘进行一排褥式缝合，再在上述褥式缝合外方，以1～0号肠线进行两侧贯穿缝合，使创口对合。

进行肾缝合时，肾组织被切开后，对小的出血点压迫止血即可；然后用手指将两瓣切开的肾组织紧密对合，轻轻压迫，使内纤维蛋白胶接起来，不需要肾组织褥式缝合，只需要连续缝合肾被膜，这称为无缝合肾切开闭合性。

（六）骨的缝合

骨的缝合是应用不锈钢丝或其他金属丝进行全环扎术和半环扎术。

1. 全环扎术

全环扎术（图12-38）是应用不锈钢丝紧密缠绕360°，固定骨折断端，可使骨折断片充分整复。全环扎术适用于长度大于骨直径两倍以上的斜形骨折，不适用短的斜形骨折；适用于圆柱形骨，例如股骨、肱骨、胫骨等，如果用于圆锥形骨，容易滑脱，应该在骨皮质上做成缺口；配合骨髓针内固定，效果最好；不适用于应用邻近关节和骨骺端的固定。一个金属丝不能同时固定邻近的两个骨，例如桡骨和尺骨。全环扎术必须同时由两个金属丝固定，间距不少于1 cm，距骨折断端不少于5 mm。骨折处固定若只应用一个金属丝缠绕不确实，容易滑脱。

2. 半环扎术

利用金属丝通过每个骨断片上钻的小孔，将骨折端连接、固定的方法称为半环扎术。半环扎术是将金属丝从皮质穿入骨髓腔，由对侧骨折断片皮质穿出，然后将两个金属末端拧紧（图12-39）。这种方法容易出现骨断片旋转，若配合螺钉固定，可以避免骨断片旋转。

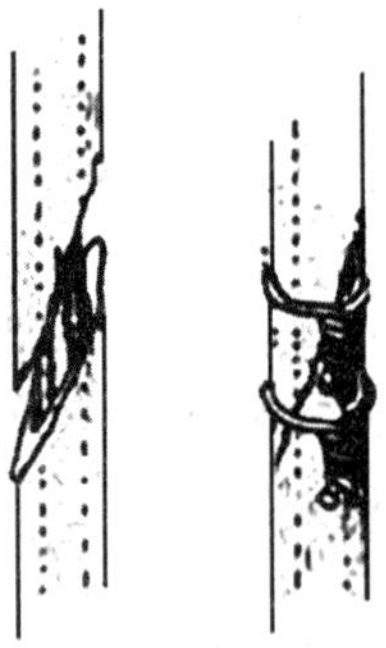

图12-38 全环扎术

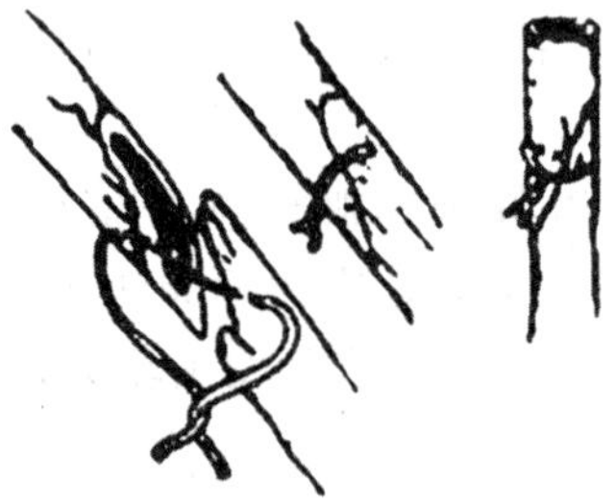

图12-39 半环扎术

（七）组织缝合的注意事项

（1）目前外科临床中所用的缝线（可吸收或不吸收的）对机体来讲均为异物，因此在缝合过程中要尽可能地减少缝线的用量。

（2）缝线在缝合后的张力与缝合的密度（即针数）成正比，但为了减少伤口内的异物，缝合的针数不宜过多，一般间隔为1～1.5 cm，使每针所加于组织的张力相近似，以便均匀地分担组织张力。缝合时不可过紧或过松，过紧引起组织缺氧，过松引起对合不良，以致影响组织愈合。皮肤缝合后应将积存的液体排出，以免造成皮下感染和线结脓肿。

(3)连续缝合虽有力量分布均匀、抗张力较间断缝合强的优点,但也有一处断裂则全部缝线松脱,伤口裂开的缺点。

(4)组织应按层次进行缝合。较大的创伤要由深而浅逐层缝合,以免影响愈合或裂开;浅而小的伤口,一般只选择单层缝合,但缝线必须通过各层组织,缝合时应使缝针与组织呈直角刺入,拔针时要按针的弧度和方向拔出。

(5)根据腔性器官的生理解剖和组织学上的特点,缝合时应注意以下问题:缝合时要求闭合性好、不漏气、不透水,更不能让内容物溢入腹腔,保持原有的收缩功能,为此,缝合时应尽量采用小针、细线,缝合组织要少;除第一道选择单纯连续缝合外,对于肠管,第二道一般不宜做一周性的连续缝合,以免形成一个缺乏弹性的瘢痕环,收缩后发生狭窄,影响功能;腔性器官缝合的基本原则是使切开的浆膜向腔体内翻,浆膜面相对,借助于浆膜上的间皮细胞在受损后析出的纤维蛋白原,在酶的作用下很快凝固为纤维蛋白黏附在缝合部,修补创伤,为此,在第二道缝合时均应以浆膜对浆膜的内翻缝合。

六、拆线技术

拆线是指拆除皮肤缝线。缝线拆除的时间,一般是在手术后 7～8 d 进行,凡营养不良、贫血、年龄较大、缝合部位活动性较大、创缘呈紧张状态等,应适当延长拆线时间,但当创伤已化脓或创缘已被缝线撕断不起缝合作用时,可根据创伤治疗需要随时拆除全部或部分缝线。拆线方法如下。

(1)用碘酊消毒创口、缝线及创口周围皮肤后,将线结用镊子轻轻提起,剪刀插入线结下,紧贴针眼将线剪断。

(2)拉出缝线:拉线方向应向拆线的一侧,动作要轻巧,如强行向对侧硬拉,则可能将伤口拉开。

(3)再次用碘酊消毒创口及周围皮肤。拆线方法如图 12-40 所示。

图 12-40　拆线

七、包扎技术

包扎是利用敷料和卷轴绷带、复绷带、夹板绷带、支架绷带及石膏绷带等材料包扎止血,保护创面,防止自我损伤,吸收创液,限制活动,使创伤保持安静,促进受伤组织愈合的方法。

(一)包扎类型

根据敷料、绷带的性质及其不同用法,包扎法有以下几类。

1. 干绷带法

干绷带法又称干敷法,是临床上最常用的包扎法。凡敷料不与其下层组织粘连的均可用此法包扎。本法有利于减轻局部肿胀,吸收创液,保持创缘对合,提供干净的环境,促进愈合。

2. 湿敷法

对于严重感染、脓汁多和组织水肿的创伤，可用湿敷法。此法有助于除去创内湿性组织坏死，降低分泌物黏性，促进引流等。根据局部炎症的性质，可采用冷敷、热敷包扎。

3. 生物学敷法

生物学敷法是指皮肤移植，即将健康的动物皮肤移植到缺损处，消除创面，加速愈合，减少瘢痕的形成。

4. 硬绷带法

硬绷带是指夹板和石膏绷带等。这类绷带可限制动物活动，减轻疼痛，降低创伤应激，缓解缝线张力，防止创口裂开和术后肿胀等。

根据绷带使用的目的，通常有各种命名。例如，利用局部加压借以阻断或减轻出血及制止淋巴液渗出，以预防水肿和创面肉芽过剩为目的而使用的绷带，称为压迫绷带；为防止微生物侵入伤口和避免外界刺激而使用的绷带，称为创伤绷带；当骨折或脱臼时，为固定肢体或体躯某部，以减少或制止肌肉和关节不必要的活动而使用的绷带，称为制动绷带。

(二)包扎材料及其应用

1. 敷料

常用的敷料有纱布、海绵纱布及棉花等。

纱布要求质软、吸水性强。包扎时多选用医用的脱脂纱布。根据需要，将纱布剪叠成不同大小的纱布块，其纱布块四边要光滑、没有脱落棉纱，并用双层纱布包好，高压蒸汽灭菌后备用。纱布用以覆盖创口、止血、填充创腔和吸液等。

海绵纱布是一种多孔皱褶的纺织品(一般是棉制的)，质地柔软，吸水性比纱布好，其用法同纱布。

棉花选用脱脂棉花。棉花不能直接与创面接触，应先放纱布块，棉花则放在纱布上。为此，常可预制棉垫，即在两层纱布间铺一层脱脂棉，再将纱布四周毛边向棉花折转，使其呈方形或长方形棉垫。其大小按需要制作。棉花也是四肢骨折外固定的重要敷料。棉花在使用前应高压灭菌。

2. 绷带

多由纱布、棉布等制作成圆筒状绷带，故称之为卷轴绷带，用途最广。另根据绷带的临床用途及其制作材料的不同，还有其他绷带命名，如复绷带、夹板绷带、支架绷带、石膏绷带等。现将绷带及其临床应用分述于后。

绷带按其制作材料可分纱布绷带、棉布绷带、弹力绷带和胶带 4 种。

纱布绷带是临床上常用的绷带，有多种规格，长度一般为 6 m，宽度有 3 cm、5 cm、7 cm、10 cm 和 15 cm 不等。应根据临床需要选用不同规格的绷带。纱布绷带质地柔软、压力均匀、价格便宜，但在使用时易起皱、滑脱。

棉布绷带用本色棉布按上述规格制作。因其原料厚，坚固耐洗，施加压力不变形或断裂，常用以固定夹板、肢体等。

弹力绷带是一种弹性网状织品，质地柔软，包扎后有伸缩力，故常用于烧伤、关节损伤等。此绷带不与皮肤、被毛粘连，故拆除时动物无不适感。

胶带是包扎不可缺少的材料。目前多数胶带是多孔的，能让空气进入其下层纱布、创面，免除创口因潮湿、不透气而影响蒸发。我国目前多用布制胶带，也称胶布或橡皮膏。胶带使用时难撕开，需用剪刀剪断。在包扎时，通常将动物包扎部位局部被毛剃除，盖上敷料后，多用胶布条粘贴在敷料及皮肤上将其固定；也可在使用纱布或棉布绷带后，再用胶带缠绕固定。

（三）基本包扎法

卷轴绷带多用于家畜四肢游离部、尾部、角头部、胸部和腹部等。包扎时，一般以左手持绷带的开端，右手持绷带卷，以绷带的背面紧贴肢体表面，由左向右缠绕；当第一圈缠好之后，将绷带的游离端反转盖在第一圈绷带上，再缠第二圈压住第一圈绷带；然后根据需要进行不同形式的包扎法缠绕，但无论用何种包扎法，均应以环形开始并以环形终止；包扎结束后，将绷带末端剪成两条打个半结，以防撕裂；最后打结于肢体外侧，或以胶布将末端加以固定。卷轴绷带的基本包扎法有如下方法。

1. 环形包扎法

环形包扎法用于其他形式包扎的起始和结尾，以及用于系部、掌部、跖部等较小创口的包扎。其方法是在患部把卷轴带呈环形缠数周，每周盖住前一周，最后将绷带末端剪开打结或以胶布加以固定（图12-41）。

2. 螺旋形包扎法

螺旋形包扎法是将绷带以螺旋形由下向上缠绕，每后一圈遮盖前一圈的1/3～1/2。其用于掌部、跖部及尾部等的包扎（图12-42）。

3. 折转包扎法

折转包扎法又称螺旋回反包扎，用于上粗下细径圈不一致的部位，如前臂和小腿部。其方法是由下向上做螺旋形包扎，每一圈均应向下回折；逐圈遮盖上圈的1/3～1/2（图12-43）。

图12-41　环形包扎法

图12-42　螺旋形包扎法

图12-43　折转包扎法

4. 蛇形包扎法

蛇形包扎法或称蔓延包扎法，缠绕时将绷带斜行向上延伸，各圈互不遮盖。其用于固定夹板绷带（图12-44）。

5. 交叉包扎法

交叉包扎法又称"8"字形包扎，用于腕、跗、球关节等部位，方便关节屈曲。该方法是用绷带在关节下方做一环形带，然后在关节前面斜向关节上方做一周环形带后，再斜行经过关节前面至关节之下方。如上操作至患部完全被包扎住，最后以环形带结束（图12-45）。

图 12-44 蛇形包扎法

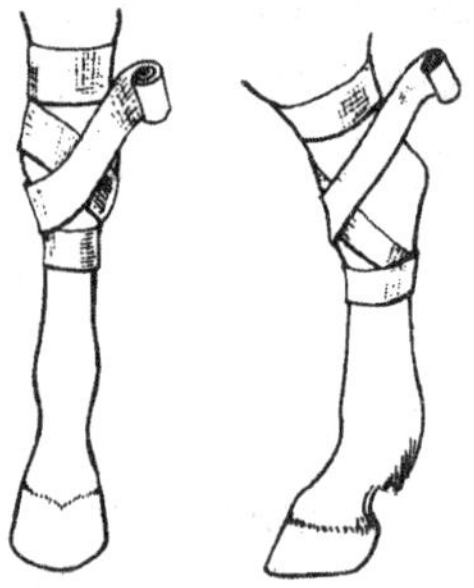

图 12-45 交叉包扎法

(四)各部位包扎法

1. 蹄包扎法

蹄包扎法是将绷带的起始部留出约 20 cm 作为缠绕的支点，在系部做环形包扎数圈后，绷带由一侧斜向经蹄前壁向下，折过蹄尖经过蹄底至踵壁时与游离部分扭缠，以反方向由另一侧斜向经蹄前壁做经过蹄底的缠绕；同样操作至整个蹄底被包扎，最后与游离部打结，固定于系部。为防止绷带被玷污，可在外部加上帆布套(图 12-46)。

2. 蹄冠包扎法

包扎蹄冠时，将绷带两个游离端分别卷起，并以两头之间背部覆盖于患部，包扎蹄冠，使两头在患部对侧相遇，彼此扭缠，以反方向继续包扎，每次相遇均行相互扭缠，直至蹄冠完全被包扎为止；最后打结于蹄冠创伤的对侧(图 12-47)。

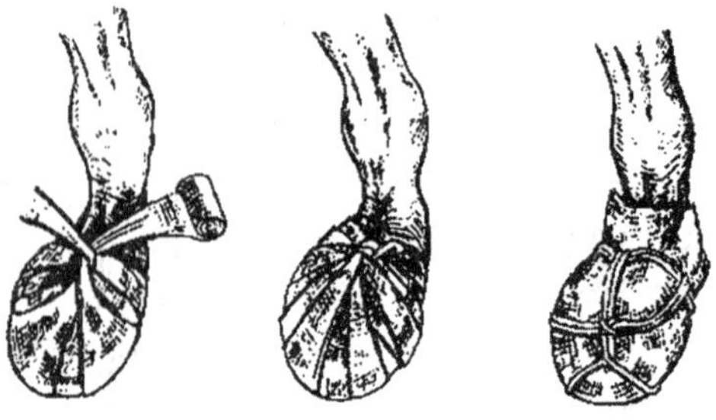

1 2 3

图 12-46 蹄包扎法

图 12-47 蹄冠包扎法

3. 角包扎法

角包扎法用于角壳脱落和角折。包扎时先用一块纱布盖在断角上，用环形包扎固定纱布，再用另一角作为支点，以“8”字形缠绕，最后在健康的角根处环形包扎打结(图 12-48)。

4. 尾包扎法

尾包扎法用于尾部创伤或用于后躯、肛门、会阴部施术前、后固定尾部。应用尾包扎法时，先在尾根做环形包扎，然后将部分尾毛折转向上做尾的环形包扎后，将折转的尾毛放下，做环形包扎，目的是防止包扎滑脱；如此反复多次，用绷带做螺旋形缠绕至尾尖时，将尾毛全部折转做数周环形包扎后，绷带末端通过尾毛折转所形成的圈内(图 12-49)。

5. 耳包扎法

耳包扎法用于耳外伤，主要有以下几种类型。

垂耳包扎法：先在患耳背侧安置棉垫，将患耳及棉垫反折使其贴在头顶部，并在患耳耳郭内侧填塞纱布；然后绷带从耳内侧基部向上延伸到健耳后方，并向下绕过颈上方到患耳，再绕到健耳前方；如此缠绕3～4圈将耳包扎。

竖耳包扎法：先用纱布或材料做成圆柱形支撑物填塞于两耳郭内；再分别用短胶布条从耳根背侧向内缠绕，每条胶布断端相交于耳内侧支撑上，依次向上贴紧；最后用胶带“8”字形包扎将两耳拉紧竖直(图12-50)。

图12-48　角包扎法

图12-49　尾包扎法

图12-50　竖耳包扎法

(五)包扎的注意事项

(1)按包扎部位的大小、形状选择宽度适宜的绷带。绷带过宽则使用不便，包扎不平；绷带过窄则难以固定，包扎不牢固。

(2)包扎时要求迅速确实，用力均匀，松紧适宜，避免一圈松一圈紧；压力不可过大，以免发生循环障碍，但也不宜过松，以防脱落或固定不牢。在操作时绷带不得脱落、被污染。

(3)在临床治疗中不宜使用湿绷带进行包扎，因为其不仅会刺激皮肤，而且容易造成感染。

(4)对四肢的包扎须按静脉血流方向，从四肢的下部开始向上包扎，以免静脉淤血。

(5)包扎至最后末端时，应妥善固定好绷带以免松脱，一般用胶布贴住比打结更为光滑、平整、舒适。如果采用末端撕开系结，则结扣不可置于隆突处或创面上。结的位置也应避免因动物啃咬而松结。

(6)包扎应美观，绷带应平整无折皱，以免发生不均匀的压迫；交叉或折转应成一线，每圈遮盖多少要一致，并除去绷带边上活动的线头。

(7)解除绷带时，先将末端的固定结松开，再朝缠绕反方向以双手相互传递松解；解下的部分应握在手中，不要拉得很长或拖在地上；紧急时可以用剪刀剪开。

(8)对破伤风等厌气菌感染的创口，尽管做过一定的外科处理，也不宜用绷带包扎。

(六)复绷带和结系绷带

1. 复绷带

复绷带是按畜体一定部位的形状而缝制，具有一定结构、大小的双层盖布，在盖布上缝合若干布条以便打结固定。复绷带虽然形式多样，但都要求装置简便、固定确实。常用的复绷带见图12-51。装置复绷带时的注意事项如下。

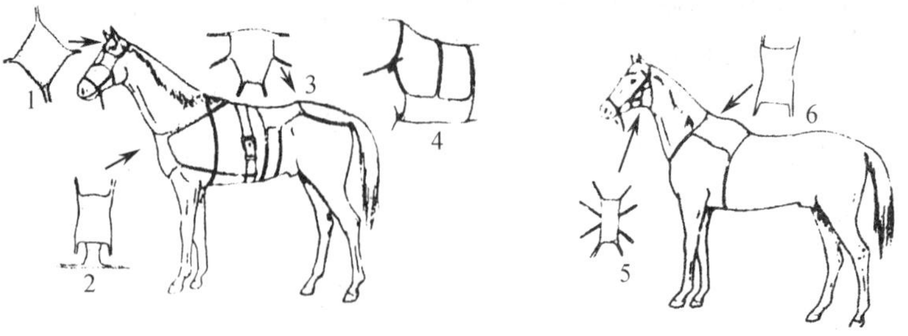

图 12-51　复绷带

(1)盖布的大小、形状应适合患部解剖形状和大小的需要,否则外物易进入患部。

(2)包扎固定须牢靠,以免家畜运动时绷带松动。

(3)绷带的材料与质地应优良,以便经过处理后反复使用。

2. 结系绷带

结系绷带或称缝合包扎,是用缝线代替绷带固定敷料的一种保护手术创口或减轻伤口张力的绷带。结系绷带可装在畜体的任何部位,其方法是在圆枕缝合的基础上,利用游离的线尾,将若干层灭菌纱布固定在圆枕之间和创口之上(图 12-52)。

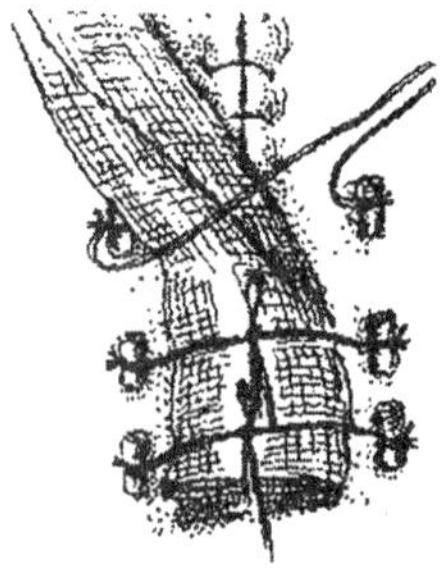

图 12-52　结系绷带

(七)夹板绷带和支架绷带

1. 夹板绷带

夹板绷带是借助于夹板保持患部安静,避免加重损伤、移位和使伤部进一步复杂化的起制动作用的绷带,可分为临时夹板绷带和预制夹板绷带两种。前者通常用于骨折、关节脱位时的紧急救治,后者可作为较长时期的制动。

临时夹板绷带可用胶合板、普通薄木板、竹板、树枝等作为夹板材料。小动物也选用压舌板、硬纸壳、竹筷子作为夹板材料。预制夹板绷带常用金属丝、薄铁板、木料、塑料板等制成适合四肢解剖形状的各种夹板。另外,对于小动物,采用厚层棉花和绷带的包扎也起到夹板作用。无论临时夹板绷带或预制夹板绷带,皆由衬垫的内层、夹板和各种固定材料构成。

夹板绷带的包扎方法(图 12-53)是,先将患部皮肤洗净,包上较厚的棉花、纱布、棉花垫或毡片等衬垫,并用蛇形或螺旋形包扎法加以固定,然后再装置夹板。夹板的宽度视需要而定,长度既应包括骨折部上、下两个关节,使上、下两个关节同时得到固定,又要短于衬垫材料,避免夹板两端损伤皮肤。最后用绷带螺旋包扎或结实的细绳加以捆绑固定。铁制夹板可加皮带固定。

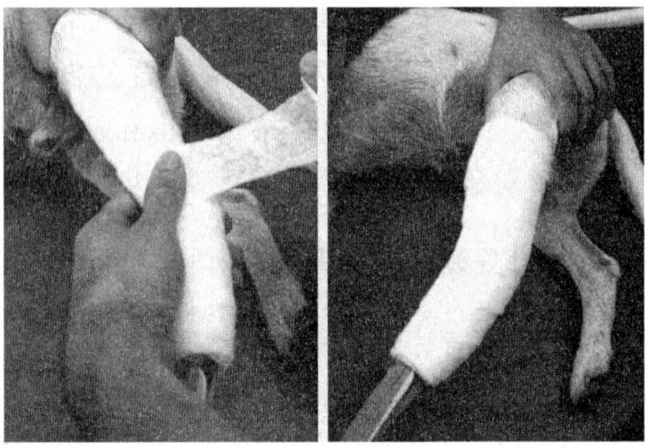

图 12-53　夹板绷带的包扎方法

2. 支架绷带

支架绷带是在绷带内作为固定敷料的支持装置。这种绷带应用于家畜的四肢时,用套有橡皮管的软金属或细绳构成的支架,借以牢靠地固定敷料，而不因动物走动失去它的作用。对小动物的四肢固定时常用改良托马斯（Thomas）氏支架绷带。其支架多用铝棒根据动物肢体长短和肢体上部粗细自制。应用在鬐甲、腰背部的支架绷带为被纱布包住的弓状金属支架，使用时可用布条或细软绳将金属架固定于患部。

支架绷带具有防止摩擦、保护创伤、保持创伤安静和通气的作用，因此为创伤的愈合提供了良好的条件。

（八）硬化绷带

1. *石膏绷带*

石膏绷带是在淀粉液浆制过的大网眼纱布上加上锻制石膏粉制成的。这种绷带用水浸泡后质地柔软，可塑制成任何形状敷于伤肢，一般十几分钟后开始硬化，干燥后成为坚固的石膏夹。根据这一特性，石膏绷带应用于整复后的骨折、脱位的外固定或矫形都可得到满意的效果。

当患开放性骨折或有伴发创伤的其他四肢疾病时，为了观察和处理创伤，常使用有窗石膏绷带。“开窗”的方法：在创口上覆盖灭菌的创伤压布，将大于创口的杯子或其他器皿放于布巾上；杯子固定后，绕过杯子按前法缠绕石膏绷带，在石膏未硬固之前用刀做窗，取下杯子即成窗口，窗口边缘用石膏泥涂抹平。有窗石膏绷带虽然有便于观察和处理创伤的优点，但也有可引起静脉淤血和创伤肿胀的缺点。若窗孔过大，往往会影响绷带的坚固性。

为了满足治疗上的需要和不影响绷带的坚固性，可采用桥形石膏绷带。其制作方法是用 5～6 层卷轴石膏绷带缠绕于创伤的上、下部，作为窗孔的基础，待石膏硬化后于无石膏绷带部分的前、后、左、右各放置一条弓形金属板即“桥”，代替一段石膏绷带的支持作用，金属板的两端放置在患部上、下方绷带上，然后再缠绕 3～4 层卷轴石膏绷带加以固定（图 12-54）。

在兽医临床上，有时为了加强石膏绷带的硬度和固定作用，可在卷轴石膏绷带缠绕后的第 3 层、第 4 层（大动物）或第 1 层、第 2 层（小动物）暂停缠绕，修整平滑并置入夹板材料，使之成为石膏夹板绷带。

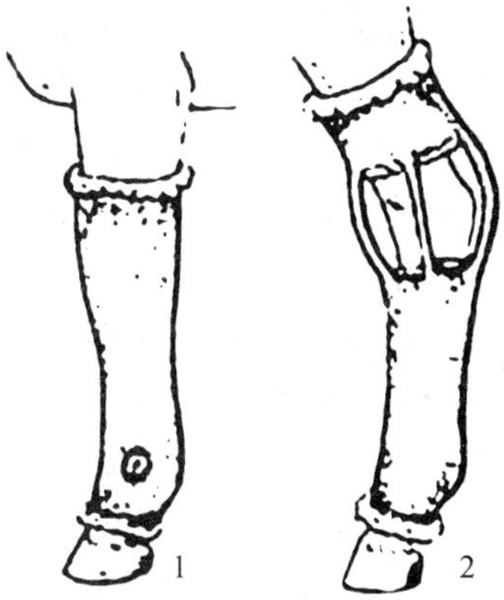

图 12-54　石膏绷带“开窗”

1）包扎石膏绷带时的注意事项

（1）将一切物品备齐后再开始操作，以免临时出现问题延误时间。由于水的温度直接影响着石膏硬化时间（水温降低会延缓硬化过程），应予以注意。

（2）病畜必须保定确实，必要时可进行全身或局部麻醉。

（3）装置石膏绷带前必须整复解剖位置，使病肢的主要力线和肢轴尽量一致，为此，在装置前最好应用 X 线摄片检查。

（4）当动物长骨骨折时，为了达到抑制其行动目的，一般应固定上、下 2 个关节。

（5）骨折发生后，使用石膏绷带用作外固定时，必须尽早进行。若在局部出现肿胀后包扎，则在肿胀消退后，皮肤与绷带间出现空隙，达不到固定作用。此时，可施以临时石膏绷带，待炎性肿胀消退后将其拆除，重新包扎石膏绷带。

（6）缠绕时要松紧适宜，过紧会影响血流循环，过松会失去固定作用，一般在石膏绷带两端以插入一根手指为宜。缠绕的基本方法是把石膏绷带“贴上去”，而不是拉紧了“缠上去”，每层力求平整，为此，应一边缠绕一边用手将石膏泥抹平，使其厚薄均匀一致。

(7)未硬化的石膏绷带不要指压，以免向下凹陷压迫组织，影响血液循环或发生溃疡、坏死。

(8)石膏绷带敷缠完毕后，为了使石膏绷带表面光滑美观，有时用石膏粉加少许水调成糊，涂在表面，使之光滑整齐；石膏夹两端的边缘，应修理光滑并将石膏绷带两端的衬垫翻到外面，以免摩擦皮肤。

(9)最后用变紫铅笔或毛笔在石膏夹表面写明装置和拆除石膏绷带的日期，并尽可能地标记出骨折线或其他。

2)石膏绷带的拆除

石膏绷带拆除的时间，应根据不同的病畜和病理过程而定。一般大家畜石膏绷带拆除的时间为 6～8 周，小家畜为 3～4 周，但当遇到下列情况时，应提前拆除或拆开另行处理。

(1)石膏夹内出现大出血或严重感染。

(2)病畜出现原因不明的高热。

(3)包扎过紧，肢体受压，影响血流循环。其表现为病畜不安，食欲减少，末梢部肿胀，蹄(指)温变冷。如出现上述症状，应立即拆除重新包扎。

(4)肢体萎缩，石膏夹过大或严重损坏失去作用。

由于石膏绷带干燥后十分坚硬，拆除时多用专门工具，包括石膏锯、石膏刀、石膏剪、石膏分开器等。

拆除的方法是，先用热醋、过氧化氢或饱和食盐水在石膏夹表面划好拆除线，使之软化，然后沿拆除线用石膏刀切开、石膏锯锯开，或石膏剪逐层剪开。为了减少拆除时可能发生的组织损伤，拆除线应选择在较平整和软组织较多处。外科临床上也常直接用长柄石膏剪沿石膏绷带近端外侧缘纵行剪开，然后用石膏分开器将其分开，石膏剪向前推进时，剪的两页应与肢体的长轴平行(图 12-55)，以免损伤皮肤。

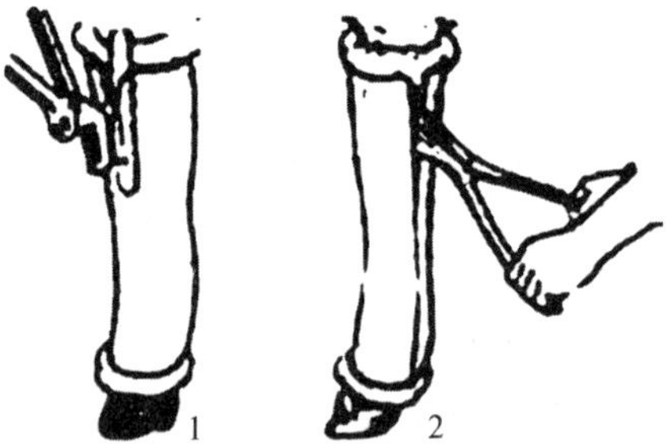

图 12-55　石膏绷带拆除

2. 其他硬化绷带

Vet-Lite 是一种热熔可塑型的塑料，浸满在网孔的纺织物上。如将其放在水中加热至 71～77℃，则变得很软，并可产生黏性；然后置室温冷却，几分钟后就可硬化。Vet-Lite 多用于小动物的硬化夹板。

纤维玻璃绷带为一种树脂黏合材料。该绷带浸泡冷水中 10～15 s 就起化学反应，随后在室温条件下几分钟则开始热化和硬固。纤维玻璃绷带主要用于四肢的圆筒铸形，也可以用作夹板。其具有重量轻、硬度强、多孔及防水等特性。

【复习与思考】

1. 简述外科无菌术的概念。
2. 动物术部准备通常分为哪几个步骤？如何操作？
3. 常用的局部麻醉药有哪几种？
4. 组织切开的原则是什么？
5. 组织缝合时的注意事项有哪些？

【知识链接】

犬骨折

宠物犬很容易出现骨折现象，如摔倒、重物轧压、肌肉牵引、被撞、奔跑、跳跃时扭闪等都可能引起犬骨折。

1. 诊断要点

宠物犬骨折的特有症状是：①变形，骨折两端移位（如成角移位、纵轴移位、侧方移位、旋转移位等），患肢呈短缩、弯曲、延长等异常姿势。②犬的异常活动，如让患肢负重或被动运动时，出现屈曲、旋转等异常活动（但肋骨、椎骨的骨折，异常活动不明显）。③在骨断端可听到骨摩擦音，此外，尚可看到出血、肿胀、疼痛和功能障碍等症状。

在犬患开放性骨折时，常伴有软组织的重大外伤、出血及骨碎片，此时，病犬全身症状明显，拒食，疼痛不安，有时体温升高。

骨折根据外伤史和局部症状可以确诊，必要时可对宠物犬进行X线检查或照相。

2. 治疗

(1)紧急救护：应在发病地点进行，以防因移动宠物犬时骨折断端移位或发生严重并发症。一是止血，在伤口上方用绷带、布条、绳子等结扎止血，患部涂擦碘酒，创内撒布碘仿磺胺粉；二是对骨折进行临时包扎、固定后，立即送兽医诊所治疗。

(2)整复：使犬取横卧保定，在局部麻醉下整复。当犬四肢骨折部移位时，可由助手沿肢轴向远端牵引，使移位的骨折部伸直，以便两断端正确复位。此时应注意犬的肢轴是否正常，两肢是否同长。

(3)固定：对非开放性骨折的患部做一般性清洁处理。对于开放性骨折，在一般处理后，创面撒布碘仿磺胺粉，再用石膏绷带或小夹板固定；固定时，应填以棉花或棉垫，以防摩擦；固定后尽量减少运动，经3～4周后可适当运动，一般经40～60 d后可拆除绷带和夹板。

(4)全身疗法：可内服接骨药，加喂动物生长素、钙片和鱼肝油等。对开放性骨折宠物犬，可应用抗生素及破伤风抗毒素，以防感染。

3. 护理

(1)不管采用外固定还是内固定，在术后2周内都要限制患犬运动，2周后再放其自由活动。

(2)全身应用抗生素以预防和控制感染。

(3)外固定术48 h后，检查犬固定下方是否有水肿，若有肿胀，说明包扎过紧，应重新包扎。

(4)加强犬的饲养管理和营养，补充维生素A、维生素D和钙制剂。

(5)外固定一般45～60 d拆除绷带，内固定180 d拆除绷带，对犬进行X线检查后方可手术拆除骨髓针或接骨板。

任务十三

兽医临床产科基本操作技术

【任务描述】

动物的产科病在兽医临床上比较常见，本任务主要介绍接产技术。

【技能目标】

通过对本任务的学习，会使用各种产科器械，能进行接产操作。

技能　接产技术

一、分娩预兆

随着胎儿的发育成熟和分娩期逐渐接近，母畜的生殖器官及骨盆部会发生一系列变化，以适应排出胎儿及哺育仔畜的需要；母畜的精神状态及全身状况，也有所改变。通常把这些变化称为分娩前征或分娩预兆。从这些预兆可以预测分娩时间，以便做好接产的准备工作。

(一)乳腺的变化

(1)奶牛在产前(经产牛约10 d)可由乳头挤出少量清亮胶样液体或初乳；至产前2 d内，除乳腺极度膨胀、皮肤发红以外，乳头中充满白色初乳，乳头表面被覆一层蜡样物。有的奶牛有漏奶现象，乳汁呈滴或股流出来；漏奶开始后数小时至1 d即分娩。

(2)猪在产前3 d左右，乳头向外侧伸张，中部两对乳头可以挤出少量清亮液体；产前1 d左右，可以挤出1～2滴白色初乳；产前约半天，前部乳头能挤出1～2滴白色初乳。

(3)马、驴在产前数天乳头变粗大，漏奶开始后往往在当天或次日夜晚分娩。驴在产前3～5 d乳头基部开始膨大，产前约2 d整个乳头变粗大，呈圆锥状；起初从乳头中挤出的是黏稠、清亮的液体，以后即为白色初乳；约半数驴有漏奶现象。

(4)骆驼乳腺一般从产前1～1.5个月开始迅速发育增大；产前10多天显著膨胀，皮肤紧张。骆驼乳头基部从产前半个月开始变粗、软化，产前1～5 d整个乳头显著膨大、变软，充满乳汁，触诊感觉内有波动；但有的至临产前仍不膨大，有的至临产前仅挤出少量胶样液体或挤不出任何分泌物。

乳头及乳汁的变化虽然对估计分娩时间比较可靠，但受饲养的影响很大。饲养不良的母畜，其变化不是很清楚。因此不能单独依靠乳头及乳汁做出判断。

(二)软产道的变化

(1)牛分娩前1～2 d子宫颈开始胀大、松软。牛子宫颈开始扩张以后，即已进入开口期，分娩必然在数小时内发生(经产牛较快，初产牛较慢)；从分娩前约1周开始，阴唇逐渐柔软、肿胀，增大2～3倍，皮肤皱襞展平。

(2)山羊阴唇变化不甚明显，至产前数小时或10多个小时才显著增大。

(3)猪阴唇的肿大开始于产前3～5 d，产前数小时有时排出黏液。

(4)马、驴阴道壁松软和变短特别明显。其阴道黏膜潮红；黏液由原来的浓厚、黏稠变为稀薄、湿润，但无黏液外流现象；阴唇在产前10多个小时开始胀大。

(5)骆驼阴道检查发现，将近半数的临产母驼在表现不安或企图离群时，子宫颈管有不同程度的开放。骆驼阴唇肿大的时间是从产前数天到40 d不等，且程度各不相同，有些则肿大不明显。

(6)犬骨盆和腹部肌肉的松弛是可靠的临产征兆。其主要表现为臀部坐骨结节处下陷，外阴部肿大、充血；有的乳腺可挤出白色乳汁；阴道和子宫颈变柔软；由逐渐扩张的子宫口流出水样透明黏液，同时伴有少量出血。

(三)骨盆韧带的变化

(1)牛：骨盆韧带在临近分娩时开始变为松软，从分娩前1～2周即开始软化，至产前12～36 h荐坐韧带后缘变为非常松软，外形消失，尾根两旁只能摸到一堆松软组织，且荐骨两旁组织塌陷。但初产牛的变化不明显。

(2)乳山羊：乳山羊的荐坐韧带的软化也很明显，荐骨两旁各出现一纵沟；手拉尾根可以上下活动。在荐坐韧带后缘完全松软以后，分娩可能不超过1 d。

(3)猪：猪的荐坐韧带后缘也变柔软，但因这里的软组织本来就较为丰满，所以变化不显著。

(4)马、驴：在荐坐韧带软化的同时，荐髂韧带也变软，荐骨后端的活动性因而增大；但因臀肌肥厚，尾根活动性不明显。

(5)骆驼：荐坐韧带的后缘至产前逐渐软化，差异悬殊，和分娩之间没有很一致的时间关系。

(四)精神状态

母畜在产前一般都出现精神抑郁及徘徊不安等现象。产畜都有离群寻找安静地方分娩的习性，临产前食欲不振，排泄量少而且次数增多。

(1)乳牛体温从产前1个月开始发生变化。至产前7～8 d，可缓慢增高到39～39.5℃；产前12 h左右(有时为3 d)，则下降0.4～1.2℃；分娩过程中或产后又恢复到分娩前的体温。但这种变化须进行系统观察才能发现。其他家畜也有类似的体温变化。

(2)猪在产前6～12 h(有时为数天)有衔草做窝现象，我国品种猪尤其明显。

(3)骆驼最可靠的分娩预兆是不安或企图离群。骆驼临产前，离群疾行，或早晨一出牧即离群，此乃即将分娩的可靠预兆，在初产骆驼更为明显，流产前也有同样现象，这是和其他母畜不同的一个特点；有时可走出10～15 km，而且一般是向上坡走。因而如丢失了临产母驼，牧民都是向高坡去找，以免驼羔受到损失。

(4)犬在分娩前 1～1.5 d,精神变得不安,寻找僻静、黑暗的地方。犬在产前 24～36 h 食欲大减,行动急躁,不断地用爪刨地、啃咬物品等,尤以初产犬表现更为明显。犬的正常体温为 38～39℃,临产前 3 d 左右体温可下降至 36.5～37.5℃,母犬的活动减少,食欲下降;当体温回升时,即将临产。犬在分娩前 3～10 h,由于子宫口已开张,出现阵痛,起卧不宁;排尿次数增多,呼吸加快;常张口打哈欠,并发出怪声呻吟或尖叫,乱扒垫草等。上述各种现象,都是分娩即将来临的预兆。但在预测分娩时,不可单独依靠其中某一种变化,必须全面观察,才能做出正确判断。

二、接产准备

(一)大家畜

为了使母畜安全生产,农牧场和饲养单位应该根据自己的条件,准备专用的产房或分娩栏。对产房除要求清洁、干燥、阳光充足、通风良好无贼风外,还应宽敞,以免因为狭窄导致母畜踏伤仔畜,或妨碍助产。

(二)猪

猪的产房内温度应不低于 18℃,否则分娩时间可能延长,小猪的死亡率也增高;还应设小猪栏,避免母猪压死小猪。

接产用具及药械应放在产房的一定地方,以免临时缺此少彼,造成慌乱。

(三)犬

犬的产前准备包括环境和犬本身。

1. 环境准备

对于犬的产前准备,应考虑通风、保暖和保持安静的环境,最重要的是需避免穿堂风;提供良好的热源,温度保持在 37～38℃,因母犬接近热源,应注意防止烧伤;褥草以厚层报纸最理想,因为随时可以去除污染的上层,且容易清除和更换。为了防止产仔时对母犬的干扰,产仔时不要围观,并将产仔箱置于屋角。

2. 犬的准备

犬在妊娠后期,宜少量多餐,切忌强行补饲;尤应避免补钙,以免抑制甲状旁腺功能,而妨碍分娩时钙的动员,导致产出无力;要检查并消灭跳蚤和耳螨。

在预产期前 2 周将母犬引进产仔间,使其获得充分休息;在最后 1 周要监视乳腺发育。对于长毛品种的犬,可剪掉乳腺的毛,以便仔犬易于接近乳头;剪去会阴和后肢的长毛,以便产仔后彻底清洗。

从预产日前 1 周起,开始测量母犬的直肠温度,每天至少测温 3 次。犬的正常体温为38～39℃,临产前 3 d 左右体温可下降至 36.5～37.5℃,体温回升时即将临产;如果体温下降后 48 h内尚未出现产仔指征,便有可能患原发性子宫无力。体温监测对于已知窝仔数太多或太少的母犬特别重要,因为这些情况都很容易引起子宫无力。

在预产期前几天,妊娠母犬就会自动寻找屋角、棚下等隐蔽之处,叼草筑窝,这是母犬的一种本能,表示不久就要分娩。这时就应抓紧时间,为犬的分娩做好特需准备。

在临产时要有专人看护，以便随时给予助产；并要求孕犬全身洁净，用温水、肥皂水将孕犬外阴部、肛门、尾根、后躯及乳腺洗净擦干，再用新洁尔灭溶液消毒。

母犬一般在夜间或清晨分娩，为了防冻、防压、保护仔犬，最好用木料做一个产箱。

(四)骆驼

(1)产地的选择：产前应把驼群迁到草好、水近、避风、以前没有产过羔的地方。因为母驼的母性很强，产后久守驼羔，不愿远离，因此附近须有水草。大肠杆菌病是驼羔最常发生的传染病，死亡率高，多呈现地方性流行。

(2)临产母驼的管理：放牧时要经常注意有无不安、企图离群的母驼，将不安者立即送回驻地。驻地如无围墙，每天归牧后须将临产母驼拴起来，以防逃逸。

三、接产的方法步骤

接产应在严格遵守消毒的原则下，按照以下方法步骤(主要针对牛、羊、马)进行，以保证母仔双全。

(一)做好接产准备

产出期开始时，接产人员应系上胶围裙、穿上胶靴、消毒手臂，准备做必要的检查工作；清洗和消毒母畜的外阴部及其周围，用绷带缠好牛、马的尾根，并将尾拉向一侧系于颈部。

(二)进行临产检查

(1)对于大家畜，当胎儿前置部分进入产道时，可将手臂伸入产道，确定胎儿的方向、位置及姿势是否正常，以便对胎儿的反常做出早期诊断。及早发现、及早矫正不但容易克服难产，而且有望救活胎儿。如果胎儿正常，正生时三件(唇及二蹄)俱全，可等候它自然排出。检查的时间，牛是在胎膜露出至胎水排出的这一段时间；马是在第一胎囊破裂后。

除检查胎儿外，还可检查母畜骨盆有无变形，阴门、阴道及子宫颈的松软、扩张程度，以判断有无因产道反常而发生难产的可能。

(2)观察努责及产出过程是否正常。遇到下述情况时，可以帮助拉出胎儿：母畜努责阵缩微弱，无力排出胎儿；产道狭窄，或胎儿过大，产出滞缓；正生时胎头通过阴门困难，迟迟没有进展；牛、马倒生时，因为脐带可能被挤压于胎儿和骨盆底之间，妨碍血液流通，故须迅速拉出，以免胎儿因氧的供应受阻，反射性地发生呼吸而吸入羊水，引起窒息。

当胎儿唇部或头部已露出阴门时，可撕破羊膜，擦净胎儿鼻孔内的黏液，以利于呼吸。猪在生产时，有时两胎儿的产出间隔时间拖长，这时如无强烈努责，虽然产出较慢，对胎儿的生命一般尚无危险；但如曾经强烈努责，而下一个胎儿未能产出时，则有可能窒息死亡，这时可用手掏出胎儿，也可注射催产药物，促使胎儿排出。猪的死胎主要发生在最后几个胎儿，所以在产出期末，发现尚有胎儿而排出滞缓时，必须用药物催产。

对于骆驼，在胎头及前肢露出后，如胸部通过骨盆缓慢，须配合母驼的努责拉出胎儿，以免发生窒息死亡；拉的方向是向后并使胎儿身体的纵轴呈向下弯的弧形；为免驼峰撑破阴门，可由一人拉住阴唇上角。

(三)处理新生仔畜

(1)防止新生仔畜窒息。擦净新生仔畜鼻孔内的羊水,观察呼吸是否正常,如无呼吸,必须立即抢救。

(2)处理脐带。牛、羊的胎儿产出时,脐带一般均被扯断,脐血管回缩,脐带残段仅为一羊膜鞘;马的则不断,为了使胎盘上更多的血液流入幼驹体内,可迅速在脐带上涂碘酒后,用左、右手轮流从母马阴门向幼驹脐部捋脐带,至脐动脉搏动停止后再捋若干次,到脐血管显得空虚时,将脐带剪断,以利于幼驹健康。

脐带断端不宜留得太长。小牛和猪尤应留短,因为它们常因寻找奶头而误将彼此的脐带残段吮坏。断脐后,可将猪的残段在碘酒内浸泡片刻;牛、羊、驼可在残段外面涂以碘酒,并将少量碘酒倒入羊膜鞘内。断脐后如持续出血,必须加以结扎。

胎儿产出后,脐血管可能由于前列腺素的作用而迅速封闭,所以处理脐带的目的并不在于防止出血,而是希望残段及早干燥,避免细菌侵入。结扎和包扎都妨碍胎儿残段中的液体渗出及蒸发,而且包扎物浸上污水后,反而容易感染;只要给脐带上充分涂以碘酒,最好在碘酒内浸泡,每天 1 次,即能很快干燥。碘酒除有杀菌作用外,对残段也有鞣化作用,可以防止细菌侵入。

驼羔的脐带,于产后 3～4 d 即完全干燥,但脱落比其他家畜慢,一般需 30 d 左右(19～39 d)。

(3)擦干小马及小猪身上的羊水,并防止天冷时受冻害。对于小牛及小羊,则让母畜舔干,吃入羊水可增强母畜子宫收缩,加速胎衣脱落。天气寒冷时,应将羔羊迅速擦干,以防冻在地上;但对头胎羊,不要因此惊动了母羊,而且不要擦羔羊的头颈及背部,否则母羊可能不认羔羊。

(4)扶助仔畜站立,并帮助吃奶。新生仔畜产出后不久即试图站起,宜加以扶助。在仔畜接近母畜乳腺以前,最好先挤出初乳,然后擦净乳头,让它吮乳。偶尔有的头胎牛、马因不认仔畜或不习惯,拒绝仔畜吮乳,这时必须帮助仔畜吃奶,并防止母畜伤害它们。当产出特别虚弱或不足月的仔畜时,应把它放在 20～30℃ 的温暖屋子内,包上棉被,进行人工哺乳。

在母猪分娩完毕之前,即可帮助已出生的仔猪吃奶,以免它们的叫声扰乱母猪继续分娩。

(四)检查胎衣

在猪、马胎衣脱落后,尽可能检查它是否完整和正常,以便确定是否有部分胎衣不下或子宫是否有病理变化。

检查马胎衣的方法是将胎衣平铺在地上,认出体及角,并且确定其上、下、左、右(胎衣的形状与子宫完全一样)。除了胎儿通过时所造成的破口以外,如果还有其他破口,要注意是否有缺损胎衣留在子宫内。其决定的方法是将破口的边缘对齐,如果两侧边缘及其血管互相吻合,证明是完整的,否则就是缺少了一部分。这时可将手臂伸入子宫,按照它在子宫内的位置(由胎衣的位置来决定),将它找到并剥下取出。如果胎衣有病理变化,应继续观察恶露排出的情况,给予适当治疗。

检查猪胎衣时,将胎衣放在水中观察比较清楚;通过核对胎儿和胎衣上脐带断端的数目,即可决定胎衣是否已全部排出。

胎衣检查完毕后,应及时将其埋掉,以免牛、羊吞食后引起消化不良,或者猪吃惯了造成食仔恶癖。

四、产后期

从胎衣排出到生殖器官恢复原状的一段时间，称为产后期。在此期间，母畜的行为和生殖器官都发生一系列变化。

（一）行为变化

产后母畜表现出强烈的母性行为，如舔仔畜、哺乳、护仔等。

1. 舔仔畜

除猪、马、驴以外，所有家畜都有舔仔畜的行为。舔去仔畜身上的羊水，可以减少蒸发引起的散热，保持仔畜体温，还能刺激仔畜的血液循环，牛、羊舔仔畜的肛门区域特别重要，因为该区存在有各自的独特气味，以后借助这种气味可识别自己的仔畜。

2. 哺乳

新生仔畜站起以后，即走向母畜，寻找乳头吮乳，母畜也会调整自己的体位而靠近仔畜，便于哺乳。牛、羊在哺乳中还不断舔仔畜，并嗅闻肛门区。

3. 护仔

各种家畜产后均有强烈的护仔习性，猪、犬表现最为明显。即使平时温驯的母畜，产后期如果有人接近其仔畜，也会表示警惕，甚至攻击。

上述动物的母性行为会随仔畜的成长，逐渐减弱，直至消失。

（二）生殖器官变化

1. 子宫

产后期生殖器官中变化最大的是子宫。妊娠期中子宫所发生的各种改变，在产后期都要恢复原来的状态，这称为复旧。子宫复旧与卵巢机能的恢复有密切关系。卵巢如能迅速出现卵泡活动，即使不排卵，也会大大提高子宫的紧张度，促进子宫的变化。如卵巢的机能恢复较慢，无卵泡发育，尤其存在有持久黄体时，可引起子宫长久弛缓，导致不孕。

分娩以后，子宫黏膜发生再生现象，一部分黏膜实质发生变性萎缩并被吸收。母体胎盘的黏膜表层变性脱落，由于子宫腺的上皮增生而重新长出新的上皮。变性脱落的母体胎盘，残留在子宫内的血液、胎水以及子宫腺的分泌物被混合排出，称为恶露。产后头几天，母畜恶露量多，因含血液而呈红褐色，含有白色分解的母体胎盘碎屑；以后颜色逐渐变淡，血液减少，大部分为子宫颈及阴道分泌物；最后变为无色透明，停止排出。正常恶露有血腥味，但不臭；如果有腐臭气味，则说明是有胎盘残留或产后感染。如果恶露排出期延长，且色泽气味反常或呈脓样，表示子宫有病理变化，应及时予以治疗。

（1）母牛的恶露很多，产后 3～4 d 大量流出，持续时间较长。母牛的恶露在产后前 2 d 颜色暗红，以后呈黏液状，逐渐变为透明，10～20 d 停止排出；3 周以后仍排出者，表示有子宫感染。

（2）水牛的恶露多，但持续时间较短。水牛完全复旧平均为 39 d，孕角较慢（31～45 d），空角较快（16～30 d）；产后头 14 d 复旧速度快，以后逐渐减慢。

（3）羊的恶露不多，绵羊在产后 4～6 d 停止排出，山羊约为 2 周；子宫复旧至少需要 24 d

才能完成。

(4)猪的恶露很少,初为污红色,以后变为淡白,再转为透明,常在产后 2~3 d 停止排出;子宫上皮至产后 3 周已更新,子宫复旧在产后 28 d 内完成。

(5)马的子宫复旧较快,产后 8~12 d 完成。马的恶露不多,产后 3 d 即停止排出,维持到 3 d以上的宜进行治疗,以免影响产后第一次发情时受孕;产后 13~15 d 于宫内膜已完全更新;妊娠脉搏在产后数小时即停止,但子宫血管的复旧在产后 3 周才完成。

(6)骆驼产后 6 d,子宫缩小到直肠检查能摸到右角和左角基部;约半个月时,可以摸到整个子宫;产后 25~30 d,子宫的大小及位置恢复正常。

2. 卵巢

分娩后,卵巢内可能有卵泡开始发育。但是各种家畜产后第一次出现发情的时间有所不同。

(1)牛妊娠黄体在分娩后才萎缩并被吸收,所以产后发情出现很晚。妊娠黄体的变性萎缩进程和发情周期黄体相同。

(2)马在分娩时已无黄体,分娩后很快就有卵泡发育,产后不久就会出现发情。

(3)骆驼右卵巢在产后 3~5 d 直肠检查时即能摸到,左卵巢则需 5~10 d 才能摸到;黄体逐渐缩小、变硬,表面常凹凸不平,缩小到直径 0.8~1.0 cm 后,吸收过程很慢,可存在 3~4 个月之久。产后 15~35 d,母驼中有 1/3 的卵巢上有直径 1~1.4 cm 能够排卵的卵泡。

3. 阴道、前庭及阴门

母畜的阴道、前庭及阴门在分娩后 4~5 d 复原,但并不完全恢复到原来的大小。

4. 骨盆及韧带

母畜的骨盆及韧带在分娩后 4~5 d 恢复原状。

【复习与思考】

1. 母畜发生难产的原因有哪些?
2. 规模化养殖场如何做到同期分娩?
3. 人工助产的注意事项有哪些?

【知识链接】

难产犬的剖宫产手术

1. 难产的早期诊断

犬出现明显的分娩表现而超过正常产程仍不见胎儿娩出者,即视为难产。发生难产经药物或人工助产无效者,应立即准备进行剖宫产。

一般说来,犬妊娠期为 60 d,个别提前 1~2 d 生产,少部分推迟 1~2 d,也有极个别的推迟 3 d。凡是已到临产期不能顺利生产,推迟后仍不能顺产者,都可确诊为难产。早期判定、早期手术是剖宫产是否成功的保障。反之,采取保守的或者强行助产,致使母犬体质下降,错过最佳手术时机再去采取剖宫产手术取胎,常常可造成胎儿孱弱或不能全部存活,更为甚者会因助产手术使胎儿致残或母犬、仔犬全部死亡。总之,只要确诊为难产,剖宫产手术宜早不宜迟。

2. 术前准备

剖宫产手术前简要的准备工作有两方面:一方面是手术的器械,敷料的消毒与准备以及术式的确立；另一方面是犬主人的思想准备和物质准备，即应向犬主人说明剖宫产手术成功与失败因素是同时存在的，此外，要准备好产仔箱，保暖器材等以备胎儿取出时应用。剖宫产药物的准备如下。

(1)清创液：冲洗创面、创腔多用灭菌的温生理盐水或加入抗生素的温生理盐水，是十分必要的。一般要把生理盐水加温至 35～40℃，不宜用室温的生理盐水，因为冷盐水常常引起子宫收缩而使取胎困难，同时也会使母体受到较大刺激。

(2)催产素：催产素有收缩子宫、加强子宫肌收缩力度、促使胎儿外排的作用，在术后使用恰当，能帮助母犬排除子宫内残余血液、污物等；但如果使用不当，反而会造成产道或子宫脱出以及心衰等不良后果。一定要根据具体情况，酌情使用催产素。

(3)水盐代谢药及维生素等：术后的输液治疗是非常重要的，尤其是母犬难产持续时间过长，手术时间过长。当母犬衰弱时，必须及时输液，以缓解由此引起的一系列术后反应。输液时，应注意根据不同病情和临床表现而区别采用不同的输液量、输液剂型、输液速度以及能量和维生素的补充。通常情况下，犬在剖宫产手术后体液会丧失 6%～8%，而输液剂型以生理盐水或乳酸林格尔氏液与 5%的葡萄糖液配合使用为好，比例一般为 1∶(1～2)。

3. 手术术式

(1)保定与麻醉方法的选择。

犬剖宫产手术大多采用仰卧保定，全身麻醉配合局部麻醉来进行。笔者认为，保定可采用仰卧和侧卧结合的方法来进行，先仰卧再侧卧，这样有利于快速取胎和排出子宫内的残留物；而麻醉也可依据临床实际取消全身麻醉，因为多数圈养的动物驯养良好，分娩后期挣扎也较轻，而且全麻药往往对衰弱的母犬和胎儿呼吸有较强的抑制作用。

(2)手术切口位置的选择。

犬剖宫产手术的腹壁切口通常有以下几处，即腹中线切口，中线左、右旁切口，乳腺外侧左、右切口。手术切口位置的选择应依据临床检查结果和手术个体的不同而异。

犬剖宫产手术的子宫切口通常也有以下几处，即子宫体切口、单侧或双侧子宫角切口、单侧或双侧子宫角基部切面。犬的整个子宫体如同三角体，即左、右侧子宫角和后方子宫体，切口最好在术者侧的一侧的子宫角靠近子宫体的 3～4 cm 处，纵向、避开大血管做子宫切口，这样最有利于取出同侧和对侧的胎儿，也易取出子宫体内的胎儿，同时切口的缝合也较方便。凡在其他处切口，如在子宫角的尾端或子宫体等处，都将不同程度地增大取胎和缝合的难度。资料表明，子宫角基部切口也将有利于母犬的下次妊娠，而其他切口更易引起母犬的不孕。

(3)手术切口大小的掌握。

腹壁切口的大小，因个体差异应在 8～15 cm 为宜，过大则容易导致感染；过小则不易牵拉和暴露子宫。子宫切口的大小依据胎儿的大小以一只手执头，或执两后肢能顺利拉出胎儿为准则，通常为 6～10 cm，凡需食指、拇指用力伸入切口强行外拉造成切口撕裂者，说明切口过小。切口过小除了易撕裂切口外，还将影响取胎速度；反之没有人为的用力挤压推动，胎儿即顺利自行脱出者，可认为切口过大，此时常容易引起胎水流入腹腔、缝合困难而使感染概率加大。

4. 术后的治疗与护理

剖宫产的术后处置对于手术的成功是十分重要的一环。治疗时，除必须进行全身的抗生素的应用外，还应配合镇痛、能量及营养补充、输液等治疗，但用药应坚持少而精的原则，以防止应激过大；术后的护理主要应注意保暖、伤口消毒、母体卫生以及食物的营养与清洁，防止便秘或腹泻等。

参考文献

[1]章红兵,丁岚峰. 兽医临床诊疗基础. 北京:科学出版社,2012.
[2]唐艳林,裴春生. 兽医生物制品. 北京:科学出版社,2012.
[3]赵兴绪. 兽医产科学. 3版. 北京:中国农业出版社,2004.
[4]陈北亨,王建辰. 兽医产科学. 北京:中国农业出版社,2001.
[5]林德贵. 兽医外科手术学. 4版. 北京:中国农业出版社,2004.
[6]李玉冰,范作良. 宠物疾病临床诊疗技术. 北京:中国农业出版社,2007.
[7]何肆德. 动物临床诊疗与内科病. 重庆:重庆大学出版社,2007.
[8]丁岚峰,杜护华. 宠物临床诊断及治疗学. 哈尔滨:东北林业大学出版社,2006.
[9]何英,叶俊华. 宠物医生手册. 沈阳:辽宁科学技术出版社,2009.
[10]吴敏秋,沈永恕. 兽医临床诊疗技术. 北京:中国农业大学出版社,2014.
[11]王世雄,薛增迪,黄解珠. 兽医临床诊疗技术. 武汉:华中科技大学出版社,2017.
[12]丁明星. 兽医外科学. 北京:科学出版社,2019.